普通高等教育"十三五"规划教材

大学计算机信息素养

主 编 卢 山

副主编 杨艳红 江 成 闫 瑾

中国水利水电出版社
www.waterpub.com.cn

·北京·

内 容 提 要

"计算机应用"是高校开设最为普遍、受益面最广的一门计算机基础课程。从 1990 年清华大学率先开设该课程以来，课程内容改革从未停止，为了反映计算机技术与应用的最新内容，我们及时地把教材内容与现在比较热门的全国计算机应用技能考试（NIT）（计算机应用基础模块）中的相应知识点相结合引入课程中，充分体现了本书以应用为主的教学思想。

本书共由 10 章组成，分别为：计算机基础知识、计算机系统、操作系统和 Windows 7、文字处理软件 Word 2010、电子表格处理软件 Excel 2010、演示文稿制作软件 PowerPoint 2010、计算机多媒体技术、计算机网络与应用、信息安全与网络安全基础以及物联网与云计算。

本书不仅可以作为各高校计算机应用相关课程的授课教材，也可以作为学生自学的辅导教材。另外，本书涵盖了 NIT 考试的相关知识，因此对于要参加 NIT 考试的学生也有一定的帮助。

图书在版编目（C I P）数据

大学计算机信息素养 / 卢山主编. -- 北京 ：中国水利水电出版社，2017.8（2020.8 重印）
普通高等教育"十三五"规划教材
ISBN 978-7-5170-5733-8

Ⅰ．①大… Ⅱ．①卢… Ⅲ．①电子计算机－高等学校－教材 Ⅳ．①TP3

中国版本图书馆CIP数据核字(2017)第192075号

策划编辑：石永峰　　　责任编辑：周益丹　　　封面设计：李　佳

书　名	普通高等教育"十三五"规划教材 **大学计算机信息素养**　　DAXUE JISUANJI XINXI SUYANG
作　者	主　编　卢　山 副主编　杨艳红　江　成　闫　瑾
出版发行	中国水利水电出版社 （北京市海淀区玉渊潭南路 1 号 D 座　　100038） 网址：www.waterpub.com.cn E-mail: mchannel@263.net（万水） 　　　　sales@waterpub.com.cn 电话：（010）68367658（营销中心）、82562819（万水）
经　售	全国各地新华书店和相关出版物销售网点
排　版	北京万水电子信息有限公司
印　刷	三河市铭浩彩色印装有限公司
规　格	184mm×260mm　　16 开本　　19.75 印张　　485 千字
版　次	2017 年 8 月第 1 版　　2020 年 8 月第 5 次印刷
印　数	8501—12500 册
定　价	42.00 元

前　　言

本书是根据教育部颁布的《全国计算机应用技术证书考试（NIT）大纲》编写的，可以作为大学计算机教学的教材，也可以作为 NIT 考试计算机应用基础模块的参考教材。本书以实践为基础，体现了应用为主的思想。

NIT 考试以建立、健全适应 IT 行业需求，适合中国 IT 职业教育现状的考试体系，推动中国 IT 职业教育持续、健康、规范地发展，也希望帮助企业提供面向职位的技术人员评测工具。NIT 作为国家级的 IT 职业技能培训及评测体系，面向信息技术领域众多门类相关职位所需求的核心技能，提出了规范的考核标准。其中，"计算机应用"模块的基本内容为：了解计算机应用基础知识，理解和掌握计算机应用的基础知识和基本技能，具有应用计算机的基本能力，使学习者具有运用计算机进一步学习相关专业知识的初步能力。

本书由 10 章组成，分别为：计算机基础知识、计算机系统、操作系统和 Windows 7、文字处理软件 Word 2010、电子表格处理软件 Excel 2010、演示文稿制作软件 PowerPoint 2010、计算机多媒体技术、计算机网络与应用、信息安全与网络安全基础以及物联网与云计算。

- 第 1 章　计算机基础知识：包括计算机的发展、计算机的特点以及应用、计算机中的数制转换、计算机中的信息编码以及计算机的信息化。
- 第 2 章　计算机系统：包括计算机系统概述、计算机的工作过程、微型计算机的组成部件、微型计算机的主要性能指标以及多媒体技术。
- 第 3 章　操作系统和 Windows 7：包括 Windows 7 的基本操作、文件系统的操作和控制面板的基本操作。
- 第 4 章　文字处理软件 Word 2010：包括文档的创建和编辑，文本格式化，表格的创建、编辑、格式化和简单的数据计算，页面设置和页面排版的基本操作以及文档的查阅与审查方法等。
- 第 5 章　电子表格处理软件 Excel 2010：包括单元格、工作表的概念，编辑和管理电子表格以及工作表的格式化，Excel 2010 的数据清单、数据排序、筛选、分类汇总、数据透视表和数据的图表化等。
- 第 6 章　演示文稿制作软件 PowerPoint 2010：包括 PowerPoint 2010 的基本操作、插入媒体素材、设置动画效果、设置放映方式以及母版的使用等。
- 第 7 章　计算机多媒体技术：包括多媒体的概念以及几种新的多媒体技术的介绍等。
- 第 8 章　计算机网络与应用：包括计算机网络的基础知识、互联网的介绍以及 Internet 的应用。
- 第 9 章　信息安全与网络安全基础：包括信息安全的基本概念、信息安全技术、计算机病毒以及防治、网络信息安全的相关知识、信息存储安全技术、计算机安全评价标准以及 Windows 7 的网络安全设置。
- 第 10 章　物联网与云计算：包括物联网与云计算的相关知识。

本书每章都安排了大量的实例和习题，方便教师课堂讲授采用与实践培训应用。对于读者或学生来说，通过练习可以理解和巩固所学知识，并将其应用到实践中。

本书由卢山任主编，杨艳红、江成和闫瑾任副主编。其中，第1章、第2章和第4章由卢山编写，第3章和第5章由杨艳红编写，第6章和第7章由江成编写，第8章、第9章和第10章由闫瑾编写。参与本书编写的还有李欣午、田瑾、王纪文、郭高卉子。首都经济贸易大学信息学院张军教授、高迎教授对本书的编写给予了很大的帮助，提出了许多宝贵意见和建议，在此向他们表示衷心感谢。

本书在编写过程中难免有疏漏，恳请广大读者给予批评指正！

编　者
2017 年 7 月

目　　录

第1章 计算机基础知识

引言

随着计算机应用技术的飞速发展，计算机已成为人们工作、学习和生活中不可缺少的工具。对于非计算机专业的学生来说，了解计算机的基础知识对于熟练使用和操作计算机是非常重要的。

内容结构图

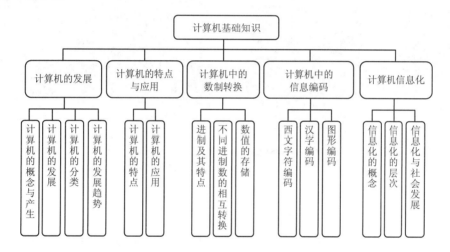

学习目标

通过对本章的学习，我们能够做到：

- 了解：计算机的概念，计算机发展的总体历程，计算机中字符的编码。
- 理解：计算机的不同数制。
- 应用：数制之间的转换方法。

1.1 计算机的发展

1.1.1 计算机的概念与产生

计算机（Computer）的全称是电子计算机（Electronic Computer），俗称电脑，是一种能够按照程序运行，自动、高速处理海量数据的现代化智能电子设备，是一种具有计算能力和逻辑判断能力的机器。它由硬件和软件所组成，没有安装任何软件的计算机称为裸机。

1946 年 2 月，在美国宾夕法尼亚大学，世界上第一台电子数字计算机 ENIAC（Electronic Numerical Integrator And Calculator——电子数字积分计算机，简称"埃尼亚克"）诞生了，它的出现标志着计算机时代的到来，如图 1-1 和图 1-2 所示。

第一台计算机 ENIAC 是第二次世界大战期间，美国为计算炮弹的运行轨迹而设计的，它主要采用的元器件是电子管。该机使用了 1500 个继电器，18800 个电子管，占地 170 平方米，重 30 多吨，耗电 150 千瓦，耗资 40 万美元。这台计算机每秒能完成 5000 次加法运算，300 多次乘法运算，比当时最快的计算工具快 300 倍，这台计算机的功能虽然无法与今天的计算机相比，但它的诞生却是科学技术发展史上的一次意义重大的事件，展露了新技术革命的曙光。经过几十年的发展，计算机技术的应用已经十分普及，从国民经济的各个领域到个人生活、工作的各个方面，可谓无所不在。

图 1-1　ENIAC

图 1-2　ENIAC

1.1.2　计算机的发展

20 世纪 40 年代中期，导弹、火箭、原子弹等现代科技的发展，迫切需要解决很多复杂的数学问题，原有的计算工具已经满足不了要求；另一方面电子学和自动控制技术的迅速发展，也为研制电子计算机提供了技术条件。1946 年，在美国宾夕法尼亚大学由 J.W.Mauchly 和 J.P.Eckert 领导的科技人员研制成功了第一台电子数字计算机。虽然体积大、功耗大，且耗资近百万美元，但是它为发展电子计算机奠定了技术基础。

在第一台计算机诞生以来的几十年里，计算机的发展日新月异，令人目不暇接。特别是电子器件的发展，更有力地推动了计算机的发展，所以人们习惯以计算机的主要元器件作为计算机发展年代划分的依据。人们根据计算机的性能和使用主要元器件的不同，将计算机的发展划分成四个阶段，也称为四代。每一个阶段在技术上都是一次新的突破，在性能上都是一次质的飞跃。

第一代（1946 年～1958 年）是电子管计算机时代（如图 1-3 所示）。其特征是采用电子管作为逻辑元件，用阴极射线管或声汞延迟线作为主存储器，结构上以 CPU 为中心，速度慢、存储量小。这一代计算机的逻辑元件采用电子管，并且使用机器语言编程，后来又产生了汇编语言。

第二代（1959 年～1964 年）是晶体管计算机时代（如图 1-4 所示）。其特征是用晶体管代替了电子管，用磁芯作为主存储器，引入了变地址寄存器和浮点运算部件，利用 I/O（Input/Output）处理机提高输入输出操作能力等。这一代计算机的逻辑元件采用晶体管，并出现了管理程序和 COBOL、FORTRAN 等高级编程语言，以简化编程过程，建立了子程序库和批处理管理程序，应用范围扩大到数据处理和工业控制。

第三代（1965 年～1970 年）是集成电路计算机时代（如图 1-5 所示）。其特征是用集成电路（Integrated Circuit，简称 IC）代替了分立元件晶体管。这一代计算机逻辑元件采用中、小规模集成电路，出现了操作系统和诊断程序，高级语言更加流行，如 BASIC、Pascal、APL 等。

图 1-3　电子管

图 1-4　晶体管

第四代（1971 年至今）是超大规模集成电路计算机时代（如图 1-6 所示）。其特征是以大规模集成电路（LSI）和超大规模集成电路（VLSI）为计算机主要功能部件，用 16KB、64KB 或集成度更高的半导体存储器部件作为主存储器。这一代计算机采用的元件是微处理器和其他芯片，其特点主要包括速度快、存储容量大、外部设备种类多、用户使用方便、操作系统和数据库技术进一步发展。同时，1971 年美国 Intel 公司首次把中央处理器（CPU）制作在一块芯片上，研究出了第一个 4 位单片微处理器，它标志着微型计算机的诞生。

第五代计算机，正在研制中的新型电子计算机。有关第五代计算机的设想，是 1981 年在日本东京召开的第五代计算机国际会议上正式提出的。第五代计算机的特点是智能化，具有某些与人的智能相类似的功能，可以理解人的语言，能思考问题，并具有逻辑推理的能力。

图 1-5　集成电路

图 1-6　大规模集成电路

我国计算机事业是从 1956 年制定的《十二年科学技术发展规划》后开始起步的。1958 年成功地仿制了 103 和 104 电子管通用计算机。20 世纪 60 年代中期，我国已全面进入到第二代电子计算机时代。我国的集成电路在 1964 年已研制出来，但真正生产集成电路是在 20 世纪

70年代初期。20世纪80年代以来，我国的计算机科学技术进入了迅猛发展的新阶段。

1.1.3　计算机的分类

计算机发展到今天，已是琳琅满目、种类繁多，并表现出各自不同的特点。可以从不同的角度对计算机进行分类。

按计算机信息的表示形式和对信息的处理方式不同分为数字计算机（Digital Computer）、模拟计算机（Analogue Computer）和混合计算机。数字计算机所处理数据都是以0和1表示的二进制数字，是不连续的离散数字，具有运算速度快、准确、存储量大等优点，因此适宜科学计算、信息处理、过程控制和人工智能等，具有最广泛的用途。模拟计算机所处理的数据是连续的，称为模拟量。模拟量以电信号的幅值来模拟数值或某物理量的大小，如电压、电流、温度等都是模拟量。模拟计算机解题速度快，适于解高阶微分方程，在模拟计算和控制系统中应用较多。混合计算机则是集数字计算机和模拟计算机的优点于一身。

按计算机的用途不同分为通用计算机（General Purpose Computer）和专用计算机（Special Purpose Computer）。通用计算机广泛适用于一般科学运算、学术研究、工程设计和数据处理等，具有功能多、配置全、用途广、通用性强的特点，市场上销售的计算机多属于通用计算机。专用计算机是为适应某种特殊需要而设计的计算机，通常增强了某些特定功能，忽略一些次要要求，所以专用计算机能高速度、高效率地解决特定问题，具有功能单纯、使用面窄甚至专机专用的特点。模拟计算机通常都是专用计算机，在军事控制系统中被广泛地使用，如飞机的自动驾驶仪和坦克上的兵器控制计算机。

目前国际上沿用的分类方法，是根据美国电气和电子工程师协会（IEEE）的一个委员会于1989年11月提出的标准来划分的，即把计算机划分为：巨型机（超级计算机）、小巨型机、大型主机、小型机、工作站、微型机等。

1. 巨型机

巨型机（Giant Computer）又称超级计算机（Super Computer），是指运算速度超过每秒1亿次的高性能计算机，它是目前功能最强、速度最快、软硬件配套齐备、价格最贵的计算机，主要用于解决诸如气象、太空、能源、医药等尖端科学研究和战略武器研制中的复杂计算。其研制水平、生产能力及应用程序，已成为衡量一个国家经济实力与科技水平的重要标志。巨型机运算速度快，存储容量大，结构复杂，价格昂贵，主要用于国防和尖端科学研究领域。目前，巨型机主要用于战略武器（如核武器和反弹道武器）的设计、空间技术、石油勘探、长期天气预报以及社会模拟等领域。世界上只有少数几个国家能生产巨型机，著名巨型机如：美国的美洲虎，我国自行研制的天河一号、银河-Ⅰ（每秒运算1亿次以上，如图1-7所示）、银河-Ⅱ（每秒运算10亿次以上，如图1-8所示）和银河-Ⅲ（每秒运算100亿次以上）、银河-Ⅳ（每秒运算1万亿次以上）、银河-Ⅴ也都是巨型机。2011年11月我国自主研发的天河一号（如图1-9所示）成为世界上最快的计算机，其实测运算速度可以达到每秒2570万亿次，此前排名第一的美国橡树岭国家实验室的"美洲虎"超级计算机位居第二，"美洲虎"的实测运算速度可达每秒1750万亿次。天河一号的诞生表明我国科研水平向前迈进了一大步，也表明中国经济竞争力的增强。

2. 小巨型机

小巨型机（Mini Super Computer），也叫小超级机，出现于20世纪80年代中期，它的问世对巨型机的高价格发出了挑战，其最大的特点是就是具有更高的性价比。典型产品有美国 Conver 公司的 C 系列机 C-1、C-2 和 C-3 等。

图 1-7　银河-I

图 1-8　银河-II

图 1-9　天河一号

3. 大型主机

大型主机（Main Frame）或称大型计算机或大型通用机（常说的大、中型机），其特点是通用性强、有很强的综合处理能力。处理速度高达每秒 30 万亿次，主要用于大银行、大公司、规模较大的高校和科研院所，所以也被称为"企业级"计算机。大型主机经历批处理、分时处理、分散处理与集中管理等几个主要发展阶段。美国 IBM 公司生产的 IBM 360、IBM 370、IBM 9000 系列，就是国际上最具有代表性的大型主机。IBM 大型机如图 1-10 所示。

4. 小型机

小型机（Mini Computer）一般用于工业自动控制、医疗设备中的数据采集等场合。其规模和运算速度比大中型机要差，但仍能支持十几个用户同时使用。小型计算机具有规模较小、结构简单、成本较低、操作简单、易于维护、与外部设备连接容易等特点，是在 20 世纪 60 年代中期发展起来的一类计算机。DEC 公司的 PDP 11/20 到 PDP 11/70 是这类机器的典型代表。IBM 小型机如图 1-11 所示。当时微型计算机还未出现，因而得以广泛推广应用，许多工业生产自动化控制和事务处理都采用小型机，也常用在一些中小型企事业单位或某一部门，例如，高等院校的计算机中心都以一台小型机为主机，配以几十台甚至上百台终端机，以满足大量学生学习程序设计课程的需要。典型的小型机是美国 DEC 公司的 PDP 系列计算机、IBM 公司的 AS/400 系列计算机、我国的 DJS-130 计算机等。

图 1-10　IBM 大型机

图 1-11　IBM 小型机

5. 工作站

工作站（Workstation）是介于 PC 和小型计算机之间的一种高档微型机，是为了某种特殊用途而将高性能的计算机系统、输入/输出设备与专用软件结合在一起的系统，如图 1-12 所示。

它的独到之处是有大容量主存、大屏幕显示器，特别适合于计算机辅助工程。例如，图形工作站一般包括主机、数字化仪、扫描仪、鼠标器、图形显示器、绘图仪和图形处理软件等。它可以完成对各种图形与图像的输入、存储、处理和输出等操作。目前几个生产工作站的厂家有著名的 Sun、HP 和 SGI 等公司。

图 1-12　工作站

自 1980 年美国 Appolo 公司推出世界上第一个工作站 DN-100 以来，工作站迅速发展，成为专门处理某类特殊事务的一种独立的计算机类型。早期的工作站大都采用 Motorola 公司的 680X0 芯片，配置 UNIX 操作系统，现在的工作站多数采用 Pentium IV，配置 Windows 2000/XP 或者 Linux 操作系统。

6.　微型机

微型机简称微机，是当今使用最普及、产量最大的一类计算机，其体积小、功耗低、成本少、灵活性大，性能价格比明显地优于其他类型计算机，因而得到了广泛应用。微型计算机可以按结构和性能划分为单片机、单板机、个人计算机等几种类型。

微型机的中央处理器采用微处理芯片，体积小巧轻便。目前微型机使用的微处理芯片主要有 Intel 公司的 Pentium 系列、AMD 公司的 Athlon 系列，以及 IBM 公司 Power PC 等。

1.1.4　计算机的发展趋势

现代计算机的发展表现在两个方面：一是朝着巨型化、微型化、多媒体化、网络化和智能化 5 种趋向发展；二是朝着非冯·诺依曼结构发展。

1.　计算机发展的 5 种趋向

（1）巨型化。

巨型化是指发展高速度、大存储容量和强功能的超级巨型计算机。这既是诸如天文、气象、原子、核反应等尖端科学以及进一步探索新兴科学的需要，同时也是为让计算机具有人脑学习、推理的复杂功能。当今知识信息犹如核裂变一样不断膨胀，记忆、存储和处理这些信息是必要的。

（2）微型化。

由于超大规模集成电路技术的发展，计算机的体积越来越小、功耗越来越低、性能越来越强，性价比越来越好，微型计算机已广泛应用到社会各个领域。除了台式微型计算机外，还出现了笔记本型、掌上型。随着微处理器的不断发展，微处理器已应用到仪表、家用电器、导弹弹头等中、小型计算机无法进入的领域。

（3）多媒体化。

多媒体是"以数字技术为核心的图像、声音与计算机、通信等融为一体的信息环境"的总称。多媒体技术的目标是无论何时何地，只需要简单的设备就能自由自在地以交互和对话方式收发所需要的信息。多媒体技术的实质就是让人们利用计算机以更接近自然的方式交换信息。

（4）网络化。

网络化就是用通信线路把各自独立的计算机连接起来，形成各计算机用户之间可以相互通信并使用公共资源的网络系统。一方面是使众多用户能共享信息资源，另一方面是使各计算机之间能互相通过传递信息进行通信，把国家、地区、单位和个人连成一体，提供方便、及时、可靠、广泛、灵活的信息服务。

（5）智能化。

智能化是指使计算机具有人的智能，能够像人一样思维，让计算机能够进行图像识别、定理证明、研究学习、探索、联想、启发和理解人的语言等，是新一代计算机要实现的目标。随着计算机的计算能力的不断增强，通用计算机也开始具备一定的智能化，如各种专家系统的出现就是用计算机模仿人类专家的工作。智能化从本质上扩充了计算机的能力，能越来越多地代替人类的脑力与体力劳动。

2. 非冯·诺依曼结构模式

随着计算机技术的发展、计算机应用领域的开拓更新，冯·诺依曼的工作方式已不能满足需要，所以出现了制造非冯·诺依曼计算机的想法。自 20 世纪 60 年代开始，除了创造新的程序设计语言，即所谓的"非冯·诺依曼"语言外，另一方面是从计算机元件方面，比如提出了发明与人脑神经网络相类似的新型大规模集成电路的设想，即分子芯片。

（1）光子计算机。

光子计算机是用光子取代电子进行信息传递。在光子计算机中，光的速度是电子的 300 多倍。2003 年 10 月，全球首枚嵌入光核心的商用向量光学处理器问世，其运算速度是 8 万亿次/秒，预示着计算机将进入光学时代。

（2）生物计算机。

生物计算机（分子计算机）在 20 世纪 80 年代中期开始研制，其特点是采用生物芯片，它由生物工程技术产生的蛋白质分子构成。在这种生物芯片中，信息以波的形式传播，运算速度比当今最新一代计算机快 10 万倍，并拥有巨大的存储能力。由于蛋白质分子能够自我组合，再生新的微型电路，使得生物计算机具有生物体的一些特点，如能发挥生物体本身的调节机能从而自动修复芯片发生的故障，还能模仿人脑的思考机制。目前，在生物计算机研究领域已经有了新的进展，预计在不久的将来，就能制造出分子元件，即通过在分子水平上的物理化学作用对信息进行检测、处理、传输和存储。

（3）量子计算机。

量子计算机是指利用处于多现实态下的原子进行运算的计算机，这种多现实态是量子力学的标志。在某种条件下，原子世界存在着多现实态，即原子和亚原子粒子可以同时存在于此处和彼处，可以同时表现出高速和低速，可以同时向上和向下运动。如果利用这些不同的原子状态分别代表不同的数字或数据，就可以利用一组具有不同潜在状态组合的原子，在同一时间对某一问题的所有答案进行探寻，寻找正确答案。量子计算机具有解题速度快、存储量大、搜索功能强和安全性较高等优点。

在进入 21 世纪之际，美国的研究人员已经成功实现了 4 量子位逻辑门，取得了 4 个锂离子的量子缠结状态，获得了新的突破。

1.2　计算机的特点与应用

1.2.1　计算机的特点

计算机的应用已经渗透到社会的各行各业，其主要原因是计算机具有以下特点。

1. 高速的运算能力

现在，一般的计算机运算速度是每秒几十万次到几百万次，大型计算机的运算速度是每秒亿亿次。目前世界上运算速度最快的计算机是中国的"天河二号"，已达 3.39 亿亿次/秒，这是人的运算能力无法比拟的。高速运算能力可以完成天气预报、大地测量、运载火箭参数等的计算。

2. 很高的计算精度

由于计算机内采用二进制数字进行运算，其计算精度可通过增加表示数字的设备来获得，使数值计算可根据需要获得千分之一至几百万分之一，甚至更高的精确度。一般计算机的字长越长，所能表达的数字的有效位就越多，其运算的精度就越高。

3. 具有"记忆"功能

计算机中设有存储器，存储器可记忆大量的数据。当计算机工作时，计算的数据、运算的中间结果及最终结果都可存入存储器中。最重要的是，可以把人们为计算机事先编好的程序也存储起来，这是计算机工作原理的关键。

4. 具有逻辑判断能力

计算机不仅能进行算术运算，还可以进行逻辑判断和推理，并能根据判断结果自动决定以后执行什么命令。

5. 高度的自动化和灵活性

由于计算机能够存储程序，并能够自动依次逐条地运行，不需要人工干预，这样计算机就实现了高度的自动化和灵活性。

6. 联网通信，共享资源

若干台计算机连成网络后，为人们提供了一种有效的、崭新的交往手段，便于世界各地的人们充分利用人类共有的知识财富。

1.2.2　计算机的应用

随着计算机技术的不断发展，计算机的应用领域越来越广泛，应用水平越来越高，已经渗透到各行各业，改变着人们传统的工作、学习和生活方式，推动着人类社会的不断发展。计算机的应用主要体现在以下几个方面。

1. 科学计算

科学计算也称为数值计算，是指利用计算机来完成科学研究和工程技术中提出的数学问题的计算。在现代科学技术工作中，科学计算问题是大量的和复杂的。利用计算机的高速计算、大存储容量和连续运算的能力，可以实现人工无法解决的各种科学计算问题。近几十年来，一些现代尖端科学技术的发展，都是建立在计算机的基础上的，如卫星轨迹计算、气象预报等。

2. 数据处理

数据处理也称为非数值处理或事务处理，是指对各种数据进行收集、存储、整理、分类、统计、加工、利用、传播等一系列活动的统称。科学计算的数据量不大，但计算过程比较复杂；而数据处理数据量很大，但计算方法较简单。据统计，80%以上的计算机主要用于数据处理，这类工作量大且涉及面宽，决定了计算机应用的主导方向。目前，数据处理已广泛应用于办公自动化、企事业计算机辅助管理与决策、情报检索、图书管理、电影电视动画设计、会计电算化等各行各业。

3. 过程控制

过程控制也称为实时控制，是指利用计算机及时采集、检测数据，按最佳值迅速地对控制对象进行自动控制或自动调节。随着生产自动化程度的提高，对信息传递速度和准确度的要求也越来越高，这一任务靠人工操作已无法完成，只有计算机才能胜任。以计算机为中心的控制系统可以及时地采集数据、分析数据、制定方案，进行自动控制。它不仅可以减轻劳动强度，而且可以大大地提高自动控制的水平，提高产品的质量和合格率。因此，过程控制在冶金、电力、石油、机械、化工以及各种自动化部门得到广泛的应用，同时还应用于导弹发射、雷达系统、航空航天等各个领域。

4. 计算机辅助系统

计算机辅助工程的应用，可以提高产品设计、生产和测试过程的自动化水平，降低成本，缩短生产的周期，改善工作环境，提高产品质量，获得更高的经济效益。计算机辅助技术包括CAD、CAM 和 CAI 等。

（1）计算机辅助设计（Computer Aided Design，简称 CAD）。计算机辅助设计是综合地利用计算机的工程计算、逻辑判断、数据处理功能和人的经验与判断能力结合，形成一个专门系统，用来进行各种图形设计和图形绘制，对所设计的部件、构件或系统进行综合分析与模拟仿真实验。它是近十几年来形成的一个重要的计算机应用领域。目前在汽车、飞机、船舶、集成电路、大型自动控制系统的设计中，CAD 技术占居愈来愈重要的地位。

（2）计算机辅助制造（Computer Aided Manufacturing，简称 CAM）。计算机辅助制造是利用计算机系统进行生产设备的管理、控制和操作的过程。例如，在产品的制造过程中，用计算机控制机器的运行，处理生产过程中所需的数据，控制和处理材料的流动以及对产品进行检测等。使用 CAM 技术可以提高产品质量，降低成本，缩短生产周期，提高生产率和改善劳动条件。

将 CAD 和 CAM 技术集成实现设计生产自动化，这种技术被称为计算机集成制造系统（CIMS）。它的实现将真正做到无人化工厂（或车间）。

（3）计算机辅助教学（Computer Aided Instruction，简称 CAI）。计算机辅助教学是指利用计算机进行辅助教学、交互学习。如利用计算机辅助教学制作的多媒体课件可以使教学内容生动、形象逼真，取得良好的教学效果。通过交互方式的学习，可以使学员自己掌握学习的进度、进行自测，方便灵活，满足不同层次学员的要求。CAI 的主要特色是交互教育、个别指导和因人施教。

5. 人工智能

人工智能（Artificial Intelligence）是用计算机模拟人类的智能活动，如模拟人脑学习、推理、判断、理解、问题求解等过程，辅助人类进行决策，如专家系统。人工智能是计算机科学研究领域最前沿的学科，现在人工智能的研究已取得不少成果，有些已开始走向实用阶段。例如，能模拟高水平医学专家进行疾病诊疗的专家系统，具有一定思维能力的智能机器人（如图1-13 所示）等。

图 1-13   机器人

6. 信息高速公路

1992 年美国副总统的戈尔提出建立"信息高速公路"，1993 年 9 月美国正式宣布实施"国家信息基础设施"计划，俗称"信息高速公路"计划，引起了世界各发达国家、新兴工业国家和地区的极大反响，并积极加入到了这场国际大竞争中。

国家信息基础设施，除通信、计算机、信息本身和人力资源关键要素的硬环境外，还包括标准、规则、政策、法规和道德等软环境。由于我国的信息技术相对落后，信息产业不够强大，信息应用不够普遍和信息服务队伍不够壮大等现状，有关专家提出，我国的信息高速公路应该加上两个关键部分，即民族信息产业和信息科学技术。

7. 电子商务

电子商务（Electronic Commerce）最早产生于 20 世纪 60 年代，发展于 20 世纪 90 年代，一般指的是在网络上通过计算机进行业务通信和交易处理，实现商品和服务的买卖以及资金的转账，同时还包括企业公司之间及其内部借助计算机及网络通信技术能够实现的一切商务活动，也就是通过网络进行的生产、营销、销售和流通活动，不仅包括在互联网上的交易，而且也包括利用信息技术来降低商务成本、增加流通价值和创造商业机遇的所有商务活动。

商务活动的核心是信息活动，在正确的时间和正确的地点与正确的人交换正确的信息是电子商务成功的关键。电子商务的显著特点是突破了时间和地点的限制，低成本、高效率、虚拟现实、功能全面、使用更灵活和更加安全有效。

电子商务的运行模式按照电子商务交易主体之间的差异可以有多种不同的模式，其中最典型的运行模式有：商家－商家模式（Business to Business，简称 B2B），商家－消费者模式（Business to Customer，简称 B2C）、消费者－消费者模式（Customer to Customer，简称 C2C）。

8. 电子政务

电子政务就是将政府机构运用现代计算机技术和网络技术，将管理和服务的职能转移到网络上去，实现政府组织结构和工作流程的重组优化，超越时间、空间和部门分隔的制约，向全社会提供高效优质、规范透明和全方位的管理与服务。它开辟了推动社会信息化的新途径，创造了政府实施产业政策的新手段。电子政务的出现有利于政府转变职能，提高运作的效率。

电子政务的特点是转变政府工作方式，提高政府科学决策水平，优化信息资源配置，借助信息技术，降低管理和服务成本。

从电子政务服务的对象看，电子政务的主要内容包括：政府－政府电子政务（Government to Government，简称 G2G），政府－企业电子政务（Government to Business，简称 G2B），政府－公民电子政务（Government to Citizen，简称 G2C）。

1.3 计算机中的数制转换

1.3.1 进制及其特点

进位计数制的特点是表示数值大小的数码与它在数中的位置有关。如，十进制数 23.45，数码 2 处于十位上，它代表 $2 \times 10^1 = 20$，即 2 处的位置具有 10^1 权；3 代表 $3 \times 10^0 = 3$，而 4 处于小数点后第一位，代表 $4 \times 10^{-1} = 0.4$，最低位 5 处于小数点后第二位，代表 $5 \times 10^{-2} = 0.05$。

十进制运算中，凡是超过 10 就向高位进一位，相邻间是十倍关系，10 称为进位"基数"。同理，若是二进制，则进位基数应该是 2，八进制的进位基数为 8，十六进制的进位基数应该为 16。因此，任何进位计数制都有两个要素：数码的个数和进位基数。

1. 十进制

十进制数是人们十分熟悉的计数体制。它用 0、1、2、3、4、5、6、7、8、9 十个数字符号，按照一定规律排列起来表示数值的大小。

任意一个十进制数，如 628 可表示为 $(628)_{10}$、$[628]_{10}$ 或 628D。

【例 1-1】十进制数 $[X]_{10} = 654.16$，可以写成：

解： $[X]_{10} = [654.16]_{10}$

$$= 6 \times 10^2 + 5 \times 10^1 + 4 \times 10^0 + 1 \times 10^{-1} + 6 \times 10^{-2}$$

从这个十进制数的表达式中，可以得到十进制数的特点。

（1）每一个位置（数位）只能出现十个数字符号 0～9 中的其中一个。通常把这些符号的个数称为基数，十进制数的基数为 10。

（2）同一个数字符号在不同的位置代表的数值是不同的。上例中，左右两边的数字都是 6，但右边第一位数的数值为 0.06，而左边第一位数的数值为 600。

（3）十进制的基本运算规则是"逢十进一"。上例中，小数点左边第一位为个位，记作 10^0；第二位为十位，记作 10^1；第三为百位，记作 10^2；小数点右边第一位为十分位，记作 10^{-1}；第二位为百分位，记作 10^{-2}；通常把 10^{-2}、10^{-1}、10^0、10^1、10^2 等称为是对应数位的权，各数位的权都是基数的幂。每个数位对应的数字符号称为系数。显然，某数位的数值等于该位的系数和权的乘积。

一般地说，n 位十进制正数 $[X]_{10} = a_{n-1}a_{n-2} \ldots a_1 a_0$ 可表达为以下形式：

$$[X]_{10} = a_{n-1} \times 10^{n-1} + a_{n-2} \times 10^{n-2} + \ldots + a_1 \times 10^1 + a_0 \times 10^0$$

式中 a_0、a_1、...、a_{n-1} 为各数位的系数（a_i 是第 i 位的系数），它可以取 0～9 十个数字符号中任意一个；10^0、10^1、...、10^{n-1} 为各数位的权；$[X]_{10}$ 中下标 10 表示 X 是十进制数，十进制数的括号也经常被省略。

2. 二进制（Binary）

与十进制类似，二进制的基数为 2，即二进制中只有两个数字符号（0 和 1）。二进制的基本运算规则是"逢二进一"，各位的权为 2 的幂。

任意一个二进制数，如 110 可表示为$(110)_2$、$[110]_2$ 或 110B。

一般地说，n 位二进制正整数$[X]_2$表达式可以写成：

$$[X]_2=a_{n-1}\times2^{n-1}+a_{n-2}\times2^{n-2}+\ldots+a_1\times2^1+a_0\times2^0$$

式中 a_0、a_1、...、a_{n-1} 为系数，可取 0 或 1 两种值；2^0、2^1、...、2^{n-1} 为各数位的权。表 1-1 列出了常用各种进制数的表示方法。

表 1-1　计算机中常用的各种进制数的表示

进位制	十进制	二进制	八进制	十六进制
基本符号	0，1，...，9	0，1	0，1，...，7	0，1，...，9，A，B，...，F
基数	r=10	r=2	r=8	r=16
位权	10^i	2^i	8^i	16^i
规则	逢十进一	逢二进一	逢八进一	逢十六进一
形式表示	D	B	O（Q）	H

【例 1-2】八位二进制数$[X]_2$=10001111，可以写成：

解：$[X]_2=[10001111]_2$

$$=1\times2^7+0\times2^6+0\times2^5+0\times2^4+1\times2^3+1\times2^2+1\times2^1+1\times2^0=[143]_{10}$$

除了使用二进制和十进制外，在计算机的应用中，又经常使用八进制和十六进制。

3. 八进制（Octal）

在八进制中，基数为 8，它有 0、1、2、3、4、5、6、7 八个数字符号，八进制的基本运算规则是"逢八进一"，各数位的权是 8 的幂。

任意一个二进制数，如 127 可表示为$(139)_8$、$[139]_8$ 或 139Q（注：为了区分 O 与 0，把 O 用 Q 来表示）。

n 位八进制正整数的表达式可写成：

$$[X]_8=a_{n-1}\times8^{n-1}+a_{n-2}\times8^{n-2}+\ldots+a_1\times8^1+a_0\times8^0$$

【例 1-3】八进制数$[X]_8$=173.5，可以写成：

解：$[X]_8=[173.5]_8$

$$=1\times8^2+7\times8^1+3\times8^0+5\times8^{-1}=(123.625)_{10}$$

4. 十六进制（Hexadecimal）

在十六进制中，基数为 16。它有 0、1、2、3、4、5、6、7、8、9、A、B、C、D、E、F 十六个数字符号。十六进制的基本运算规则是"逢十六进一"，各数位的权为 16 的幂。

【例 1-4】十六进制数$[X]_{16}$=3AF.C8，可以写成：

解：$[X]_{16}=[3AF.C8]_{16}$

$$=3\times16^2+10\times16^1+15\times16^0+12\times16^{-1}+8\times16^{-2}=(943.78125)_{10}$$

综上所述，各进制数都可以用权展开来表示，公式为：

$$N=a_{n-1}\times r^{n-1}+a_{n-2}\times r^{n-2}+\ldots+a_1\times r^1+a_0\times r^0+a_{-1}\times r^{-1}+\ldots+a_{-m}\times r^{-m}$$

总结以上四种进位计数制，可以将它们的特点概括为每一种计数制都有一个固定的基数，每一个数位可取基数中的不同数值；每一种计数制都有自己的位权，并且遵循"逢 r 进一"的原则。

不论是哪一种数制，其计数和运算都有共同的规律和特点。进位计数制的表示主要包含三个基本要素：数位、基数和位权。数位是指数码在一个数中所处的位置；基数是指某种数制中所含的基本符号的个数，用 r 表示，例如，十进位计数制中，每个数位上可以使用的数码为 0、1、2、3...9 十个数码，即其基数为 10；数制中每一固定位置对应的单位值称为位权，各种数制中位权的值恰好是基数 r 的某次幂。例如在十进位计数制中，小数点左边第一位位权为 10^0；左边第二位位权为 10^1；左边第三位位权为 10^2……小数点右边第一位位权为 10^{-1}；小数点右边第二位位权为 10^{-2}……即小数点左边位权依次为：r^0，r^1，r^2……小数点右边位权依次为：r^{-1}，r^{-2}……

1.3.2　不同进制数的相互转换

将数由一种数制转换成另一种数制称为数制间的转换。由于计算机采用二进制，但用计算机解决实际问题时对数值的输入输出通常使用十进制，这就有一个十进制向二进制转换或由二进制向十进制转换的过程。也就是说，在使用计算机进行数据处理时首先必须把输入的十进制数转换成计算机所能接受的二进制数；计算机在运行结束后，再把二进制数转换为人们所习惯的十进制数输出。这两个转换过程完全由计算机系统自动完成不需人参与。有时候，直接对二进制和十进制进行转换比较烦琐，为方便起见，人们常用八进制或十六进制作为中间结果，进行数制转换。下面我们来看各种数制之间是怎样完成转换的。

1. r 进制转换成十进制

r 进制转换成十进制采用"位权法"，就是将各位数码乘以各自的权值累加求和，即按权展开求和。可用如下公式表示：

$$N = \sum_{i=-m}^{n-1} a_i \times r^i$$

【例 1-5】将 (11010.10)B、(236.14)O 和 (2E9.C8)H 转换成十进制数。

解：$(11010.10)B = 1 \times 2^4 + 1 \times 2^3 + 0 \times 2^2 + 1 \times 2^1 + 0 \times 2^0 + 1 \times 2^{-1} + 0 \times 2^{-2} = (26.5)D$

$(236.14)O = 2 \times 8^2 + 3 \times 8^1 + 6 \times 8^0 + 1 \times 8^{-1} + 4 \times 8^{-2} = (158.1875)D$

$(2E9.C8)H = 2 \times 16^2 + 14 \times 16^1 + 9 \times 16^0 + 12 \times 16^{-1} + 8 \times 16^{-2} = (745.78125)D$

2. 十进制转换成 r 进制

数制之间进行转换时，通常对整数部分和小数部分分别进行转换。将十进制数转换成 r 进制数时，先将十进制数分成整数部分和小数部分，然后再利用各自的转换法则进行转换，最后在保持小数点位置不变的前提下将两部分结果写在一起。

整数部分的转换法则为：除基取余倒着读，直到商为 0 为止。

小数部分的转换法则为：乘基取整正着读，直到小数部分为 0 或达到所求的精度为止。

【例 1-6】 将十进制数 207.815 转换成二进制数。

解：（1）整数部分（除 2 取余法）　　　　（2）小数部分（乘 2 取整法）

转换结果：(207.815)D≈(11001111.1101)B

有时小数部分可能永远不会得到 0，按所要求的精度进行取值即可。

将十进制数转换成八进制或十六进制，方法与将十进制数转换成二进制数相同，只是整数部分的"除 2 取余法"变成了"除 8 取余法"或"除 16 取余法"，小数部分的"乘 2 取整法"变成了"乘 8 取整法"或"乘 16 取整法"。

【例 1-7】 将十进制数 193.12 转换成八进制数。

解：（1）整数部分（除 8 取余法）　　　　（2）小数部分（乘 8 取整法）

转换结果：(193.12)D≈(301.0754)O

十进制的舍入方法为四舍五入，类似地，二进制为零舍一入；八进制为三舍四入；十六进制为七舍八入。

【例 1-8】 将十进制数 69.625 转换成十六进制数。

解：（1）整数部分（除 16 取余法）　　　　（2）小数部分（乘 16 取整法）

转换结果：(69.625)D≈(45.A)H

3．八进制和二进制之间的转换

由表 1-2 八进制与二进制之间的关系可知，一位八进制数相当于三位二进制数，因此，要将八进制数转换成二进制数时，只需以小数点为界，向左或向右每一位八进制数用相应的三位二进制数取代即可，即"以一换三"，如果不足三位，可用零补足之。反之，二进制数转换成相应的八进制数，只是上述方法的逆过程，即以小数点为界，向左或向右每三位二进制数用相应的一位八进制数取代即可。

表 1-2　八进制与二进制之间的关系

八进制	二进制
0	000
1	001
2	010
3	011
4	100
5	101
6	110
7	111

【例 1-9】将八进制数(265.734)O 转换成二进制数。

解：2　　6　　5　.　7　　3　　4

　　010　110　101　111　011　100

即(265.734)O = (10110101.1110111)B

【例 1-10】将二进制数(1100101.010011111)B 转换成八进制数。

解：001　100　101　.010　011　111

　　　1　　4　　5　　2　　3　　7

即(1100101.010011111)B = (145.237)O

4. 十六进制和二进制之间的转换

由表 1-3 十六进制与二进制之间的关系可知，一位十六进制数相当于四位二进制数，因此，要将十六进制数转换成二进制数时，只需以小数点为界，向左或向右每一位十六进制数用相应的四位二进制数取代即可，即"以一换四"，如果不足四位，可用零补足之。反之，二进制数转换成相应的十六进制数，只是上述方法的逆过程，即以小数点为界，向左或向右每四位二进制数用相应的一位十六进制数取代即可。

表 1-3　十六进制与二进制之间的关系

十六进制	二进制	十六进制	二进制
0	0000	8	1000
1	0001	9	1001
2	0010	A	1010
3	0011	B	1011
4	0100	C	1100
5	0101	D	1101
6	0110	E	1110
7	0111	F	1111

【例 1-11】将十六进制数(69A.BD3)$_{16}$转换成二进制数。

解：　6　　　9　　　A　．　B　　　D　　　3

　　0110　1001　1010　　1011　1101　0011

即(69A.BD3)H = (11010011010.101111010011)B

【例 1-12】将二进制数(11101101101111.101000101)B 转换成十六进制数。

解：0011　1011　0110　1111　．　1010　0010　1000

　　　3　　B　　6　　F　　　A　　2　　8

即(11101101101111.101000101)B = (3B2F.A28)H

1.3.3　数值的存储

计算机处理信息，除了处理数值信息之外，还要处理大量的符号、字母、汉字等非数值信息。而计算机只能识别二进制数码信息，因此一切非二进制数码的信息，如各种字母、数字、符号都用二进制特定编码来表示。

计算机中使用的二进制数共有 3 个单位：位、字节和字。

"位"是计算机中数的最小单位，称为比特（bit），简记为 b，即二进制数的一位"0"或"1"所占的空间。

在计算机中，8 个位（bit）组成一个字节（byte），简记为 B。字节是最基本的数据单位。一个字节可存放一个 ASCII 码，两个字节可存放一个汉字。

存储器的容量一般以 KB、MB、GB、TB 和 PB 为单位。

1KB=1024B=2^{10}B

1MB=1024KB=2^{10}KB

1GB=1024MB≈1000MB

1TB=1024GB≈1000GB

1PB=1024TB≈1000TB

字（word）是计算机进行数据处理时，一次存取、加工和传送的数据长度。由于字长是计算机一次所能处理的实际位数的多少，决定了计算机进行数据处理的速率，因此，字长常常成为衡量计算机性能的标志。如，常用的字长有 8 位、16 位、32 位和 64 位等。

1．符号数的机器数表示

数在计算机中的表示统称为机器数。机器数有如下 3 个特点。

（1）数的符号数值化。在计算机中，因为只有 0 和 1 两种形式。为此，数的正、负号，也用 0 和 1 表示。通常把一个数的最高位定义为符号位，用 0 表示正，1 表示负，称为数符，其余位仍表示数值。机器数是把机器内存放的正、负符号数值化后的数，机器数对应的数值称为机器数的真值数。

若一个数占 8 位，则表示形式如图 1-14 所示。

如(+50)$_{10}$=(00110010)$_2$ 和(-50)$_{10}$=(10110010)$_2$，它们存放在机器中的形式如图 1-14 所示。

（2）计算机中常值表示整数和纯小数，将小数点约定在一个固定的位置上，不再占用 1个数位。

（3）机器数表示的范围受字长和数据类型的限制。

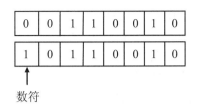

图 1-14　机器数

例如，用 16 位二进制数表示，则十进制数-513 的二进制数表示为 1000001000000011，显然，用 8 位二进制数无法表示这个数。

2. 定点数与浮点数

在计算机中，对于一般的数有两种表示方法：定点数与浮点数。

（1）定点数。

所谓定点数是指小数点位置固定的数。通常用定点数来表示整数与纯小数，分别称为定点整数与定点小数。

1）定点整数。小数点默认为在整个二进制数的最后（小数点不占二进制位）。在这种表示中，符号位右边的所有位数表示的是一个整数，我们称用这种方法表示的数为定点整数。

例如，用 8 位二进制定点整数表示十进制数-77 为：

$(-77)_{10}=(11001101)_2$

2）定点小数。小数点默认为在符号位之后（小数点不占二进制位）。在这种表示中，符号位右边的第一位是小数的最高位，我们称用这种方法表示的数为定点小数。

例如，用 8 位二进制定点小数表示十进制纯小数+0.296875 为：

$(+0.296875)_{10}=(0.0100110\ )_2$

（2）浮点数。

对于既有整数部分、又有小数部分的数，由于其小数点的位置不固定，一般用浮点数表示。在计算机中，通常所说的浮点数就是指小数点位置不固定的数。

我们知道，一个既有整数部分又有小数部分的十进制数 R 可以表示成如下形式：

$$R=Q\times10^n$$

其中 Q 为一个纯小数，n 为一个整数。例如，十进制数-23.475 可以表示成-0.23475×10^2，十进制数 0.00003957 可以表示成0.3957×10^{-4}。纯小数 Q 的小数点后第一位一般为非零数字。

同样，对于既有整数部分又有小数部分的二进制数 P 也可以表示成如下形式：

$$P=S\times2^n$$

其中 S 为二进制定点小数，称为 P 的尾数；n 为二进制定点整数，称为 P 的阶码，它反映了二进制数 P 的小数点后的实际位置。为使有限的二进制位数能表示出最多的数字位数，定点小数 S 的小数点后的第一位（即符号位的后面一位）一般为非零数字（即为"1"）。

【例 1-13】用 16 位二进制定点小数与 8 位二进制定点整数表示十进制-255.75。

首先将$(-255.75)_{10}$转换成二进制数为：

$(-255.75)_{10}=(-11111111.11)_2=(-0.1111111111)_2\times2^8$

将阶码 8 也转换成二进制数为：

$(+8)_{10}=(+1000)_2$

将尾数化成 16 位二进制定点小数为：

$$S=(-0.1111111111)_2=(1.111111111100000)_2$$

↑小数点的位置

将阶码化成八位二进制定点整数为：

$$N=(+1000)_2=(00001000)_2$$

↑小数点的位置

十进制-255.75 转换成所要求的二进制浮点数后，存放的形式为：

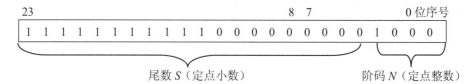

由此可见，在计算机中表示一个浮点数，其结构为：

尾数部分（定点小数）		阶码部分（定点整数）	
数符±	尾数 S	阶符±	阶码 N

3. 原码、反码、补码

在计算机中，对于有符号的数通常有 3 种表示法：原码、反码和补码。

（1）原码。

所谓原码就是前面所介绍的二进制定点数表示。即原码的符号位在最高位，"0"表示正，"1"表示负，数值部分按一般的二进制形式表示。

例如：$(-50)_{10}$ 的 8 位二进制原码为 10110010

$(+33)_{10}$ 的 8 位二进制原码为 00100001

用原码表示一个定点数最简单。但用原码表示时，不能直接对两个异号数相加或两个同号数相减。例如，如果 $(-50)_{10}$ 和 $(+33)_{10}$ 的两个原码直接相加，得：

```
    10110010
 +) 00100001
    11010011
```

其结果是 $(-83)_{10}$，这显然是错误的。因此，要将减法运算转换为加法运算（两个异号数相加实际上也是同号数相减），这就需要引入反码和补码的概念。

（2）反码。

反码表示法规定正数的反码和原码相同；负数的反码是对该数的原码除符号位外各位取反（即将"0"变为"1"，"1"变为"0"）。

例如：$(+50)_{10}$ 的 8 位二进制原码为 00110010，反码为 01001101

$(-50)_{10}$ 的 8 位二进制原码为 10110010，反码为 11001101

（3）补码。

补码表示法规定正数的补码和原码相同；负数的补码则是该数的反码加 1。

例如：$(+50)_{10}$ 的 8 位二进制原码为 00110010，补码为 00110010

$(-50)_{10}$ 的 8 位二进制原码为 10110010，补码为 11001110

引入补码以后，计算机中的加减运算都可以用加法来实现，并且两数的补码之"和"等于两数"和"的补码。在近代计算机中，加减法多采用补码运算。在采用补码运算时，符号位也当作一位二进制数一起参与运算，结果为补码。由此可得补码运算规则：

$$[X+Y]_{补}=X_{补}+Y_{补}$$
$$[X-Y]_{补}=X_{补}+[-Y]_{补}$$

【例 1-14】采用二进制补码计算$(33)_{10}-(51)_{10}$。

由于$(33)_{10}-(51)_{10}=(-51)_{10}+(+33)_{10}$

因此：

```
      11001101          (-51)₁₀ 的 8 位二进制补码
  +) 00100001          (+33)₁₀ 的 8 位二进制补码
      11101110
```

最后得到：

$(-51)_{10}+(+33)_{10}=(11001101)_{补}+(00100001)_{补}=(11101110)_{补}$

　　　　　　$=(10010010)_{原}$（对上述补码"求反减 1"后得到）

　　　　　　$=(-18)_{10}$

显然，这个结果是正确的。

在二进制定点数的 3 种表示中，原码直观，但不能用于具体运算；补码用于具体运算；反码起到由原码转换为补码的中间作用。对于浮点数，其尾数部分与阶码部分也常用补码表示，以便于进行具体的运算。

1.4　计算机中的信息编码

1.4.1　西文字符编码

关于"字符"这种常见的非数值型数据，当今计算机中普遍采用 ASCII 码，即美国标准信息交换码（American Standard Code for Information Interchange）。

ASCII 码总共有 128 个元素，因此用 7 位二进制数就可以对这些字符进行编码。一个字符的二进制编码占 8 个二进制位，即 1 个字节，在这 7 个二进制位前面的第 8 位码是附加的，即最高位，常以 0 填补，称为奇偶校验位。7 位二进制数共可表示 $2^7=128$ 个字符，它包含 10 个阿拉伯数字、52 个英文大小写字母、32 个通用控制字符、34 个控制码。ASCII 码表如表 1-4 所示，纵向的 3 位（高位）和横向的 4 位（低位）组成 ASCII 码的 7 位二进制代码。

表 1-4　7 位的 ASCII 码表

低 4 位	高 3 位							
	000	001	010	011	100	101	110	111
0000	NUL	DLE	SP	0	@	P	、	p
0001	SOH	DC1	!	1	A	Q	a	q
0010	STX	DC2	"	2	B	R	b	r
0011	ETX	DC3	#	3	C	S	c	s
0100	EOT	DC4	$	4	D	T	d	t

低4位	高3位							
	000	001	010	011	100	101	110	111
0101	ENQ	NAK	%	5	E	U	e	u
0110	ACK	SYN	&	6	F	V	f	v
0111	BEL	ETB	,	7	G	W	g	w
1000	BS	CAN	(	8	H	X	h	x
1001	HT	EM	)	9	I	Y	i	y
1010	LF	SUB	*	:	J	Z	j	z
1011	VT	ESC	+	;	K	[	k	{
1100	FF	FS	'	<	L	\	l	|
1101	CR	GS	-	=	M	]	m	}
1110	SO	RS	.	>	N	↑	n	~
1111	SI	US	/	?	O	↓	o	Del

1.4.2　汉字编码

（1）汉字国标码和区位码。

在计算机中一个汉字通常用两个字节的编码表示，我国制定了"中华人民共和国国家标准信息交换汉字编码字符集（基本集 GB2312-1980）"，简称国标码，是计算机进行汉字信息处理和汉字信息交换的标准编码。在该编码中，共收录汉字和图形符号 7445 个，其中一级常用汉字 3755 个（按汉语拼音字母顺序排列），二级常用汉字 3008 个（按部首顺序排列），图形符号 682 个。

在 GB2312-1980 中规定，全部国标汉字及符号组成一个 94×94 的矩阵。在此矩阵中，每一行称为一个"区"，每一列称为一个"位"。于是构成了一个有 94 个区（01～94 区），每个区有 94 个位（01～94 个位）的汉字字符集。区码与位码组合在一起就形成了"区位码"，唯一地确定某一汉字或符号。

区位码的分布规则如下。

1）01～09 区：图形符号区。

2）10～15 区：自定义符号区。

3）16～55 区：一级汉字区，按汉字拼音排序，同音字按笔画顺序。

4）56～87 区：二级汉字区，按偏旁部首、笔画排序。

5）88～94 区：自定义汉字区。

（2）汉字输入码。

所谓汉字输入码就是用于使用西文键盘输入汉字的编码。每个汉字对应一组由键盘符号组成的编码，不同的汉字输入法其输入码不同。汉字输入码也称外码。汉字编码方案目前已达 600 多种，已经在计算机中实现的也超过了 100 种。常见的汉字输入编码方案可分为如下 4 类。

1）数码：用数字组成的等长编码，典型代表有区位码、电报码。

2）音码：根据汉字的读音组成的编码，典型代表有全拼码和双拼码。

3）形码：根据汉字的形状、结构特征组成的编码，典型代表有五笔字型、表形码。

4）音形码：将汉字读音与其结构特征综合考虑的编码，典型代表有自然码、首尾拼音码。

（3）汉字内码。

无论用户用哪种输入法，汉字输入到计算机后都转换成汉字内码进行存储，以方便机内的汉字处理。汉字内码是采用双字节的变形国标码，在每个字节的低 7 位与国标码相同，每个字节的最高位为 1，以与 ASCII 码字符编码区别。

（4）汉字字形码。

汉字字形码（汉字输出码）是将点阵组成的汉字模型数字化，形成一串二进制数称为汉字字形码，其主要用于输出汉字。输出汉字时，将汉字字形码再还原为由点阵构成的汉字，所以汉字字形码又被称为汉字输出码。

汉字是一种象形文字，每一个汉字可以看成是一个特定的图形，这种图形可以用点阵、轮廓向量、骨架向量等多种方法表示，而最基本的是用点阵表示。如果用 16×16 点阵来表示一个汉字，则一个汉字占 16 行，每一行有 16 个点，其中每一个点用一个二进制位表示，值"0"表示暗，值"1"表示亮。由于计算机存储器的每个字节有 8 个二进制位，因此，16 个点要用两个字节来存放，16×16 点阵的一个汉字字形需要用 32 个字节来存放，这 32 个字节中的信息就构成了一个 16×16 点阵汉字的字模。

从汉字代码的转换关系的角度，人们把汉字信息处理的过程描述为如图 1-15 所示。

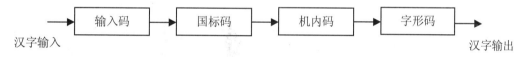

图 1-15　汉字信息处理过程

1.4.3　图形编码

在计算机中存储和处理图形同样要用二进制数字编码的形式。要表示一幅图片或屏幕图形，最直接的方式是"点阵表示"。在这种方式中，图形由排列成若干行、若干列的像素（pixels）组成，形成一个像素的阵列。阵列中的像素总数决定了图形的精细程度。像素的数目越多，图形越精细，其细节的分辨程度也就越高，但同时也必然要占用更大的存储空间。对图形的点阵表示，其行列数的乘积称为图形的分辨率。例如，若一个图形的阵列总共有 480 行，每行 640 个点，则该图形的分辨率为 640×480 像素。这与一般电视机的分辨率差不多。

像素实际上就是图形中的一个个光点，一个光点可以是黑白的，也可以是彩色的，因而一个像素也可以有几种表示方式。

（1）最简单的情况。

假设一个像素只有纯黑、纯白两种可能性，那么只用一个二进位就可以表示了。这时，一个 640×480 的像素阵列需要 640×480 / 8 = 38400 字节=37.5KB。

（2）多种颜色。

假设一个像素至少要有四种颜色，那么至少要用两个二进位来表示。如果用一个字节来表示一个像素，那么一个像素最多可以有 256 种颜色。这时，一个 640×480 的像素阵列需要

640×480 = 307200 字节=300K 字节。

由黑白二色像素构成的图形也可以用像素的灰度来模拟彩色显示，一个像素的灰度就是像素的黑的程度，即介于纯黑和纯白之间的各种情况。计算机中采用分级方式表示灰度：例如分成 256 个不同的灰度级别（可以用 0～255 的数表示），用 8 个二进位就能表示一个像素的灰度。采用灰度方式，使图形的表现力增强了，但同时存储一幅图形所需要的存储量也增加了。例如采用上述 256 级灰度，与采用 256 种颜色一样，表示一幅 640×480 的图形就需要大约 30 万个字节（300KB）。

（3）真彩色图形显示。

由光学关于色彩的理论可知，任何颜色的光都可以由红绿蓝三种纯的基色（光）通过不同的强度混合而成。今天所谓"真彩色"的图形显示，就是用三个字节表示一个点（像素）的色彩，其中每个字节表示一种基色的强度，强度分成 256 个级别。不难计算，要表示一个 640×480 的"真彩色"的点阵图形，需要将近 1MB 的存储空间。

图形的点阵表示法的缺点是：经常用到的各种图形，如工程图、街区分布图、广告创意图等用线条、矩形、圆等基础图形元素构成的，图纸上绝大部分都是空白区，因而存储的主要数据是 0（白色用基本上都是"0"表示，也占用存储），浪费了存储空间。而真正需要精细表示的图形部分却不精确。图形中的对象和它们之间的关系没有明确地表示出来，图形中只有一个一个的点。点阵表示的另一个缺点是：如果取出图形点阵表示的一个小部分加以放大，图的每个点就都被放大，放大的点构成的图形会出现锯齿状。为了节约存储空间并且适合图形信息的高速处理，出现了许多其他图形表示方法，这些方法的基本思想是用直线来逼近曲线，用直线段两端点位置表示直线段，而不是记录线上各点，这种方法简称为矢量表示方法。采用这类方法表示一个图形可以只用很少的存储量。另外，采用解析几何的曲线公式也可以表示很多曲线形状，这称为图形曲线的参数表示方法。由于存在着多种不同的图形编码方法，图形数据的格式互不相同，应用时常会遇到数据不"兼容"的问题，不同的图形编码体制之间必须经过转换才能互相利用。

1.5   计算机信息化

1.5.1   信息化的概念

信息化概念是从社会进化的角度提出的。综合所见资料，公认"信息化"一词起源于日本。信息化的思想是 1963 年 1 月由日本社会学家梅棹忠夫发表的《信息产业论》中首次提出的，但有关社会现象，则更早就受到西方学者的重视和研究。"信息化"概念由 1967 年日本科学技术和经济研究团体提出，基本看法是今后的人类社会将是一个以信息产业为主体的信息化社会。

"信息化"的概念在 20 世纪 60 年代初提出。一般认为，信息化是指信息技术和信息产业在经济和社会发展中的作用日益加强，并发挥主导作用的动态发展过程。它以信息产业在国民经济中的比重、信息技术在传统产业中的应用程度和信息基础设施建设水平为主要标志。

从内容上看，信息化可分为信息的生产、应用和保障三大方面。信息生产，即信息产业化，要求发展一系列信息技术及产业，涉及信息和数据的采集、处理、存储技术，包括通信设备、计算机、软件和消费类电子产品制造等领域。信息应用，即产业和社会领域的信息化，主要表现在利用信息技术改造和提升农业、制造业、服务业等传统产业，大大提高各种物质和能量资源的利用效率，促使产业结构的调整、转换和升级，促进人类生活方式、社会体系和社会文化发生深刻变革。信息保障，指保障信息传输的基础设施和安全机制，使人类能够可持续地提升获取信息的能力，包括基础设施建设、信息安全保障机制、信息科技创新体系、信息传播途径和信息能力教育等。

1.5.2　信息化的层次

国家大力支持发展信息化，信息化又可以简单分为 5 个层次。

（1）产品信息化。

产品信息化是信息化的基础，含两层意思：一是产品所含各类信息比重日益增大，物质比重日益降低，产品日益由物质产品的特征向信息产品的特征迈进；二是越来越多的产品中嵌入了智能化元器件，使产品具有越来越强的信息处理功能。

（2）企业信息化。

企业信息化是国民经济信息化的基础，指企业在产品的设计、开发、生产、管理、经营等多个环节中广泛利用信息技术，并大力培养信息人才，完善信息服务，加速建设企业信息系统。

（3）产业信息化。

指农业、工业、服务业等传统产业广泛利用信息技术，大力开发和利用信息资源，建立各种类型的数据库和网络，实现产业内各种资源、要素的优化与重组，从而实现产业的升级。

（4）国民经济信息化。

指在经济大系统内实现统一的信息大流动，使金融、贸易、投资、计划、通关、营销等组成一个信息大系统，使生产、流通、分配、消费等经济的四个环节通过信息进一步连成一个整体。国民经济信息化是各国急需实现的近期目标。

（5）社会生活信息化。

指包括经济、科技、教育、军事、政务、日常生活等在内的整个社会体系采用先进的信息技术，建立各种信息网络，大力开发与人们日常生活相关的信息内容，丰富人们的精神生活，拓展人们的活动空间。等社会生活极大程度信息化以后，我们也就进入了信息社会。

1.5.3　信息化与社会发展

1. 信息社会

信息社会也称信息化社会，是脱离工业化社会以后，信息将起主要作用的社会。在农业社会和工业社会中，物质和能源是主要资源，所从事的是大规模的物质生产。而在信息社会中，信息成为比物质和能源更为重要的资源，以开发和利用信息资源为目的信息经济活动迅速扩大，逐渐取代工业生产活动而成为国民经济活动的主要内容。信息经济在国民经济中占据主导地位，并构成社会信息化的物质基础。以计算机、微电子和通信技术为主的信息技术革命是社会信息化的动力源泉。

信息技术发展和应用所推动的信息化，给人类经济和社会生活带来了深刻的影响。进入 21 世纪，信息化对经济社会发展的影响愈加深刻。世界经济发展进程加快，信息化、全球化、多极化发展的大趋势十分明显。信息化被称为推动现代经济增长的发动机和现代社会发展的均衡器。信息化与经济全球化，推动着全球产业分工深化和经济结构调整，改变着世界市场和世界经济竞争格局。从全球范围来看，主要表现在三个方面。

（1）信息化促进产业结构的调整、转换和升级。电子信息产品制造业、软件业、信息服务业、通信业、金融保险业等一批新兴产业迅速崛起，传统产业如煤炭、钢铁、石油、化工、农业在国民经济中的比重日渐下降。信息产业在国民经济中的主导地位越来越突出。国内外已有专家把信息产业从传统的产业分类体系中分离出来，称其为农业、工业、服务业之后的"第四产业"。

（2）信息化成为推动经济增长的重要手段。信息经济的一个显著特征就是技术含量高，渗透性强，增值快，可以很大程度上优化对各种生产要素的管理及配置，从而使各种资源的配置达到最优状态，降低生产成本，提高劳动生产率，扩大社会的总产量，推动经济的增长，在信息化过程中，通过加大对信息资源的投入，可以在一定程度上替代各种物质资源和能源的投入，减少物质资源和能源的消耗，也改变了传统的经济增长模式。

（3）信息化引起生活方式和社会结构的变化。随着信息技术的不断进步，智能化的综合网络遍布社会各个角落，信息技术正在改变人类的学习方式、工作方式和娱乐方式。数字化的生产工具与消费终端广泛应用，人类已经生活在一个被各种信息终端所包围的社会中。信息逐渐成为现代人类生活不可或缺的重要元素之一。一些传统的就业岗位被淘汰，劳动力人口主要向信息部门集中，新的就业形态和就业结构正在形成。在信息化程度较高的发达国家，其信息业从业人员已占整个社会从业人员的一半以上。一大批新的就业形态和就业方式被催生，如弹性工时制、家庭办公、网上求职、灵活就业等。商业交易方式、政府管理模式、社会管理结构也在发生变化。

信息化浪潮的持续深入使人类社会日渐超越"工业社会"，而呈现"信息社会"的基本特征。主要表现在：信息技术促进生产的自动化，生产效率显著提升，科学技术作为第一生产力得到充分体现；信息产业形成并成为支柱产业；信息和知识成为重要社会财富；管理在提高企业效率中起到了决定性作用；服务业经济形成并占据重要的经济份额。

2. 信息化发展战略

2006年3月举行的第60届联合国大会通过第252号决议，确定自2006年开始，每年5月17日为"世界信息社会日"，这标志着信息化对人类社会的影响进入了一个新的阶段。加快信息化发展，使信息化向纵深推进，推动信息社会建设已经成为世界各国的共同选择。发达国家信息化发展目标更加清晰，各国纷纷出台了相应的计划和战略。美国政府相继发布《21世纪信息技术计划》《网络与信息技术研究开发计划》和《网络空间安全国家战略》。欧盟制定实施的《欧盟研究与技术开发框架计划》目前已进入第六个执行期（2002年~2006年），信息技术被明确列为七个研究优先领域之一。日本政府制定了《focus21计划》，通过国家预算对电子信息技术领域中的下一代半导体芯片、高可靠软件系统、下一代平面显示技术、下一代全球定位系统等进行重点投入。韩国政府推出《IT839战略》，确定了9项具有增长动力的信息技术作为近期及中长期的投资重点。

2006年5月，中共中央办公厅、国务院办公厅印发了《2006年—2020年国家信息化发展战略》，对信息化发展做出了全面部署。《战略》指出，大力推进信息化，是覆盖中国现代化建设全局的战略举措，是贯彻落实科学发展观、全面建设小康社会、构建社会主义和谐社会和建设创新型国家的迫切需要和必然选择。

3．中国信息化进展

经过努力，中国信息化建设取得了可喜的进展，信息产业从无到有，已经成为国民经济的基础产业、支柱产业和先导产业。2006 年，信息产业增加值占全国GDP的比重达到 7.5%。电话用户、网络规模已经位居世界第一，互联网用户和宽带接入用户均位居世界第二。电子信息产品制造业出口额占出口总额的比重已超过 30%。手机、程控交换机、彩电、个人电脑、显示器生产量均位居世界首位。与此同时，中国国民经济和社会信息化整体水平不断得到提高。农业信息化进展顺利。"村村通电话"工程稳步推进。全中国通电话行政村比重达到 98.85%，24 个省份实现了全部行政村通电话；各地相继建立农业综合信息服务体系，通过各种接入方式向广大农民提供各种农业信息；部分地区应用信息技术发展精准农业取得显著成效。应用信息技术改造传统制造业和服务业取得新的进展，能源、交通、冶金、机械和化工等行业信息化水平逐步提高。社会信息化水平不断提高。电子商务发展势头良好；电子政务稳步展开；科技、教育、文化、医疗卫生、社会保障、环境保护等领域信息化步伐明显加快。基础信息资源建设开始起步，互联网中文信息比重大幅上升。信息安全保障逐步加强，信息化政策法律环境不断改善。《电子签名法》已颁布实施，信息化培训工作得到高度重视，信息化人才队伍不断壮大。

我国信息化的五大应用领域如下。

（1）经济领域的信息化，包括农业信息化、工业信息化、服务业信息化、电子商务等。

（2）社会领域的信息化，包括教育、体育、公共卫生、劳动保障等。

（3）政治领域的信息化，包括 OA、门户网站、重点工程等。

（4）文化领域的信息化，包括图书、档案、文博、广电、网络治理等。

（5）军事领域的信息化，包括装备、情报、指挥、后勤等。

4．信息化发展趋势

信息化是充分利用信息技术，开发利用信息资源，促进信息交流和知识共享，提高经济增长质量，推动经济社会发展转型的历史进程。

中国科学院 2009 年 6 月 10 日发布的"创新 2050：科技革命与中国的未来"系列报告指出，当今世界正处在科技创新突破和新科技革命的前夜，在今后的 10 年至 20 年，很有可能发生一场以绿色、智能和可持续为特征的新的科技革命和产业革命。为了全面实现小康社会和现代化建设目标的战略任务，面对可能发生的新科技革命，我国必须及早准备。该报告中的路线图同时提出了必须着力解决 22 个影响我国现代化进程的战略性科技问题。其中，包括 6 个信息领域的战略性科技问题："后 IP"网络的新原理/新技术研究和试验网建设、高品质基础原材料的绿色制备、资源高效清洁循环利用的过程工程、农业动植物品种的分子设计、泛在感知信息化制造系统、艾级（10^{18}）超级计算技术。这些技术的突破将对我国的信息化进程产生重大影响。

由 IBM 公司提出的"智慧地球"描述了信息社会的远景。"智慧地球"的核心是：以一种更智慧的方法通过利用新一代信息技术来改变政府、企业和人们相互交互的方式，以便提高交互的明确性、效率、灵活性和响应速度。通过信息基础架构与高度整合的基础设施的完美结合，使得政府、企业和人们可以做出更明智的决策。智慧方法有三方面特征：更透彻的感知，更广泛的互联互通，更深入的智能化。

5．信息化发展对中国经济/社会的影响

信息化的发展将对我国的产业结构、经济体系、组织体系和社会结构产生重大影响。

（1）信息化发展对产业结构的影响。

主要表现在以下方面：传统工业在国民经济中不再占有支配性的地位；传统产业通过信息化改造，实现了"产业升级"，造就了信息化的第二产业；催生了众多新兴的产业部门（其中特别重要的是支撑整个信息化进程的信息产业，尤其是微电子和软件产业）；导致了现代服务业的诞生和迅速发展。

（2）信息化发展对经济体系的影响。

主要表现在以下方面：在土地和资本与各种物质资源依然重要的同时，信息资源正在成为信息社会经济系统最重要的资源基础；信息技术和信息资源使社会生产力结构发生巨大变化，信息系统则改变了社会经济系统运行的方式；引起国民经济的基础发生革命性变化，包括产业结构、地区经济结构和一、二、三次产业结构的变化；促进了社会经济体系的全球化。

（3）信息化发展对组织体系的影响。

主要表现在以下方面：促使组织体系全球化；以互联网为基础的网络化管理正在取代传统的金字塔式的管理结构；推动了政府和社会管理体制的变革。

（4）信息化发展对社会结构的影响。

主要表现在以下方面：使传统意义上的产业工人在社会就业结构中的比例大大下降；工作方式以及社会就业形态将发生相当大的变化；从事信息与知识处理的人员将会大量增加，可能出现新的社会两极化现象。

6. 中国信息化发展道路

整体来看，中国是在工业化水平较低的基础上推进信息化的，不可能也不应该走发达国家"先工业化，后信息化"的发展道路，只能是把工业化与信息化结合起来，优先发展信息产业，以信息化带动工业化，以工业化促进信息化。

（1）要利用先进的科学技术实现后发效应，加快中国信息产业的发展。要加快建设先进、适用的信息化基础设施，大力提升网络功能和业务提供能力做大做强电子信息产业，集中力量突破集成电路、软件、关键电子元器件、关键工艺装备等基础产业的发展瓶颈。积极鼓励和引导自主创新，形成以企业为主体的技术创新体系，提高自我良性发展的能力，提高中国信息产业在全球产业格局中的地位。

（2）要大力加强农业、重工业、能源、交通运输等传统产业的信息化，并利用这一有利时机带动服务业等相关产业，顺利实现产业结构的调整、转换和升级。要加强信息技术在农业、农村中的应用，逐步缩小城乡"数字鸿沟"。加快信息技术改造传统产业步伐，推进设计研发信息化、生产装备数字化、生产过程智能化和经营管理网络化。运用信息技术推动高能耗、高物耗和高污染行业的改造。加强信息资源的开发利用，建设先进网络文化。

（3）要积极采取措施，缩小数字鸿沟，加强信息安全保障，培育国民信息技能，使信息化惠及全民。要建立和完善普遍服务制度，面向老少边穷地区和社会困难群体，提供便捷便宜的信息服务。大力开发各类适农电子产品，推广信息技术在农业和农村的应用。进一步加大信息基础设施建设，加强应对突发事件的软硬件建设，促进容灾能力提高，提升信息化安全保障与灾难恢复能力。大力普及信息技术教育，积极开展国民信息技能教育和培训，壮大信息化人才队伍。

7. 信息化面临的挑战

信息化在迅猛发展的同时，也给人类带来负面、消极的影响。这主要体现在信息化对全球和社会发展的影响极不平衡，信息化给人类社会带来的利益并没有在不同的国家、地区和社会阶层得到共享。数字化差距或数字鸿沟加大了发达国家和发展中国家的差距，也加大了一国国内经济发达地区与经济不发达地区间的差距。信息技术的广泛应用使劳动者对具体劳动的依赖程度逐渐减弱，对劳动者素质特别是专业素质的要求逐渐提高，从而不可避免地带来了一定程度上的结构性失业。数字化生活方式的形成，使人类对信息手段和信息设施及终端的依赖性越来越强，在基础设施不完善、应急机制不健全的情况下，一旦发生紧急状况，将造成生产生活的极大影响。另外，信息安全与网络犯罪、信息爆炸与信息质量、个人隐私权与文化多样性的保护等等，也是信息化带给人类社会的新的挑战。

　　总之，伴随着信息技术的发展，信息化和全球化已成为当代世界经济不可逆转的大趋势。应正确认识全球信息化发展的大趋势，主动应对这个大趋势，趋利避害，加快发展信息产业，积极推进国民经济和社会信息化，缩小数字鸿沟，提高信息安全保障水平，为创新型国家和社会主义和谐社会建设做出更大贡献。

习题 1

一、选择题

1. 第一台电子计算机是 1946 年在美国研制成功的，该机的英文缩写是（　　）。
   A. ENIAC　　　　　B. EDVAC　　　　　C. EDSAC　　　　　D. MARK-Ⅱ
2. Internet 上许多不同的网络和许多不同类型的计算机赖以互相通信的基础是（　　）。
   A. ATM　　　　　B. TCP/IP　　　　　C. Novell　　　　　D. X.25
3. 网络的拨号用户必备的设备有电脑、电话线和（　　）。
   A. CD-ROM　　　B. 鼠标　　　　　C. 电话机　　　　D. 调制解调器
4. 运算器的组成部分不包括（　　）。
   A. 寄存器　　　　B. 译码器　　　　C. 加法器　　　　D. 控制电路
5. RAM 的特点是（　　）。
   A. 海量存储
   B. 存储在其中的信息可以永久保存
   C. 存储在其中的数据不可更改
   D. 一旦断电，存储在其中的信息全部消失，并且无法恢复
6. 操作系统是计算机系统的（　　）。
   A. 外部设备　　　B. 应用软件　　　C. 核心系统软件　　D. 关键的硬件设备
7. 下列存储器中，存取速度最快的是（　　）。
   A. 内存　　　　　B. 硬盘　　　　　C. 光盘　　　　　D. 软盘
8. 计算机网络最突出的优点是（　　）。
   A. 精度高　　　　B. 内存容量大　　C. 运算速度快　　D. 资源共享
9. 下列关于存储器的叙述中，正确的是（　　）。
   A. CPU 能直接访问存储在内存中的数据，也能直接访问存储在外存中的数据
   B. CPU 不能直接访问存储在内存中的数据，能直接访问存储在外存中的数据

    C．CPU 只能直接访问存储在内存中的数据，不能直接访问存储在外存中的数据

    D．CPU 既不能直接访问存储在内存中的数据，也不能直接访问存储在外存中的数据

10．如果一个存储单元能存放一个字节，那么一个 16KB 的存储器共有（　　）个存储单元。

    A．16384　　　　　B．32768　　　　　C．32767　　　　　D．65536

11．下列不能用作存储容量单位的是（　　）。

    A．Byte　　　　　B．MIPS　　　　　C．KB　　　　　D．GB

12．中央处理器主要由（　　）组成。

    A．控制器和内存　　　　　　　　B．运算器和内存

    C．控制器和寄存器　　　　　　　D．运算器和控制器

13．计算机内部采用的数制是（　　）。

    A．十进制　　　　　B．二进制　　　　　C．八进制　　　　　D．十六进制

14．在 ASCII 码表中，按照 ASCII 码值从小到大排列顺序是（　　）。

    A．数字、英文大写字母、英文小写字母

    B．数字、英文小写字母、英文大写字母

    C．英文大写字母、英文小写字母、数字

    D．英文小写字母、英文大写字母、数字

二、填空题

1．计算机系统由_____和_____两部分组成。

2．二进制数 11101101 对应的十六进制数为_____，它所对应的十进制数为_____。

3．十进制数 875 对应的二进制数为_____，它所对应的十六进制数为_____。

4．计算机硬件的组成部分主要包括：控制器、存储器、输入设备、输出设备和_____。

三、计算题

（1）$(1011.101)_B=($　　　　　$)_D$

（2）$(162.64)_O=($　　　　　$)_D$

（3）$(1BC.48)_H=($　　　　　$)_D$

（4）$(136.18)_D =($　　　　　$)_H$

（5）$(1001100.0101)_B=($　　　　　$)_H$

（6）$(1000100.0101)_B=($　　　　　$)_H$

（7）$(15F.0A)_H=($　　　　　$)_B$

四、简答题

1．简述计算机发展不同阶段的划分依据。

2．试举出几种与你生活密切相关的计算机应用方面的例子。

3．简述计算机系统的组成及各组成部分的功能。

4．什么是 RAM？什么是 ROM？它们有什么区别？

第 2 章　计算机系统

引言

本章主要介绍计算机的工作原理，计算机硬件系统的组成和作用及各部分的功能，计算机软件系统的组成和功能，系统软件和应用软件的区别和作用，计算机的性能指标以及多媒体技术及发展等。

内容结构图

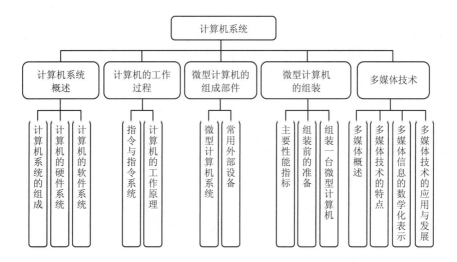

学习目标

通过对本章的学习，我们能够做到：

- 了解：计算机的工作原理，计算机的性能指标，多媒体技术及发展。
- 理解：计算机的硬件系统与软件系统的组成。
- 应用：多媒体技术以及多媒体开发工具。

2.1　计算机系统概述

一个完整的计算机系统由硬件系统和软件系统两部分组成。硬件系统是指构成计算机的电子线路、电子元器件和机械装置等物理设备的总称，是看得见、摸得着的实实在在的有形实体。软件系统是指程序及程序运行时所需要的数据以及开发、使用和维护这些程序所需要的文档的集合，包括计算机本身运行所需要的系统软件、各种应用程序和用户文件等。如果说计算机硬件系统相当于人的躯体的话，那么计算机软件系统就是人的大脑，由软件系统控制、协调硬件系统的动作，完成用户交给计算机的任务。

2.1.1 计算机系统的组成

现代计算机之父冯·诺依曼在存储程序通用电子计算机方案中明确指出了组成计算机硬件系统的五大功能部件：运算器、控制器、存储器、输入设备和输出设备。其中运算器和控制器合在一起被称作中央处理器，习惯上又常将中央处理器和主存储器（也叫内存储器）称作主机，而将输入设备、输出设备和辅助存储器（也叫外存储器）称为外部设备。软件系统是各种程序及有关文档资料的集合，它可分为系统软件和应用软件两大类。计算机系统示意图如图 2-1 所示。

- 计算机
  - 硬件
    - 运算器：执行各种算术运算和逻辑运算（CPU，主机）
    - 控制器：控制程序运行，协调各部件工作（CPU，主机）
    - 存储器：存储指令和数据
      - 内存：RAM、ROM（主机）
      - 外存：硬盘、软盘、CD-ROM（外设）
    - 输入设备：接受用户的指令和数据（键盘、鼠标等）（外设）
    - 输出设备：呈现程序运行结果（显示器、打印机等）（外设）
  - 软件
    - 系统软件：操作系统、支撑软件、编译系统、数据库管理系统等
    - 应用软件：办公软件包、浏览器、数据库管理系统、实时控制软件等

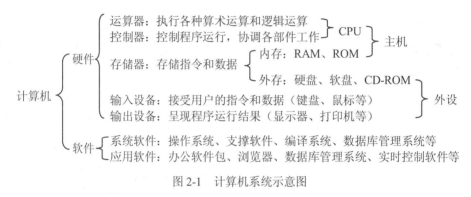

图 2-1 计算机系统示意图

2.1.2 计算机的硬件系统

从 20 世纪初，物理学和电子学科学家们就在争论制造可以进行数值计算的机器应该采用什么样的结构。人们被十进制这个人类习惯的计数方法所困扰。所以，那时研制模拟计算机的呼声更为响亮和有力。20 世纪 30 年代中期，美籍匈牙利科学家冯·诺依曼（如图 2-2 所示）大胆地提出：抛弃十进制，采用二进制作为数字计算机的数制基础。同时，他还说预先编制计算程序，然后由计算机来按照人们事前制定的计算顺序来执行数值计算工作。

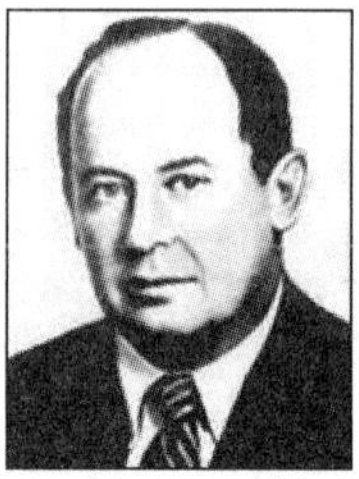

图 2-2 冯·诺依曼

冯·诺依曼理论的要点是：

（1）计算机应由五个部分组成：运算器、控制器、存储器、输入设备和输出设备。

（2）程序和数据以同等地位存放在存储器中，并要按地址寻访。

（3）程序和数据以二进制表示。

人们把冯·诺依曼的这个理论称为冯诺依曼体系结构。从 ENIAC 到当前最先进的计算机都采用的是冯·诺依曼体系结构。所以冯·诺依曼是当之无愧的数字计算机之父。

一个完整的计算机硬件系统从功能角度而言必须包括运算器、控制器、存储器、输入设备和输出设备五部分，每个功能部件各尽其职、协调工作。它们之间的关系如图 2-3 所示。其中虚线箭头表示由控制器发出的控制信息流向，实线箭头为数据信息流向。

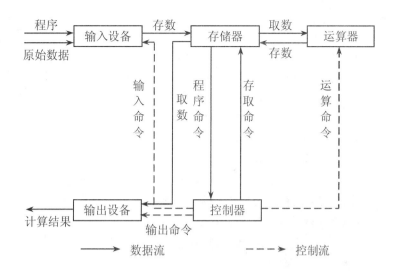

图 2-3 计算机硬件系统的基本结构及工作过程

下面介绍计算机五大硬件部分的基本功能。

1. 运算器

运算器又称算术逻辑单元（Arithmetic and Logic Unit，简称 ALU），它是计算机对数据进行加工处理的部件，包括算术运算（加、减、乘、除等）和逻辑运算（与、或、非、异或比较等）。运算器中的数据取自内存，运算的结果又送回内存。运算器对内存的读写操作是在控制器的控制之下完成的。

2. 控制器

控制器是计算机的神经中枢，用来控制程序的运行，协调各部件的工作。

控制器是对计算机发布命令的"决策机构"，用来协调和指挥整个计算机系统的操作，它本身不具有运算功能。控制器负责从存储器中取出指令，对指令进行译码，并根据指令的要求，按时间的先后顺序向各部件发出控制信号，保证各部件协调一致地工作，一步一步地完成各种操作。控制器主要由指令寄存器、译码器、程序计数器和操作控制器等组成。

运算器和控制器是计算机的核心部件，这两部分合称中央处理单元（Central Processing Unit，简称 CPU），如果将 CPU 集成在一块芯片上作为一个独立的部件，该部件称为微处理器（Microprocessor，简称 MP）。

3. 存储器

存储器是用来存储数据和程序的"记忆"装置，相当于存放资料的"仓库"。计算机中的全部信息，包括数据、程序、指令以及运算的中间数据和最后的结果都要存放在存储器中。

存储器由若干个存储单元组成，每个存储单元可存放 8 位二进制数，标识每个单元的唯一编号称为地址。信息可以按地址写入（存入，即把信息写入存储器，原来的内容被抹掉）或读出（取出，即从存储器中取出信息，不破坏原有内容）。存储器的基本存储单位为字节（Byte），并约定八位二进制数为一个字节；字节用 B 表示。存储单位还有千字节（KB）、兆字节（MB）、千兆字节（GB）和吉字节（GB），它们之间的换算公式如下：

$1KB=1024B=2^{10}B$

$1MB=1024KB=2^{10}KB$

$1GB=1024MB=2^{10}MB$

$1TB=1024GB=2^{10}GB$

存储器分为两大类：一类是内部存储器，简称内存储器、内存或主存；另一类是外部存储器或辅助存储器，简称外存储器、外存或辅存。

（1）内存储器。是指设置在计算机内部的存储器，用来存放当前正在使用的或随时要使用的程序或数据。CPU 可以直接访问内存。

从输入设备输入到计算机中的程序和数据都要送入内存，需要对数据进行操作时，再从内存中读出数据（或指令）送到运算器（或控制器），由控制器和运算器对数据进行规定的操作，其中间结果和最终结果保存在内存中，输出设备输出的信息也来自内存。内存中的信息不能长期保存，如要长期保存需要转送到外存储器中。

（2）外存储器。是指设置在主机外部的存储器，用来存储暂时不用的信息。外存储器一般不直接与微处理器打交道，外存中的数据应先调入内存，再由微处理器进行处理。

外存和内存虽然都是用来存放信息的，但是它们有很多不同之处。一是受技术、价格和速度等因素的限制，内存的存储容量不能做得过大，而外存的容量不受限制；二是 CPU 可以直接访问内存，而外存的内容需要先调入内存再由 CPU 进行处理，所以 CPU 访问内存的速度比较快；三是外存中存储的信息断电后仍然保存，磁盘上的信息一般可保存数年之久，而内存中的信息断电后即消失；四是外存的价格要比内存便宜很多。

4. 输入设备

输入设备是用来接受用户输入的原始数据和程序，并将它们转变为计算机可识别的形式（二进制）存放到内存中。

常用的输入设备有键盘、鼠标、扫描仪、数码相机、磁盘、光盘等。最常使用的是键盘和鼠标。

5. 输出设备

输入设备用来将存放在内存中并由计算机处理的结果转变为人们所能接受的形式。常用的输出设备有显示器、打印机、音响、绘图仪等。磁盘驱动器既属于输入设备又属于输出设备。

2.1.3　计算机的软件系统

计算机软件是指在计算机硬件上运行的各种程序、程序运行所需要的数据以及开发、使用和维护这些程序所需要的文档的集合。一台性能优良的计算机硬件系统能否发挥其应有的功能，取决于为之配置的软件是否完善、丰富。因此，在使用和开发计算机系统时，必须要考虑软件系统的发展与提高，必须熟悉与硬件配套的各种软件。从计算机系统的角度划分，计算机软件分为系统软件和应用软件。

1. 系统软件

系统软件是为提高计算机效率和方便用户使用计算机而设计的各种软件，一般由计算机厂家或专业软件公司研制。系统软件又分为操作系统、支撑软件、编译系统和数据库管理系统等。

（1）操作系统。操作系统是为了合理、方便地利用计算机系统，而对其硬件资源和软件资源进行管理和控制的软件。操作系统具有进程管理、存储管理、设备管理、文件管理和作业管理等五大管理功能，由它来负责对计算机的全部软硬件资源进行分配、控制、调度和回收，合理地组织计算机的工作流程，使计算机系统能够协调一致，高效率地完成处理任务。操作系统是计算机最基本的系统软件，对计算机的所有操作都要在操作系统的支持下才能进行。

从操作的角度而言，操作系统是一台比裸机（不包含任何软件的硬件机器）功能更强、服务质量更高、使用户感觉方便友好的虚拟机器。因此，也可以说它是介于用户与裸机之间的一个界面，是计算机的操作平台，用户通过它来使用计算机。

（2）支撑软件。支撑软件是支持其他软件的编制和维护的软件，是为了对计算机系统进行测试、诊断和排除故障，进行文件的编辑、传送、装配、显示、调试，以及进行计算机病毒检测、防治等的程序，是软件开发过程中进行管理和实施而使用的软件工具。在软件开发的各个阶段选用合适的软件工具可以大大提高工作效率和软件质量。在微机系统中，常见的支撑软件有编辑程序 EDLIN、EDIT，连接程序 LINK，调试程序 DEBUG，工具程序 PCTOOLS，系统检测程序 QAPLUS，计算机病毒防治程序 CPAV、KILL、KV300、AV95 等。

（3）编译系统。要使计算机能够按照人的意图去工作，就必须使计算机能接受人向它发出的各种命令和信息，这就需要有用来进行人和计算机交换信息的"语言"。计算机语言的发展有机器语言、汇编语言和高级程序设计语言 3 个阶段。

（4）数据库管理系统。数据库是以一定组织方式存储起来且具有相关性数据的集合，它的数据冗余度小而且独立于任何应用程序而存在，可以为多种不同的应用程序共享。也就是说，数据库的数据是结构化了的，对数据库输入、输出及修改均可按一种公用的可控制的方式进行，使用十分方便，大大提高了数据的利用率和灵活性。数据库管理系统（DataBase Management System，简称 DBMS）是对数据库中的资源进行统一管理和控制的软件，数据库管理系统是数据库系统的核心，是进行数据处理的有利工具。目前，被广泛使用的数据库管理系统有 FoxBASE、FoxPro、SQL Server、Visual FoxPro 等。

2. 应用软件

应用软件是为计算机在特定领域中的应用而开发的专用软件。应用软件由各种应用系统、软件包和用户程序组成。各种应用系统和软件包是提供给用户使用的针对某一类应用而开发的独立软件系统，例如科学计算软件包（IMSL 等）、文字处理系统（WPS 等）、办公自动化系统（OAS）、管理信息系统（MIS）、决策支持系统（DSS）、计算机辅助设计系统（CAD）等。应用软件不同于系统软件，系统软件是利用计算机本身的逻辑功能，合理地组织用户使用计算机的硬件和软件资源，以充分利用计算机的资源，最大限度地发挥计算机效率，便于用户使用、管理为目的；而应用软件是用户利用计算机和它所提供的系统软件，为解决自身的、特定的实际问题而编制的程序和文档。

组成电子计算机系统的硬件和软件是相辅相成的两个部分。硬件是组成计算机系统的基础，而软件是硬件功能的扩充与完善。离开硬件，软件无处栖身，也无法工作。没有软件的支持，硬件仅是一堆废铁。如果把硬件比作是计算机系统的躯体，那么软件就是计算机系统的灵魂，有躯体而无灵魂是僵尸，有灵魂而无躯体则是幽灵。

3. 计算机语言

要使计算机按人的意图运行，就必须使计算机懂得人的意图，接受人向它发出的命令和信息，计算机语言就是这种人与计算机之间交流信息的工具。人们要利用计算机来解决问题，就必须采用计算机语言来编制程序。编制程序的过程称为程序设计，计算机语言又被称为程序设计语言。计算机语言通常分为机器语言、汇编语言和高级语言 3 类，其中机器语言和汇编语言属于低级语言。

（1）机器语言。

机器语言是一种用二进制代码（以 0 和 1）表示的、能被计算机直接识别和执行的语言。用机器语言编写的程序，称为计算机机器语言程序。它是一种低级语言，用机器语言编写的程序不便记忆、阅读和书写。通常不用机器语言直接编写程序。

（2）汇编语言。

汇编语言（Assembly Language）是一种用助记符表示的、面向机器的程序设计语言，用汇编语言编写的程序叫汇编语言程序。汇编语言程序不能直接识别和执行，必须由"汇编程序"翻译成机器语言程序，然后才能由计算机执行，这种"汇编程序"就是汇编语言的翻译程序。汇编语言指令比机器语言好记，简洁、高效，但与 CPU 等硬件的相关性强，存在指令多、繁琐、易错、不易移植、每条指令功能弱等缺点，主要用于编写直接控制硬件的底层程序，一般的计算机用户很少使用这种语言编写程序。

（3）高级语言。

由于机器语言和汇编语言的局限性，不少计算机科学工作者开始研究、探讨和设计便于应用而又能充分发挥计算机硬件的程序设计语言。高级语言是一种比较接近自然语言（即人们通常所说的语言）的计算机语言。在高级语言中，一条命令可以代替几条、几十条甚至几百条汇编语言命令的功能。高级语言由于接近自然语言，因此有易学、易记、易用、通用性强、兼容性好、便于移植等优点。用高级语言编写的程序一般称为"源程序"，计算机不能识别和执行，要把用高级语言编写的源程序翻译成机器指令，通常有编译和解释两种方式。

编译程序是将用高级语言编写的程序（源程序）翻译成目标程序，然后通过链接程序将目标程序链接成可执行程序，这个可执行程序可以独立于源程序直接运行，如 C 语言。

解释程序是在运行高级语言源程序时，对源程序进行逐行翻译，边翻译边执行，与编译过程不同的是解释过程不产生目标程序，如 BASIC 语言。

常用的高级语言有如下几种。

（1）BASIC 语言。BASIC 语言是一种被广泛使用的计算机语言，也是一种适合初学者学习的实用高级计算机语言，它可作为初学电脑编程、理解高级语言编程原理的入门语言。

（2）C 与 C++语言。C 语言是一种更接近汇编语言的高级语言，它兼有高级语言和低级语言两者的优点，表达清楚且效率高，主要用于系统软件的编写，也适用于科学计算等应用软件的编写。C++语言是由 C 语言发展而来的、面向对象的程序设计语言。

（3）Java 语言。Java 语言是一种面向对象的，可在 Internet 上分布执行的程序设计语言。它简单、安全、可移植性强，适用于网络环境的编程，多用于交互式多媒体的应用。

（4）Pascal 语言。Pascal 语言是一种结构程序设计语言，用这种语言可以编写出程序结构和数据结构比较完美的程序，曾经应用很广泛，但现在逐渐被其他语言代替。

（5）Prolog 语言。Prolog 语言是一种以形式逻辑为基础的，主要面向人工智能领域应用的编程语言。

（6）COBOL 语言。COBOL 语言是一种专为数据处理设计的语言，适用于计算简单、数据量大的场合，如银行记账、仓库管理、工资管理、商业管理等管理系统，有时也直接称 COBOL 为商业语言，其特点是大量取用基本的英文词汇和句型。

2.2　计算机的工作过程

2.2.1　指令与指令系统

1. 指令、指令系统与程序的概念

指令是指示计算机执行某种操作的命令，每条命令都可完成一个独立的操作。指令是硬件能理解并能执行的语言，一条指令就是机器语言的一个语句，是程序员进行程序设计的最小语言单位。使用汇编语言或高级语言编程，最终都需翻译成机器语言才能被计算机识别并执行。

所有指令的集合就称为计算机的指令系统。程序是为完成既定任务的一组指令序列。

2. 指令格式

计算机中的指令由操作码字段和操作数字段两部分组成。操作码字段表示计算机要执行的操作，而操作数字段则指出在指令执行操作过程中所需要的操作对象。例如，加法指令除需要指定做加法操作外，还需提供加数和被加数。操作数字段可以是操作对象本身，也可以是操作对象地址的一部分，还可以是指向操作对象地址的指针或其他有关操作数的信息。

指令的一般格式如图 2-4 所示。

图 2-4　指令格式

（1）操作码。操作码一般放在指令的前部，由若干位二进制数组成，由于每一种操作都要用不同的二进制代码表示，所以操作码部分应有足够的位数，以便能表示指令系统的全部操作。

（2）操作数。操作数字段可以有一个、二个或三个，通常称为一地址、二地址或三地址指令。例如单操作指令就是一地址指令，它只需要指定一个操作数。

（3）指令字长度。

任何指令都是用机器字表示的。通常，把一条指令的机器字称为指令字。而指令字长度就是指一条指令中所包含的二进制代码的位数。显然，指令字长度主要取决于操作码的长度和操作数地址的个数及长度。Intel 8086 的指令长度为 8 位、16 位、24 位、32 位、40 位和 48 位6 种，属于 CISC（Complex Instruction Set Computer，复杂指令系统计算机）。

2.2.2　计算机的工作原理

计算机的工作过程就是计算机执行程序的过程。现在的计算机基本都是基于"存储程序"的原理设计制造出来的。存储程序原理是由美籍匈牙利数学家冯·诺依曼（Von Neumann）于1946 年提出来的，根据此概念设计的计算机统称为冯·诺依曼机，其构成了现代计算机的体系结构。主要有以下特点：

（1）计算机由五个部分组成：运算器、控制器、存储器、输入设备和输出设备。

（2）程序和数据以同等地位存放在存储器中，并按地址寻访。

（3）程序和数据以二进制表示。

冯·诺依曼的设计思想被誉为计算机发展史上的里程碑，标志着计算机时代的真正开始。

存储程序原理的基本思想是：把程序存储在计算机内，使计算机能像快速存取数据一样快速存取组成程序的指令。为实现控制器自动连续地执行程序，必须先把程序和数据送到具有记忆功能的存储器中保存起来，然后给出程序中第一条指令的地址，控制器就可依据存储程序中的指令顺序周而复始地取出指令、分析指令、执行指令，直到完成全部指令操作为止。由此可见，计算机之所以能自动连续地工作，完全是因为人们预先把程序和有关的数据存入计算机的存储装置中了，这就是存储程序原理。存储程序原理实现了计算机工作的自动化。

2.3   微型计算机的组成部件

微型计算机又称个人计算机，是计算机领域中应用最广的计算机。与其他类型的计算机一样，微型计算机也是由硬件系统和软件系统两大部分组成的。下面，我们主要介绍微型计算机的硬件系统的组成。

2.3.1   微型计算机系统

典型的微型计算机系统（如图 2-5 所示）一般由主机箱、显示器、键盘、鼠标组成。

图 2-5   典型的微型计算机系统

主机箱（如图 2-6 所示）里面一般有主板、硬盘、光驱、电源，主板上一般插有 CPU、内存、显卡等。

图 2-6   主机箱内部结构

1．CPU（Central Processing Unit）

在微型计算机中，运算器和控制器被制作在同一块半导体芯片上，称为中央处理单元，简称 CPU，又称微处理器，如图 2-7 所示。CPU 是微型计算机的心脏，是计算机内部完成指令的读出、解释和执行的重要部件，它的性能直接决定了微型计算机的性能。能够处理的数据位数是 CPU 的一个最重要的品质标志。人们通常所说的 8 位机、16 位机、32 位机、64 位机即指 CPU 可同时处理 8 位、16 位、32 位、64 位的二进制数据。

图 2-7　CPU

CPU 又分为很多种类，既不同的档次。目前，大多数微型计算机所使用的 CPU 都是美国 Intel 公司生产的。Intel 系列的 CPU 按性能由低到高依次有：8088/8086、80286、80386、80486、Pentium（奔腾）系列、Celeron、酷睿系列等。生产 CPU 的产品不只 Intel 一家，IBM、Apple、AMD、Motorola 等公司也是著名的生产微处理器的公司。

随着计算机技术的飞速发展，生产出的 CPU 功能越来越强，工作速度越来越快，内部结构也越来越复杂。

2．内存储器

微型计算机的存储器也分为内存储器和外存储器两种。内存储器是指主机内部的存储器，用来存放程序与数据，可直接与 CPU 交换信息。内存储器一般都是采用大规模或超大规模集成电路工艺制造的半导体存储器，具有体积小、重量轻、存取的速度快等特点。

在计算机中，内存储器按其工作特点分为：随机存取存储器（Random Access Memory，简称 RAM）、只读存储器（Read-Only Memory，简称 ROM）和高速缓冲存储器（Cache）。

（1）随机存取存储器。随机存取存储器（Random Access Memory，简称 RAM），简称随机存储器或读写存储器，是一种既能写入又能读出数据的存储器，用来存放正在执行的程序和数据。计算机中的内存一般指的就是随机存储器。内存条如图 2-8 所示。

图 2-8　内存条

RAM 又可分为 DRAM（Dynamic RAM，动态随机存储器）和 SRAM（Static RAM，静态随机存储器）两种。

1）动态随机存储器（Dynamic RAM，简称 DRAM）。

动态 RAM 需要周期性地给电容充电（刷新），以维持存储内容的正确，一般每隔 2ms 刷新一次。这种存储器集成度较高、价格较低，主要用于主存。但由于需要周期性地刷新，存取速度较慢。一种叫做 SDRAM 的新型 DRAM，由于采用与系统时钟同步的技术，所以比 DRAM 快得多。现在，多数计算机用的都是 SDRAM。

2）静态随机存储器（Static RAM，简称 SRAM）。

静态 RAM 是利用双稳态的触发器来存储"1"和"0"的。"静态"的意思是指它不需要像 DRAM 那样经常刷新，只要正常供电即能保持存储数据的正确。所以，SRAM 比任何形式的 DRAM 都快得多，也稳定得多。但 SRAM 的价格比 DRAM 贵得多，所以只用在特殊场合（如高速缓冲存储器 Cache）。

RAM 具有以下特点。

1）可读可写。读出时不改变原有内容，写入时才修改原有内容。

2）随机存取。与顺序存取不同，写入或读出数据时都可以不考虑原有数据写入时的顺序和当前的位置排列。取数据时可直接找到要读的数据，存数据时可直接找到要写入的位置。

3）断电或关机时，存储的内容全部消失，且不能恢复。

微型计算机上使用的 RAM，其存储容量随着微机档次的提高在不断增加，286 微机的基本内存配置为 1MB；386 微机的基本内存配置为 2MB～4MB，486 微机的基本内存配置为 4MB～8MB；而 Pentium（奔腾）微机的基本内存配置在 16MB 以上，随着硬件产品的不断发展以及价格的下降，目前计算机内存的配置一般都在 2GB 以上。

（2）只读存取存储器（ROM）。只读存储器（Read Only Memory，简称 ROM），是计算机内部一种只能读出数据信息而不能写入信息的存储器。当机器断电或关机时，只读存储器中的信息不会丢失。ROM 中主要存放计算机系统的设置程序、基本输入输出系统等对计算机运行十分重要的信息。如 IBM-PC 系列微机及其兼容机中的 BIOS（基本输入输出系统）就存储在 ROM 中。ROM 中存放的信息是制造厂预先用特定的方法写进芯片的，断电后原写入的数据信息不丢失。

常用的只读存储器有以下几种。

1）可编程只读存储器（Programmable ROM，简称 PROM）。

PROM 是一种空白 ROM，用户可按照自己的需要对其编程。输入 PROM 的指令叫作微码，一旦微码输入，PROM 的功能就和普通 ROM 一样，内容不能消除和改变。

2）可擦除和可编程的只读存储器（Erasable Programmable ROM，简称 E-PROM）。

E-PROM 可以从计算机上取下来，用特殊的设备擦除其内容后重新编程。

3）闪存（Flash）ROM。

闪存不像 PROM、EPROM 那样只能一次编程，而是可以电擦除，重新编程。闪存 ROM 常用于个人电脑、蜂窝电话、数字相机、个人数字助手等。

（3）高速缓冲存储器（Cache）。现在的 CPU 速度越来越快，它访问数据的周期甚至达到了几纳秒（ns），而 RAM 访问数据的周期最快也需 50ns。计算机在工作时，CPU 频繁地和内存储器交换信息，当 CPU 从 RAM 中读取数据时，就不得不进入等待状态，放慢它的运行速度，因此极大地影响了计算机的整体性能。为有效地解决这一问题，目前在微机上采用了高速缓冲存储器（Cache）技术这一方案。Cache 是介于 CPU 和内存之间的一种可高速存取信息的芯片，是 CPU 和 RAM 之间的桥梁，用于解决它们之间的速度冲突问题，它的访问速度是 DRAM 的 10 倍左右。CPU 要访问内存中的数据，先在 Cache 中查找，当 Cache 中有 CPU 所需的数据时，CPU 直接从 Cache 中读取，如果没有，就从内存中读取数据，并把与该数据相关的一部分内容复制到 Cache，为下一次的访问作好准备，从而提高了工作效率。

从实际使用情况看，尽量增大 Cache 的容量和采用回写方式更新数据是一种不错的选择。但当 Cache 的容量达到一定的数量后，速度的提高并不明显，且制造成本较高，故不必将 Cache 的容量提得过高。Cache 一般采用静态随机存取存储器 SRAM 构成。

3. 外存储器

一些大型的项目往往涉及几百万个数据，甚至更多。这就需要配置第二类存储器，外存储器（也称辅助存储器，简称外存）。外存储器一般不直接与微处理器打交道，外存中的数据应先调入内存，再由微处理器进行处理。为了增加内存容量，方便读写操作，有时将硬盘的一部分当做内存使用，这就是虚拟内存。虚拟内存利用在硬盘上建立"交换文件"的方式，把部分应用程序（特别是已闲置的应用程序）所用到的内存空间搬到硬盘上去，以此来增加可使用的内存空间和弹性；当然，容量的增加是以牺牲速度为代价的。交换文件是暂时性的，应用程序执行完毕便自动删除。常用的外存储器有硬磁盘、光盘、优盘等。

（1）硬盘。硬盘存储器由硬盘驱动器和硬盘控制器组成。硬盘控制器也称硬盘适配器，是硬盘驱动器与主机的接口。硬盘片是由涂有磁性材料的铝合金构成。硬盘外观结构图如图 2-9 所示。

图 2-9　硬盘外观结构图

（2）光盘。光盘存储器由光盘和光盘驱动器组成。光盘存储器也是微机上使用较多的存储设备。光盘的最大特点是存储量大，并且具有价格低、寿命长、可靠性高等特点，特别适合于需要存储大量信息的计算机使用，例如图像、声音信息等。光盘的存储原理不同于磁表面存储器。它是将激光聚焦成很细的激光束照射在记录媒体上，使介质发生微小的物理或化学变化，从而将信息记录下来；又根据这些变化，利用激光将光盘上记录的信息读出。

常用的光盘存储器有以下几种类型。

1）只读型光盘 CD-ROM。

这种光盘中的信息是制造商事先写入和复制好的，用户只能读取或再现其中的信息。目前这类光盘的技术比较成熟，信息存储密度比磁盘等介质高得多，是国内外市场上 CD 产品的主流介质。

2）一次性可写入光盘 CD-R。

这种光盘不仅可以读出信息，还能记录新的信息，但需要专门的光盘刻录机完成数据的写入。现在光盘刻录机不但具有光驱的读盘功能，同时其价格与光驱也相差不大，得到了广泛的应用。常见的一次性可写入光盘的容量为 650MB。

3）可反复擦写光盘 CD-RW。

这种光盘不仅可多次读，而且可多次写，信息写入后可以擦掉，并重写新的信息。其容量为 10MB～1GB 不等，可代替磁带、磁盘，目前已进入实用阶段。

（3）优盘。优盘是一种移动存储设备，其存储介质为快闪内存（Flash Memory）。快闪内存，即闪存，是一种集成电路芯片，它最初是从关闭电源后数据也不会丢失的只读内存 ROM 派生出来的，以块为单位进行写入和删除操作，存取速度快。优盘无机械装置，可承受 3 米高自由落体的震动，还具有防潮、防磁、耐高低温等特性。优盘体积小，重量轻，采用芯片存储，数据极为安全可靠，使用寿命长，可擦写 100 万次以上，数据至少可保存 10 年，已成为当今比较流行的存储设备之一。

优盘采用 USB 接口，可热插热拔，即插即用，无需驱动器，无需外接电源。但是插拔 USB 设备时，容易使静电直接通过 USB 设备传回电脑主板，此时瞬间产生的较高电压会使主板的重要部件烧毁并使系统无法正常开机工作，所以插拔 USB 设备一定要按指定的操作方式进行。Windows 都有安全移除 USB 设备的选项，用鼠标单击任务栏上的图标，然后单击"安全删除 USB Mass Storage Device-驱动器（H）"选项，即可安全地将优盘退出。

目前比较常用的优盘容量为 8GB、16GB、32GB 等。随着技术的发展，优盘容量也在加大。如图 2-10 所示为优盘的外观。

图 2-10　优盘外观

4. 系统主板

（1）主板。

主板，又叫主机板（Mainboard）、系统板（Systemboard）或母板（Motherboard）。它安装在机箱内，是微机最基本的也是最重要的部件之一。主板一般为矩形电路板，上面安装了组成计算机的主要电路系统，一般有BIOS 芯片、I/O 控制芯片、键盘和面板控制开关接口、指示灯插接件、扩充插槽、主板及插卡的直流电源供电接插件等元件。主板结构如图 2-11 所示。

（2）主板内部插槽。

1）CPU 插槽。

在主板上有一个白色正方形、布满插孔的插座，它就是 CPU 的插槽（如图 2-12 所示）。CPU 插槽是用来连接和固定 CPU 的。不同类型的 CPU 使用的 CPU 插槽结构是不一样的。

图 2-11　主板结构

2）内存插槽。

内存插槽是用来连接和固定内存条的。内存插槽通常有多个（如图 2-13 所示），可以根据需要插入不同数目的内存条。

图 2-12　CPU 插槽

图 2-13　内存插槽

（3）外部设备接口（如图 2-14 所示）。

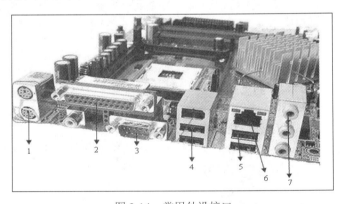

图 2-14　常用外设接口

其中，"1"：键盘和鼠标接口。"2"：并行接口。"3"：串行 COM 口，主要是用于以前的扁口鼠标、Modem 以及其他串行通信设备。"4"和"5"：USB 接口，它也是一种串行接口。"6"：双绞以太网线接口，也称之为"RJ-45 接口"。主板集成了网卡时才会提供该接口，它是用于网络连接的双绞网线与主板中集成的网卡进行连接。"7"：声卡输入/输出接口，主板集成了声卡时才提供该接口，不过现在的主板一般都集成了声卡，所以通常在主板上都可以看到这 3 个接口。常用的只有 2 个，那就是输入和输出接口。通常也是用颜色来区分的，最下面红色的那个为输出接口，接音箱、耳机等音频输出设备，而最上面的那个浅蓝色的为音频输入接口，用于连接麦克风、话筒之类的音频外设。

1）IDE 接口。

IDE 接口是用来连接 IDE 设备（采用 IDE 接口的硬盘、CD-ROM 或者 DVD-ROM）用的，一般靠近主板边缘。通常主板上有两个 IDE 接口，在主板上分别用 IDE1 和 IDE2 表示。每个接口分别可以连接一个主设备（Master）和一个从设置（Slaver），所以一般主板都可以连接 4 个 IDE 设备。IDE 接口中有 40 根针，插座中间有一个小的缺口，该缺口具有防反插和定位的作用，使用 IDE 数据线时，只有把接头上有箭头状突起的边对准这个缺口才能插入。

2）SATA 接口。

SATA 接口是 Serial ATA 的缩写，即串行ATA。这是一种完全不同于并行 ATA 的新型硬盘接口类型，由于采用串行方式传输数据而得名。SATA总线使用嵌入式时钟信号，具备了更强的纠错能力，与以往相比其最大的区别在于能对传输指令（不仅仅是数据）进行检查，如果发现错误会自动矫正，这在很大程度上提高了数据传输的可靠性。串行接口还具有结构简单、支持热插拔的优点。

3）串行接口。

目前大多数主板都提供了两个 9 针 D 型 RS-232C 异步串行通信型接口，分别为 COM1、COM2 或 COMA、COMB。串行接口的作用是用来连接串行鼠标、外置调制解调器、绘图仪等设备的。

4）并行接口。

并行接口一般用来连接打印机或扫描仪。

5）USB 接口。

它也是一种串行接口。目前许多设备都采用这种设备接口，如 Modem、打印机、扫描仪、数码相机等。它的优点就是数据传输速率高、支持即插即用、支持热拔插、无需专用电源、支持多设备无 PC 独立连接等。

6）PS/2 接口。

PS/2 接口仅能用于连接键盘和鼠标，PS/2 接口来源于 IBM 公司曾推出的 IBM PS/2 计算机，虽然 IBM PS/2 计算机已被淘汰，但 PS/2 接口却被保留下来，被后来的计算机所使用。PS/2 接口的最大好处就是不占用串口资源。

一般情况下，主板都配有两个 PS/2 接口，上为鼠标接口，下为键盘接口，鼠标的接口为绿色，键盘的接口为紫色。PS/2 接口使用 6 脚母插座，1 脚为键盘/鼠标信号，3 脚为地线，4 脚为+5V 电源，5 脚为键盘/鼠标时钟信号，2 脚和 6 脚为空。

7）音频接口。

现在，很多主板将声卡集成在主板上，因此主板上提供了音频接口。其中 Line Out 接口是用来连接扬声器或耳机的，Line in 接口用来与外接 CD 播放器、磁带播放器或其他音频设备连接，MIC 接口是用来与话筒相连接的。

5. 总线

总线是计算机中传输数据信号的通道。总线的传输方式是并行的，所以也称并行总线。在微型计算机中，微处理器与存储器以及其他接口部件之间通信的总线称为系统内部总线；主机系统与外部设备之间通信的总线称为外部总线。在 I/O 总线上通常传输数据、地址和控制等三种信号。传输数据信号的总线称为数据总线，传输地址信号的总线称为地址总线，传输控制信号的总线称为控制总线，所以 I/O 总线由这三种总线构成。总线就像"高速公路"，总线上传输的信号则被视为高速公路上的"车辆"。显而易见，在单位时间内公路上通过的"车辆"数直接依赖于公路的宽度和质量。因此。I/O 总线技术成为微型计算机系统结构的一个重要技术指标。

微型计算机采用开放体系结构，在系统主板上装有多个扩展槽，扩展槽与板上的 I/O 总线相连，任何插入扩展槽的电路板（例如显卡、声卡）都可通过 I/O 总线与 CPU 连接，这为用户自己组合可选设备提供了方便。

目前可见到的总线结构与扩展槽如下。

（1）ISA 总线。ISA 总线又称"工业标准结构"（ISA-Industry Standard Architecture）总线。ISA 总线是总线的元老，ISA 总线数据宽度只有 16 位，时钟频率为 8.3MHz，数据传输率只有 16MB/s。ISA 总线的主要缺点是不能动态地分配系统资源，CPU 占用率高，插卡的数量也有限。

（2）PCI 总线。PCI（Peripheral Component Interconnect）总线，又称外部设备互连总线。PCI 总线是 1991 年由 Intel 公司推出的，用于解决外部设备接口的问题。PCI 总线或插槽是目前主板上最常见的，也是最多的插槽了，现在所有的主板上都有它的踪影。它为显卡、声卡、网卡、电视卡、MODEM 等设备提供了连接接口。

PCI 总线定义了 32 位数据总线，工作频率为 33MHz，同时支持 10 个外部设备。在 PCI 总线 V2.2 规范中，可扩展为 64 位，工作频率为 66MHz。PCI 总线是一种不依附于某个具体处理器的局部总线。PC 插槽如图 2-15 所示。

（3）AGP 扩展槽。AGP 高级图形端口扩展槽（Advanced Graphics Port）是 AGP 图形显示卡的专用插槽。AGP 是专门用于高速处理图像的，它使用 64 位图形总线使 CPU 与内存的连接，以提高计算机对图像的处理能力。AGP 插槽如图 2-16 所示。

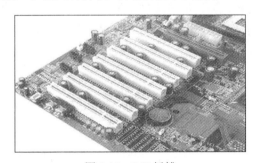 

图 2-15 PCI 插槽　　　　　　　　　　图 2-16 AGP 插槽

2.3.2 常用外部设备

1. 输入设备

输入设备是将数据、程序等转换成计算机能接受的二进制码，并将它们送入内存。常用的输入设备有键盘（如图 2-17 所示）、鼠标（如图 2-18 所示）、扫描仪（如图 2-19 所示）、光笔（如图 2-20 所示）、触摸屏等。

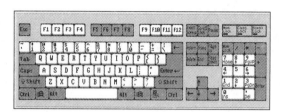

图 2-17　101 键盘

图 2-18　鼠标器

图 2-19　扫描仪

图 2-20　光笔

键盘（Keyboard）是一种输入设备，它与显示器一起成为人机对话的主要工具。键位基本与英文打字机键盘相同，操作也基本相同。键盘通过插入主板上的键盘接口与主机相连接。目前，常用的键盘有 101 键和 104 键。

鼠标器（Mouse）也是一种常见的输入设备。它通过 RS-232C 串行口或者是 USB 接口和主机相联接。它可以方便、准确地移动显示器上的光标，并通过按击，选取光标所指的内容。随着软件中窗口、菜单的广泛使用，鼠标已成为计算机系统的必备输入设备之一。

2. 输出设备

（1）输出设备是将计算机处理的结果转换成人们所能识别的形式显示、打印或播放出来。常用的输出设备有显示器、打印机、绘图仪等。

（2）显示器（CRT）是微机必要的输出设备，它可以显示键盘输入的命令和数据，也可以将计算结果以字符、图形或图像的形式显示出来，如图 2-21 所示。显示器由监视器和显示适配器两部分组成。监视器通过一个 9 针或 15 针的插头连接到主机箱内的显示适配器上。显示适配器，即显卡，是 CPU 与显示器之间的接口电路，如图 2-22 所示。显卡直接插在系统主板的总线扩展槽上，它的主要功能是将要显示的字符或图形的内码转换成图形点阵，并与同步信息形成视频信号输出给显示器。显卡是直接决定计算机的视觉效果的部件之一，其性能的好坏将直接影响到我们对计算机的可视感觉。

图 2-21　显示器

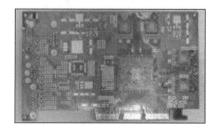

图 2-22　显示卡

（3）打印机是一种常用的输出设备，它可以将计算机处理结果用各种图表、字符的形式打印在纸上。目前最普及的打印机按印字的工作原理可以分为击打式和非击打式两种。常见的打印机有针式打印机、喷墨打印机、激光打印机等。打印机与主机之间通过打印适配器连接。

2.4　微型计算机的组装

2.4.1　微型计算机的主要性能指标

计算机的技术性能指标决定着计算机的性能优劣及应用范围的宽窄。实际上计算机的主要性能评价指标是由以下几部分组成的。

1. CPU 的主要性能指标

（1）字长。

字长是计算机运算部件一次能处理的二进制数据的位数。人们通常所说的 8 位机、16 位机、32 位机、64 位机即是指 CPU 可同时并行处理 8 位、16 位、32 位、64 位的二进制数据。8 位的 CPU 为早期的微型机产品使用，后来的 IBM PC/XT、IBM PC/AT 及 286 机使用的均是 16 位的 CPU，80386、80486、80586、Pentium II（奔腾 II）、Pentium III（奔腾 III）、Pentium Ⅳ（奔腾Ⅳ）属于 32 位的 CPU。而近年出厂的 CPU 都是 64 位的了，包括 AMD 速龙、羿龙、闪龙，英特尔的奔腾 D，酷睿构架所有 E 系列/Q 系列，最新 Nehalem 构架的 i7/5/3 等。

（2）速度。

不同配置的计算机执行相同任务所需要的时间可能不同，这跟计算机的速度有关。计算机的速度指标可用主频及运算速度加以评价。

运算速度用以衡量计算机运算的快慢程度，通常给出每秒钟所能执行的机器指令数，以 MIPS（Million of Instructions Per Second，百万指令数/秒）为单位。主频也被称为时钟频率，是反映 CPU 性能高低的一个很重要的指标。主频以兆赫兹（MHz）为单位，主频越高，计算机的速度越快，目前市场上已有主频超过 4GHz 的 CPU 出售。

2. 内存的主要性能指标

（1）存储容量。

计算机的处理能力不仅与字长、速度有关，而且很大程度上还取决于存储容量，存储容量分为主存容量（又称为内存容量）和辅存容量（又称为外存容量），外存容量通常指硬盘、光盘、U 盘等的容量。存储容量以字节为单位，1 个字节由 8 个二进制位组成。由于存储容量一般很大，所以通常用千字节（KB）、兆字节（MB）和吉字节（GB）表示。目前，内存的标准配置为 2GB 以上。

（2）存取速度。

存取速度是指请求写入（或读出）到完成写入（或读出）所需要的时间，其单位为纳秒（ns）。

3. 磁盘的主要性能指标

磁盘的性能指标主要有记录密度、存储容量、寻址时间等。

（1）记录密度。

记录密度也称为存储密度，是指单位盘片面积的磁层表面上存储二进制信息的量。

（2）存储容量。

存储容量是指磁盘格式化以后能够存储的信息量，和内存容量单位相同。

（3）寻址时间。

寻址时间是指驱动器磁头从起始位置到达所要求的读写位置所经历的时间总和。寻址时间由查找时间和等待时间构成，其中查找时间也叫寻道时间，是指找到磁道的时间；等待时间是指读写扇区旋转至磁头下方所用的时间。

4. 总线的主要性能指标

总线的性能指标主要有总线的带宽、总线的位宽和总线的工作频率。

（1）总线的带宽。

总线的带宽是指单位时间内可传送的数据，即每秒钟可传送多少字节。

（2）总线的位宽。

总线的位宽是指总线同时传送的数据位数。如工作频率确定，总线的带宽与总线的位宽成正比。

（3）总线的工作频率。

总线的工作频率也称为总线的时钟频率，是指用于协调总线上的各种操作的时钟信号的频率，以 MHz 为单位。工作频率越高则总线工作速度越快，也即总线带宽越宽。

5. 常用外部设备的主要性能指标

（1）CD-ROM 驱动器的性能指标主要有：容量、数据传输率、读取时间、误码率等。

（2）打印机的性能指标主要有：打印速度、打印质量、打印密度及打印宽度、打印噪声和使用寿命等。

以上只是一些主要的性能指标，各项指标之间也不是彼此孤立的。在实际应用时，应该把它们综合起来考虑，而且还要遵循性价比高的原则。

2.4.2　组装前的准备

组装计算机前需要做好充分的准备工作，下面介绍常用的计算机组装工具和一些组装常识。组装计算机不能单凭双手，还必须借助一些工具，而且为了计算机和个人的安全还需要了解一些组装计算机的常识。

1. 装机部件和工具的准备

组装一台电脑，首先明确自己的要求，即看你要用电脑干什么，然后根据你的具体需要来选购合适的计算机配件。一般需要主板、CPU、硬盘、内存条、光驱、机箱、电源、显示器、键盘、鼠标等，配置较高的还有独立显卡、独立声卡，根据你的情况而定。再了解相应硬件的市场价位，最好是在装机商给出报价单之后货比三家。组装计算机所需的工具比较简单，一般只需螺丝刀和防静电腕带即可。

2. 装机环境的准备

释放身上的静电，用户可以佩戴防静电腕带，或通过洗手、触摸水管等与地面直接接触的金属器件进行放电。将计算机配件规则地放在计算机组装台或桌子上，并在主板下垫上一块干燥的软海绵，以防止主板底部的焊接点刮坏桌面，同时也起到绝缘的作用。

2.4.3　组装一台微型计算机

在正式组装电脑之前，我们最好使用"最小系统"法验证一下各个配件的品质以及兼容性。所谓"最小系统"就是指用 CPU（包含风扇）、主板、内存、显卡、显示器、电源这六项配件构成的系统。先在机箱外面将主板、CPU、内存装好，并用电源先点一下是否能显示，如果此时"最小系统"能够顺利点亮，再按如下步骤组装。

（1）拆机箱，装主板档板，拧好螺丝铜柱，装电源和光驱。

（2）把机箱前面板的跳线先插好，再将主板固定到机箱内。

（3）装硬盘，接好光驱和硬盘数据线、接好电源线。

（4）开机后设置 BIOS。

（5）装系统，装驱动，装软件。

（6）关机，把机箱内部的线用扎带绑好，并盖好机箱面板。

（7）装个拷机软件进行长时间拷机。

组装计算机的注意事项。

（1）对配件应轻拿轻放，不要发生碰撞。

（2）在未组装完毕前，不要连接电源。

（3）插拔各种板卡时要注意方向，不能盲目用力，以免损坏板卡。

（4）在拧螺丝时，不能拧得太紧，在拧紧后应反方向拧半圈。

（5）在连接机箱内部连线时一定要参照主板说明书进行，以免接错线造成意外。

2.5　多媒体技术

2.5.1　多媒体概述

随着微电子、计算机、通信和数字化声像技术的飞速发展，多媒体计算机技术应运而生，全世界已形成一股开发应用多媒体技术的热潮。

目前，计算机处理的信息主要是字符和图形，人机交互的界面主要是键盘和显示器。与人类通过听、说、读、写甚至通过表情和触摸进行交流相比，当前人与计算机交流的方式还处于非常初级的阶段。在人们所接受的信息中，有 80%以上来自视觉，这不仅包括文字、数字和图形，更重要的是图像。声音和语言也是人们获取信息的重要方式。因此，为了改善人与计算机之间的交互界面，集声、文、图、像于一体，就要开发多媒体。

1. 媒体

媒体是指信息表示和传播的载体。例如，文字、声音、图像等都是媒体，它们向人们传递各种信息。在计算机领域，对几种主要媒体的定义如下。

（1）感觉媒体。

感觉媒体直接作用于人的感官，使人能直接产生感觉。例如，人类的各种语言、音乐，自然界的各种声音、图形、静止或运动的图像，计算机系统中的文件、数据和文字等。

（2）表示媒体。

表示媒体是指各种编码，如语言编码、文本编码、图像编码等。这是为了加工、处理和传输感觉媒体而人为地研究、构造出来的一类媒体。

（3）表现媒体。

表现媒体是感觉媒体与计算机之间的界面，如键盘、摄像机、光笔、话筒、显示器、喇叭、打印机等。

（4）存储媒体。

存储媒体用于存放表示媒体，即存放感觉媒体数字化后的代码。存放代码的存储媒体有软盘、硬盘和 CD-ROM 等。

（5）传输媒体。

传输媒体是用来将媒体从一处传送至另一处的物理载体，如双绞线、同轴电缆线、光纤等。

2. 多媒体

多媒体是计算机和信息技术的一个新的应用领域，从字面上理解就是"多种媒体的集合"。它是融合两种或者两种以上媒体的一种人机交互式信息交流和传播的媒体，包括文本、图形、图像、声音、动画和视频等。

2.5.2　多媒体技术的特点

多媒体技术是指利用计算机技术把文本、声音、图形和图像等各种媒体综合一体化，使它们建立起逻辑联系，并能进行加工处理的技术。这里所说的"加工处理"主要是指对这些媒体的录入、压缩、存储、显示、传输等。

多媒体技术具有以下一些特征。

1. 集成性

多媒体技术的集成性是指将多种媒体有机地组织在一起，共同表达一个完整的多媒体信息，使声、文、图、像一体化。

2. 交互性

交互性是指人和计算机能"对话"，以便进行人工干预控制。交互性是多媒体技术的关键特征。

3. 数字化

数字化是指多媒体中的各个单媒体都是以数字形式存放在计算机中。

4. 实时性

多媒体技术是多种媒体集成的技术，在这些媒体中，有些媒体（如声音和图像）是与时间密切相关的，这就决定了多媒体技术必须要支持实时处理。

多媒体技术的发展需要解决如下几项关键技术。

（1）音频和视频数据压缩和解压缩技术。

（2）大容量的光盘存储器。

（3）多媒体同步技术。

（4）多媒体网络和通信技术。

2.5.3　多媒体信息的数字化表示

多媒体计算机需要综合处理文本、声音、图形图像以及动画等媒体信息，计算机表示就是用文件来存储这些媒体信息。

1. 文字信息的计算机表示

文字是人与计算机之间进行信息交换的主要媒体。在计算机发展早期，在屏幕上显示的都是文字信息，后来才出现图形、图像、声音等媒体。常用的文本文件格式有.txt（文本文档）、.rtf（记事本文档）及 Word 格式的.doc 或.docx 等。

2. 声音信息的计算机表示

声音也称为音频，属于听觉类媒体。在多媒体音频技术中存储声音信息的文件格式有多种，如 WAV、MIDI、MP3、RM 等。

3. 图形图像等信息的计算机表示

在图像处理中，可用于图像文件存储的存储格式有多种，较为常见有 BMP、GIF、JPEG 等。

4. 视频文件格式

在多媒体计算机中常用的视频文件格式有 AVI 文件、MOV 文件、MPG 文件等。除了上述文件格式，还有很多在线播放的视频文件格式，比如 WMV 格式、ASF 格式等。

5. 动画的文件格式

动画是运动的画面，动画在多媒体中是一种非常有用的信息交换工具。常见的动画格式有 FLI、FLC、AVI、SWF 等。我们制作动画时有两种方式可供选择，一种是用专门的动画制作软件生成独立的动画文件；另外一种是利用多媒体创作工具中提供的动画功能，制作简单的对象动画。

2.5.4 多媒体技术的应用与发展

1. 多媒体技术的应用

多媒体应用领域十分广泛，归纳起来主要有以下 5 个方面：教育培训、信息咨询、医疗诊断、商业服务和娱乐等。

（1）教育培训。

学校里的课程教学、工业和商业领域的职业培训、家庭教育均为多媒体的巨大应用领域。利用多媒体技术编写的教学节目，由于它生动、活泼、有趣，声音、图像、动画并存，增加了参与感，可达到一般方法难以达到的效果。

（2）信息咨询。

由于 CD-ROM 具有巨大的存储容量，可存储大量的信息资料，并可用音频和视频的形式表现出来，这就大大增强了信息咨询的效果。例如，它不仅可存储世界地图，把各国的地理位置、人口、面积等内容表示出来，还可以利用音频和视频表现出当地的风俗习惯、音容笑貌，因此可为机场、码头、旅游胜地的旅客和游客提供效果更佳的咨询服务。

（3）医疗诊断。

将多媒体技术与人工智能结合起来，可获得更高水平的医疗专家系统。

在诊断病情时，只要向多媒体系统输入有关信息，多媒体系统就可自动检索多媒体文献，判断疾病类型，开出处方，并为病人提供形象的描述，患者可通过这些形象的描述来判断是否与自己的病情吻合，从而提高了诊断的可靠性。

（4）商业服务。

生动、形象的多媒体为商业服务提供了广阔的天地，广告和销售服务是商业经营成功的重要条件。

利用多媒体技术不仅可以展示商品外观，还可以演示产品的性能，这就为经营的成功创造了有利条件。

（5）娱乐。

多媒体技术的音频、视频功能可提供色彩丰富、声音悦耳的图形和动画功能，它不仅增加了娱乐的趣味性，还可以寓教育于娱乐之中。

2．多媒体技术的发展

计算机多媒体技术的发展前景主要有 3 个方面：多媒体技术集成化、多媒体终端的智能化和嵌入化、多媒体技术网络化的发展。

（1）多媒体技术集成化。

多媒体交互技术的发展，使多媒体技术在模式识别、自然语言理解和新的传感技术等基础上，利用人的多种感觉通道和动作通道通过数据传输和特殊的表达方式，如感知人的面部特征，合成面部动作和表情，以并行和非精确方式与计算机系统进行交互，可以提高人机交互的自然性和高效性，实现逼真输出为标志的虚拟现实。交互性是虚拟现实的实质性特征，对时空环境的现实构想（即启发思维、获取信息的过程）是虚拟现实的最终目的。

（2）多媒体终端的智能化和嵌入化。

在目前，"信息家电平台"的概念，已经使多媒体终端集互动式购物、互动式办公、互动式医疗、互动式教学、互动式游戏、互动式点播等应用为一身，代表了当今嵌入化多媒体终端的发展方向。将多媒体计算机系统本身的多媒体性能提高，将计算机芯片嵌入各种家用电器中，开发智能化家电是一个发展前景。

（3）多媒体技术网络化的发展。

计算机多媒体技术网络化的发展主要取决于通信技术的发展，随着网络通信等技术的发展和相互融合，使多媒体技术进入生活、科技、生产、企业管理、办公自动化、教育、医疗、交通、军事、文化娱乐、测控等领域。

习题 2

一、选择题

1．操作系统中对数据进行管理的部分叫作（　　）。

  A．数据库系统   B．文件系统

  C．检索系统   D．数据存储系统

2．操作系统主要是对计算机系统的全部（　　）进行管理。

  A．应用软件   B．系统硬件

  C．设备   D．系统资源

3．计算机发生"死机"故障时，重新启动机器的最适当方法是（　　）。

  A．断电 30 秒后再开机   B．热启动

  C．按复位按钮启动   D．其他

4．CPU 的中文含义是（　　）。

  A．主机   B．中央处理单元

  C．运算器   D．控制器

5．多媒体信息不包括（　　）。

  A．影像、动画   B．文字、图形

  C．声卡、光盘   D．音频、视频

6. 下面关于多媒体系统的描述，（ ）是不正确的。

    A. 多媒体系统是对文字、图形、声音、活动图像等信息及资源进行管理的系统

    B. 多媒体系统的最关键技术是数据压缩与解压缩

    C. 多媒体系统也是一种多任务系统

    D. 多媒体系统只能在微型计算机上运行

7. 用于表示计算机存储、传送、处理数据的信息单位的性能指标是（ ）。

    A. 字长   B. 运算速度   C. 主频   D. 内存容量

8. 用 MIPS 来衡量的计算机性能指标是（ ）。

    A. 处理能力   B. 存储容量   C. 可靠性   D. 运算速度

9. 计算机软件通常分为（ ）。

    A. 系统软件和应用软件   B. 高级软件和一般软件

    C. 军用软件和民用软件   D. 管理软件和控制软件

10. 实现计算机网络需要硬件和软件，其中负责管理整个网络资源，实现各种操作的软件叫做（ ）。

    A. 网络应用软件   B. 网络操作系统

    C. OSI   D. 通信协议软件

11. 系统软件包括（ ）。

    A. 操作系统、语言处理程序、数据库管理系统

    B. 文件管理系统、网络系统、文字处理系统

    C. 语言处理系统、文字处理系统、操作系统

    D. Word、Windows、VFP

12. 计算机的存储系统通常包括（ ）。

    A. U 盘和硬盘   B. 内存储器和外存储器

    C. ROM 和 RAM   D. 内存和硬盘

13. 计算机一旦断电，（ ）中的信息就会丢失。

    A. RAM   B. 软盘   C. 硬盘   D. ROM

14. 计算机硬件系统主要包括（ ）。

    A. 控制器、运算器、存储器、输入设备和输出设备

    B. 控制器、加法器、RAM 存储器、输入设备和输出设备

    C. 中央处理器、运算器、存储器、输入设备和输出设备

    D. CPU、外存储器、输入设备和输出设备

15. 计算机中用户可使用的内存容量通常是指（ ）。

    A. 硬盘的容量   B. ROM 的容量

    C. RAM 的容量   D. RAM、ROM 和硬盘的容量总和

二、填空题

1. 下列既是输入设备又是输出设备的是_____。

2. 通常计算机的存储器是一个由 Cache、主存和辅存构成的三级存储系统。辅存存储器一般可由磁盘、磁带和光盘等存储设备组成，Cache 和主存是一种_____存储器。

3．冯·诺依曼计算机工作原理是_____。

4．所谓"裸机"是指_____。

三、简答题

1．微型计算机所遵循的工作原理是什么？

2．微型计算机系统主要包括什么？

3．何谓指令、指令系统？指令的基本类型有哪些？指令格式的基本结构是什么？

4．什么是总线？微型计算机的外部总线分为哪三类？

5．微型计算机的存储器可以分为哪几类？主存储器和辅助存储器的特点及使用场合是什么？

6．打印设备可以分为哪几类？各类打印机的主要特点是什么？

7．什么是磁盘的面、磁道、扇区？为什么要对磁盘格式化？

8．U盘移动存储设备有什么特点？

9．光盘可分为哪三种类型？

10．在计算机系统中，接口是什么？接口的作用是什么？

第3章 操作系统和 Windows 7

引言

Windows 7 是由微软公司于 2009 年 10 月 22 日正式发布的操作系统, 可供家庭及商业工作环境、笔记本电脑、平板电脑、多媒体中心等使用。相比 Windows XP 和 Windows Vista, 在 Windows 7 中, 做出了数百种小改进和一些大改进。这些改进带来了一系列的"更少"优点: 更少的等待、更少的单击、连接设备时更少的麻烦、更低的功耗和更低的整体复杂性。Windows 7 还改进了系统性能、响应性、安全性、可靠性和兼容性等基本功能。本章主要介绍操作系统的基本概念, Windows 7 的基本功能与操作。

内容结构图

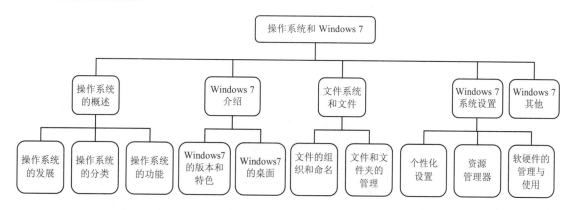

学习目标

通过对本章内容的学习, 我们能够做到:
- 了解: 操作系统的发展与分类, 操作系统的功能, Windows 7 的运行环境和启动模式。
- 理解: Windows 7 的桌面组成, Windows 7 的"开始"菜单和任务栏。
- 应用: 文件的基本操作, 包括新建、命名、删除、复制、粘贴和剪切等; 快捷方式的设置方法; 控制面板的相关命令的使用。

3.1 操作系统的概述

操作系统(Operating System, 简称 OS)是管理计算机硬件资源, 控制其他程序运行并为用户提供交互操作界面的系统软件的集合。

3.1.1　操作系统的发展

操作系统是计算机系统的关键组成部分，负责管理与配置内存、决定系统资源供需的优先次序、控制输入与输出设备、操作网络与管理文件系统等基本任务。从计算机系统管理方面来看，引入操作系统是为了合理组织计算机的工作流程，使计算机中的硬软件资源为多个用户共享，最大限度地发挥计算机的使用效率；从计算机用户角度来看，引入操作系统是为了给用户提供一个良好的工作环境，使程序的开发、调试、运行更加方便、灵活，从而提高用户的工作效率。其主要作用有以下三点。

（1）提高系统资源的工作效率。如 CPU 调度与管理、存储空间的分配与管理、外部设备与文件的管理等。

（2）提供方便友好的用户界面。操作系统是用户和计算机之间的一个接口（界面），例如，DOS 为用户提供了字符型界面，Windows 系列为用户提供了图形化用户界面（Graphic User Interface，简称 GUI）。

（3）提供软件开发与运行环境。操作系统内核提供一系列具备预定功能的多内核函数，通过一组称为系统调用（System Call）的接口呈现给用户。系统调用把应用程序的请求传给内核，调用相应的内核函数完成所需的处理，将处理结果返回给应用程序，如果没有系统调用和内核函数，用户将不能编写大型应用程序。

3.1.2　操作系统的分类

1．批处理操作系统

批处理操作系统（Batch Processing Operating System）的工作方式是：用户将作业交给系统操作员，系统操作员将许多用户的作业组成一批作业，之后输入到计算机中，在系统中形成一个自动转接的连续的作业流，然后启动操作系统，系统自动、依次执行每个作业。最后由操作员将作业结果交给用户。批处理操作系统的特点是多道和成批处理。

2．分时操作系统

分时操作系统（Time Sharing Operating System）的工作方式是：一台主机连接了若干个终端，每个终端有一个用户在使用。用户交互式地向系统提出命令请求，系统接受每个用户的命令，采用时间片轮转方式处理服务请求，并通过交互方式在终端上向用户显示结果。分时系统具有多路性、交互性、独占性和及时性的特征。多路性指同时有多个用户使用一台计算机，宏观上看是多个人同时使用一个 CPU，微观上是多个人在不同时刻轮流使用 CPU。交互性是指用户根据系统响应结果进一步提出新请求（用户直接干预每一步）。独占性是指，用户感觉不到计算机为其他人服务，就像整个系统为他所独占。及时性指系统对用户提出的请求及时响应。

常见的通用操作系统是分时系统与批处理系统的结合。其原则是：分时优先，批处理在后。"前台"响应需频繁交互的作业，如终端的要求；"后台"处理时间性要求不强的作业。

3．实时操作系统

实时操作系统（Real Time Operating System）是指使计算机能及时响应外部事件的请求，在规定的时间内完成对该事件的处理，并控制所有实时设备和实时任务协调一致地工作的操作系统。实时操作系统要追求的目标是：对外部请求在严格时间范围内做出反应，有高可靠性和完整性。其主要特点是资源的分配和调度首先要考虑实时性然后才是效率。此外，实时操作系统应有较强的容错能力。

4. 网络操作系统

网络操作系统（Network Operating System），通常运行在服务器上的操作系统是基于计算机网络的，是在各种计算机操作系统上按网络体系结构协议标准开发的软件，包括网络管理、通信、安全、资源共享和各种网络应用。其目标是相互通信及资源共享。在其支持下，网络中的各台计算机能互相通信和共享资源。其主要特点是与网络的硬件相结合来完成网络的通信任务。流行的网络操作系统有 Linux、UNIX、BSD、Windows Server、Mac OS X Server、Novell NetWare 等。

5. 分布式操作系统

分布式操作系统（Distributed Operating Systems）是为分布计算系统配置的操作系统。大量的计算机通过网络被连接在一起，可以获得极高的运算能力及广泛的数据共享。这种系统被称作分布式系统（Distributed System）。分布式操作系统是网络操作系统的更高形式，它保持了网络操作系统的全部功能，而且还具有透明性、可靠性和高性能等。网络操作系统和分布式操作系统虽然都用于管理分布在不同地理位置的计算机，但最大的差别是：网络操作系统知道确切的网址，而分布式系统则不知道计算机的确切地址；分布式操作系统负责整个的资源分配，能很好地隐藏系统内部的实现细节，如对象的物理位置等，这些都是对用户透明的。

3.1.3　操作系统的功能

为了有效地管理计算机系统的全部资源，操作系统具有处理器管理、存储管理、设备管理和文件管理等功能。

1. 处理器管理

在多道程序系统中，多个程序同时执行，如何把 CPU 的时间合理地分配给各个程序是处理器管理要解决的问题，它主要包括 CPU 的调度策略、进程与线程管理、死锁预防与避免等问题。

2. 存储管理

存储管理主要解决多道程序在内存中的分配，保证多道程序互不冲突，并且通过虚拟技术来扩大主存空间。

3. 设备管理

现代计算机系统都配置多种 I/O 设备，它们具有不同的操作性能。设备管理的功能是根据一定的分配原则把设备分配给请求 I/O 的作业，并且为用户使用各种 I/O 设备提供简单方便的命令。

4. 文件管理

文件管理又称文件系统。计算机中的各种程序和数据均为计算机的软件资源，它们都以文件形式存放在外存中。文件管理的基本功能是实现对文件的存取和检索，为用户提供灵活方便的操作命令以及实现文件共享、安全、保密等措施。

5. 典型的几种操作系统介绍

（1）DOS

DOS（Disk Operating System）是 Microsoft 公司研制的配置在 PC 上的单用户命令行界面操作系统。它曾经广泛地应用在 PC 上，对于计算机的应用普及起到了非常重要的作用。DOS 的特点是简单易学，对硬件要求低，但存储能力有限。因为种种原因，现在已被 Windows 替代。

（2）Windows

Windows 操作系统是一款由美国微软公司开发的窗口化操作系统。采用了 GUI 图形化操作模式，比起从前的指令操作系统（如 DOS）更为人性化。

Windows 操作系统是目前世界上使用最广泛的操作系统。它的第一个版本Windows 1.0于1985 年面世，本质为基于MS-DOS系统之上的图形用户界面的 16 位系统软件。从Windows 3.0开始，Windows 系统提供了对 32 位API的有限支持，并逐渐成为使用最为广泛的桌面操作系统。2000 年 2 月发布的基于 NT5.0 核心的Windows 2000，正式取消了对 DOS 的支持，成为纯粹的 32 位系统。微软又于 2001 年发布了Windows XP，大幅度增强了系统的易用性，成为了最成功的操作系统之一，直到 2012 年其市场占有率才降至第二。2006 年底发布的Windows Vista，提供了新的图形界面 Windows Aero，大幅提高了安全性，但市场反应惨淡。2009 年推出了Windows 7，重新获得成功。2012 年微软推出了支持 ARM CPU，取消了开始菜单，带有Metro界面的Windows 8以抵御 iPad 等平板对 Windows 地位的影响，但结果令广大消费者不满意。微软在 2013 年 6 月 26 日正式推出了 Windows 8.1 预览版操作系统，此版本为 Windows 8 的改进版本，恢复了开始菜单。

（3）UNIX

UNIX 是一个强大的多用户、多任务操作系统，支持多种处理器架构，按照操作系统的分类，属于分时操作系统，最早由肯·汤普逊（Kenneth Lane Thompson）、丹尼斯·里奇（Dennis MacAlistair Ritchie）于 1969 年在 AT&T 的贝尔实验室开发。UNIX 因为其安全可靠，高效强大的特点在服务器领域得到了广泛的应用。直到 GNU/Linux 流行开始前，UNIX 也是科学计算、大型机、超级电脑等所用操作系统的主流。现在其仍然被应用于一些对稳定性要求极高的数据中心之上。

（4）Linux

Linux 是一种自由和开放源码的类 UNIX 操作系统。存在着许多不同的 Linux 版本，但它们都使用了 Linux 内核。Linux 可安装在各种计算机硬件设备中，比如手机、平板电脑、路由器、视频游戏控制台、台式计算机、大型机和超级计算机。Linux 是一个领先的操作系统，世界上运算最快的 10 台超级计算机运行的都是 Linux 操作系统。由于 Linux 是一种源代码开放的操作系统，用户可以通过 Internet 免费获取 Linux 及其生成工具的源代码，然后进行修改，建立一个自己的 Linux 开发平台，开发 Linux 软件。

（5）OS/2

1987 年，IBM 公司推出 PS/2 的同时发布了为 PS/2 设计的操作系统——OS/2。在 20 世纪90 年代初，OS/2 的整体技术水平超过了当时的 Windows 3.x，但因为缺乏大量应用软件的支持而失败。

（6）Mac OS

Mac OS 是在苹果公司的 Power Macintosh 机及 Macintosh 一族计算机上使用的，是最早成功的基于图形界面的操作系统。它具有较强的图形处理能力，广泛用于桌面出版和多媒体应用等领域，Macintosh 的缺点是与 Windows 缺乏较好的兼容性，故影响了它的普及。

（7）Android

Android（中文名"安卓"）是一种基于Linux的自由及开放源代码的操作系统，主要使用于移动设备，如智能手机和平板电脑，由Google公司和开放手机联盟领导及开发。Android 操作系统最初由Andy Rubin开发，主要支持手机。第一部 Android 智能手机发布于 2008 年 10 月，并逐渐扩展到平板电脑及其他领域上，如电视、数码相机、游戏机等。2012 年 11 月数据显示，Android 占据全球智能手机操作系统市场 76%的份额，中国市场占有率为 90%。

（8）iOS

苹果 iOS 是由苹果公司开发的手持设备操作系统。苹果公司最早于 2007 年 1 月 9 日的 Macworld 大会上公布这个系统，最初是设计给 iPhone 使用的，后来陆续套用到 iPod touch、iPad 以及 Apple TV 等苹果产品上。iOS 与苹果的 Mac OS X 操作系统一样，它也是以 Darwin 为基础的，因此同样属于类 UNIX 的商业操作系统。

3.2　Windows 7 介绍

3.2.1　Windows 7 版本介绍

Windows 7 是由微软公司开发的操作系统，核心版本号为 Windows NT 6.1。Windows 7 可供家庭及商业工作环境、笔记本电脑、平板电脑、多媒体中心等使用。2009 年 7 月 14 日 Windows 7RTM（Build 7600.16385）正式上线，2009 年 10 月 22 日微软于美国正式发布 Windows 7。Windows 7 同时也发布了服务器版本——Windows Server 2008 R2。2011 年 2 月 23 日，微软面向大众用户正式发布了 Windows 7 升级补丁——Windows 7 SP1，另外还包括 Windows Server 2008 R2 SP1 升级补丁。

1. Windows 7 的版本

目前 Windows 7 主要有 5 种版本。

（1）Windows 7 Home Basic（家庭普通版）。主要新特性有无限应用程序、增强视觉体验（没有完整的 Aero 效果）、高级网络支持（Ad-Hoc 无线网络和互联网连接支持 ICS）、移动中心（Mobility Center）。缺少的功能：玻璃特效功能，实时缩略图预览、Internet连接共享，不支持应用主题。

（2）Windows 7 Home Premium（家庭高级版）。有 Aero Glass 高级界面、高级窗口导航、改进的媒体格式支持、媒体中心和媒体流增强、多点触摸、更好的手写识别等。

（3）Windows 7 Professional（专业版）。加强网络的功能，比如域加入，高级备份功能，位置感知打印，脱机文件夹，移动中心（Mobility Center），演示模式（Presentation Mode）。

（4）Windows 7 Enterprise（企业版）。提供一系列企业级增强功能：BitLocker，内置和外置驱动器数据保护；AppLocker，锁定非授权软件运行；DirectAccess，无缝连接企业网络等。

（5）Windows 7 Ultimate（旗舰版）。拥有 Windows 7 家庭高级版和 Windows 7 专业版的所有功能，它对硬件要求也是最高的。

2. Windows 7 的运行环境

Windows 7 具有更强大的功能，因而需要有更高性能的硬件支持。具体要求如下。

（1）CPU：1GHz 及以上的 32 位或 64 位处理器。

（2）内存：1GB（32 位）/2GB（64 位）。

（3）硬盘：20GB 以上可用空间。

（4）显卡：有 WDDM1.0 驱动的支持 DirectX 10 以上级别的独立显卡，显卡支持 DirectX 9 就可以开启 Windows Aero 特效。

（5）DVD R/RW 驱动器或者 U 盘等其他储存介质。

（6）声卡、音箱等多媒体设备，以及网卡或调制解调器等联网设备。

3. Windows 7 的启动模式

通过打开计算机并在 Windows 启动之前按 F8 键，屏幕上就会显示 Windows 7 的"高级启动选项"菜单，访问该菜单，能够以多种模式启动 Windows 7。

（1）修复计算机。

显示可以用于修复启动问题的系统恢复工具的列表，运行诊断或恢复系统。此选项仅在计算机硬盘上安装了这些工具之后才可用。如果具有 Windows 安装光盘，则系统恢复工具位于该光盘上。

（2）安全模式。

以一组最少的驱动程序和服务启动 Windows。

（3）网络安全模式。

在安全模式下启动 Windows，包括访问 Internet 或网络上的其他计算机所需的网络驱动程序和服务。

（4）启用引导日志。

创建文件 ntbtlog.txt，该文件列出所有在启动过程安装并可能对高级疑难解答非常有用的驱动程序。

（5）最后一次的正确配置（高级）。

使用最后一次正常运行的注册表和驱动程序配置启动 Windows。

（6）禁用系统失败时自动重新启动。

因错误导致 Windows 失败时，阻止 Windows 自动重新启动。仅当 Windows 陷入循环状态时，即 Windows 启动失败，重新启动后再次失败，使用此选项。

（7）正常启动 Windows。

以正常模式启动 Windows。

3.2.2　Windows 7 的系统特色

Windows 7 除了保存了 Windows Vista 的优良特性外，还有以下几个新特性。

1. 不一样的任务栏

在 Windows 7 中，将鼠标指针指向一个任务栏按钮可以看到所打开文件的大幅预览画面，还可以重新排列和整理按钮。当鼠标指针悬停在任务栏上的"显示桌面"按钮上时，可以快速隐藏已打开的窗口和程序，看到桌面的图标和快捷方式。鼠标悬停在任务栏上任意一个窗口按钮上就可以看到该窗口的最大化效果，移动后窗口消失。

2. 桌面小工具

Windows 7 给用户提供了包括天气、头条新闻、照片和信息概览在内的小工具，可以将小工具添加到桌面，并任意移动和调整它们的大小。

3. 随时随地的工作

通过控制面板中的"设备和打印机"可以连接和管理使用打印机以及电话或者其他设备。

在以前的系统中，如果使用"设备和打印机"需要设置位置感知打印，以防止在家庭网络和办公网络之间切换时无法正常打印。现在，打印机会自动匹配，正确打印。

4. 连接更容易

Windows 7 中的家庭组可帮助共享图片。在设置计算机时，家庭组将自动创建，这样就可以设置要与网络家庭组中其他运行 Windows 7 的计算机共享或不共享的库。若要在家庭网络中共享文件和打印机，使用家庭组是最简单的一种方法。

Windows 7 还有很多新的特性，这里就不一一赘述了。

3.2.3　Windows 7 的桌面

桌面是打开计算机并登录到 Windows 之后看到的主屏幕区域。就像实际的桌面一样，它是用户工作的平面。打开程序或文件夹时，它们便会出现在桌面上。还可以将一些项目（如文件和文件夹）放在桌面上，并且随意排列它们。桌面上有多个上面是图形、下面是文字说明的组合，这种组合叫图标。桌面上常有应用程序的图标、"开始"菜单、任务栏、通知区域等，如图 3-1 所示。

图 3-1　Windows 7 桌面

1. 使用桌面图标

图标是代表文件、文件夹、程序和其他项目的小图片。首次启动 Windows 时，在桌面上至少看到一个图标：回收站，微软公司已将其图标添加到桌面上。双击桌面图标会启动或打开它所代表的项目。

（1）从桌面上添加和删除图标。

用户可以根据自己的爱好和操作的便利性布置自己的桌面图标。一些人喜欢桌面干净整齐，上面只有几个图标或没有图标。而一些人将很多图标都放在自己的桌面上，以便快速访问经常使用的程序、文件和文件夹。

如果想要从桌面上轻松访问的文件或程序，可创建它们的快捷方式。快捷方式是一个表示与某个项目链接的图标，而不是项目本身，可以通过图标上的箭头来识别快捷方式，如图 3-2 所示。

图 3-2　桌面快捷方式图标

1）添加常用的桌面图标。

首先，用鼠标右击桌面上的空白区域，然后单击"个性化"，弹出"个性化"窗口，在左窗格中，单击"更改桌面图标"，如图 3-3 所示。

图 3-3　"个性化"窗口

然后在"桌面图标"区域下面，选中想要添加到桌面的每个图标的复选框，或清除想要从桌面上删除的每个图标的复选框，然后单击"确定"，如图 3-4 所示。

图 3-4　"桌面图标设置"对话框

2）从桌面上删除图标。

用鼠标右击该图标，然后单击"删除"。如果该图标是快捷方式，则只会删除该快捷方式，原始项目不会被删除。

（2）移动图标。

Windows 将图标排列在桌面左侧的列中。为了使用方便，Windows 提供多种排列方式，右击桌面上的空白区域，单击"排列方式"，可以选择按名称、项目类型等进行排列，还可以让 Windows 自动排列图标。右击桌面上的空白区域，单击"查看"，然后单击"自动排列图标"。Windows 将图标排列在左上角并将其锁定在此位置。若要对图标解除锁定以便可以再次移动它们，则再次单击"自动排列图标"，去掉前面的"√"，这时可以通过将其拖动到桌面上的新位置来移动图标，如图 3-5 所示。

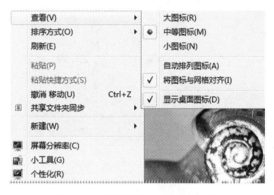

图 3-5　桌面图标排列方式菜单

（3）隐藏桌面图标。

如果想要临时隐藏所有桌面图标，而实际并不删除它们，右击桌面上的空白部分，单击"查看"，然后单击"显示桌面图标"清除复选标记，桌面上将不显示任何图标。可以通过再次单击"显示桌面项"来显示图标。

（4）选择多个图标。

若要一次移动或删除多个图标，必须首先选中这些图标。单击桌面上的空白区域并拖动鼠标。用出现的矩形包围要选择的图标，然后释放鼠标按钮，就可以将这些图标作为一组来拖动或删除它们。

（5）常用图标的使用。

常用的桌面图标包括"计算机"、个人文件夹、"回收站"和"控制面板"。

1）"计算机"图标。

双击"计算机"图标，打开"计算机"窗口，如图 3-6 所示。在此可以查看计算机各种资源，各种外存储器的使用情况、卸载或更改程序、查找文件等。

2）"网络"图标。

浏览与本机相连的计算机上的资源、查看或更改网络连接、设置网络配置等。

3）"回收站"图标。

用来存放用户删除的文件，如果以后想再用这些文件，还可从中恢复。如果里面的文件确实没有用了，可以清空它。

4）"个人文件夹"图标。

用来存放用户个人经常使用的文档。

5）"控制面板"图标。

调整计算机的设置。

图 3-6   计算机窗口

（6）桌面图标的显示与排列方法

桌面图标的显示方式通过"查看"菜单实现，"查看"菜单的功能如图 3-7 所示，其中前面 3 项为图标的大小，后面 3 项为前打"√"表示允许该项功能，如"显示桌面图标"前打"√"表示显示桌面图标，再单击一次该菜单项去掉前面的"√"，则桌面图标全部隐藏起来。"自动排列图标"指将图标自动整齐地排列在桌面左边，其排序顺序由"排序方式"菜单确定，如图 3-8 所示，可以按名称、大小、类型和修改日期排列，通常选择按名称或按项目类型排列图标。

图 3-7   "查看"菜单

图 3-8   "排列方式"菜单

（7）桌面小工具的设置与清除。

单击桌面快捷菜单中的"小工具"，得到如图 3-9 所示的窗口，通过它可以把一些常用的工具放到桌面上，如日历、时钟等，也可以将小工具从桌面上移去，只需要将鼠标移动到小工具上，则会在小工具的右边出现一个"×"，单击此按钮就可将小工具移出桌面。

2. Windows 7 的"开始"菜单

"开始"菜单是计算机程序、文件夹和设置的主门户。"开始"菜单中包含有使用户能够快速方便地开始工作的命令，它可以完成用户想要做的操作。"开始"菜单可执行的操作包括启动程序、打开常用的文件夹、搜索文件、文件夹和程序、调整计算机设置、获取有关 Windows 操作系统的帮助信息、关闭计算机、注销 Windows 或切换到其他用户账户。

图 3-9 桌面小工具

（1）打开"开始"菜单。

若要打开"开始"菜单，单击屏幕左下角的"开始"按钮 ，或者按键盘上的 Windows 徽标键 。

"开始"菜单分为三个基本部分。

1）左边的大窗格显示计算机上程序的一个短列表。单击"所有程序"可显示程序的完整列表。用鼠标指向某一程序名后单击，即可启动该程序。

2）左边窗格的底部是搜索框，通过键入搜索项可在计算机上查找程序和文件。

3）右边窗格提供对常用文件夹、文件、设置和功能的访问。在这里还可注销 Windows 或关闭计算机。

（2）搜索框。

搜索框是在计算机上查找项目的最便捷方法之一。搜索框将遍历计算机中的程序以及个人文件夹（包括"文档""图片""音乐""桌面"以及其他常见位置）中的所有文件夹。它还可以搜索电子邮件、已保存的即时消息、约会和联系人，搜索 Internet 收藏夹和访问的网站的历史记录。如果这些网页中的任何一个包含搜索项，则该网页会出现在"收藏夹和历史记录"标题下。

若要使用搜索框，打开"开始"菜单并开始键入搜索项。键入之后，搜索结果将显示在"开始"菜单左边窗格中的搜索框上方。

对于以下情况，程序、文件和文件夹将作为搜索结果显示。

1）标题中的任何文字与搜索项匹配或以搜索项开头。

2）该文件实际内容中的任何文本（如字处理文档中的文本）与搜索项匹配或以搜索项开头。

3）文件属性中的任何文字（例如作者）与搜索项匹配或以搜索项开头。

4）单击任一搜索结果可将其打开，还可以单击"查看更多结果"以搜索整个计算机。

（3）帮助和支持。

启动 Windows 7 的帮助系统，寻求系统帮助。

3. 任务栏

任务栏是位于屏幕底部的水平长条。与桌面不同的是，桌面可以被打开的窗口覆盖，而任务栏几乎始终可见。它有三个主要部分。

（1）"开始"按钮 ，用于打开"开始"菜单。

（2）中间部分，显示已打开的程序和文件，并可以在它们之间进行快速切换。

（3）通知区域，包括时钟以及一些告知特定程序和计算机设置状态的图标（小图片）。

1）跟踪窗口。

如果一次打开多个程序或文件，则可以将打开窗口快速堆叠在桌面上。由于窗口经常相互覆盖或者占据整个屏幕，因此有时很难看到下面的其他内容，或者不记得已经打开的内容，这种情况下使用任务栏会很方便。无论何时打开程序、文件夹或文件，Windows 都会在任务栏上创建对应的按钮，表示已打开程序的图标。

2）查看所打开窗口的预览。

将鼠标指针移向任务栏按钮时，会出现一个小图片，上面显示缩小版的相应窗口，此预览也称为"缩略图"。如果其中一个窗口正在播放视频或动画，则会在预览中看到它正在播放。如图3-10所示，为当鼠标移到文件夹按钮时显示所打开的文件夹。

图 3-10　文件窗口预览

3）程序切换。

若要切换到另一个窗口，单击它的任务栏按钮即可切换到该窗口。

4）通知区域。

通知区域位于任务栏的最右侧，包括一个时钟和一组图标，这些图标表示计算机上某程序的状态，或提供访问特定设置的途径。通知区域所显示的图标集取决于已安装的程序或服务以及计算机制造商设置计算机的方式。

将鼠标指针移向特定图标时，会看到该图标的名称或某个设置的状态。例如，指向音量图标，将显示计算机的当前音量级别；指向网络图标，将显示有关是否连接到网络、连接速度以及信号强度的信息。

双击通知区域中的图标通常会打开与其相关的程序或设置。例如，双击音量图标会打开音量控件。双击网络图标会打开"网络和共享中心"。

有时，通知区域中的图标会显示小的弹出窗口（称为通知），向用户通知某些信息。例如，向计算机添加新的硬件设备之后，可能会看到安装新硬件之后，通知区域会显示一条消息，单击通知右上角的"关闭"按钮可关闭该消息。如果没有执行任何操作，则几秒钟之后，通知会自行消失。

为了减少混乱，如果在一段时间内没有使用图标，Windows 会将其隐藏在通知区域中。

如果图标变为隐藏，则单击"显示隐藏的图标"按钮可临时显示隐藏的图标。

5）任务栏操作。

在任务栏的空白处右击鼠标，在弹出的快捷菜单中选择"属性"命令，系统弹出如图 3-11 所示的对话框，通过此对话框可以对任务栏的位置进行重新定义，也可以选择自动隐藏任务栏等。

图 3-11　"任务栏和「开始」菜单属性"对话框

锁定任务栏：选中该复选框可以固定任务栏的位置。

自动隐藏任务栏：可以将将任务栏隐藏，当鼠标经过原有任务栏区域时，任务栏浮现。

使用小图标：将任务栏上打开的窗口图标变小。

屏幕上的任务栏设置：设置任务栏在屏幕中的位置，包括底部、左侧、右侧和顶部。

任务栏按钮：设置任务栏中打开的窗口按钮的显示方式。

3.3　文件系统和文件

3.3.1　文件的组织和命名

文件是有名称的一组相关信息的集合，任何一个文件都有文件名，文件名是存取文件的依据，文件系统实行"按名存取"。Windows 7 文件系统采用树形结构以文件夹的形式组织和管理文件。文件夹是存储文件的容器，该容器中里面还可以包含文件夹（通常称为子文件夹）或文件。库是用于管理文档、音乐、图片和其他文件的位置。

1. 文件和文件夹的概念

文件是包含信息（例如文本、图像或音乐）的集合，任何程序和数据都是以文件的形式存放在计算机的外存储器上，如硬盘或 USB 盘上。文件夹是可以在其中存储文件的容器。如果在桌面上放置数以千计的纸质文件，要在需要时查找某个特定文件几乎是不可能的，这就是人们时常把纸质文件存储在文件柜内文件夹中的原因，计算机上文件夹的工作方式与此相同。

文件夹还可以存储其他文件夹。文件夹中包含的文件夹通常称为"子文件夹"。可以创建任何数量的子文件夹，每个子文件夹中又可以容纳任何数量的文件和其他子文件夹。图 3-12 是空文件夹和有内容的文件夹图标的区别。

图 3-12　包含文件的文件夹（左）和空文件夹（右）

2．Windows 7 文件和文件夹的命名

Windows 7 使用长文件名，即可以使用长达 255 个字符的文件名或文件夹名，其中还可以包含空格。

具体命名规则如下。

（1）文件或文件夹名字最多可达 255 个字符。

（2）扩展名允许使用多个分隔符，如 Reports.Sales.Djg.Apri.Doc。

（3）文件名中除第一个字符外，其他位置均可使用空格符。

（4）命名时不区分大小写，如 MY FAX 和 my fax 是同一个文件名。

（5）文件或文件夹名可使用汉字。

（6）不可使用的字符有？*、\、/、:、"、|、<、>。

用户查找文件或文件夹时，可以使用通配符？和*。

3．Windows 7 常见的文件类型

在 Windows 7 操作系统中有多种不同的文件类型，文件是按照它所包含的信息的类型来分类的。常见的文件类型有以下几种。

（1）程序文件：它是程序编制人员编制出的可执行文件，它的扩展名为.com 和.exe。

（2）支持文件：它是程序所需的辅助文件，但是这些文件是不能直接执行或启动的。普通的支持文件具有.ovl、.sys 和.dll 等文件扩展名。

（3）文本文件：它是由一些字处理软件生成的文件，其内容是可以阅读的文本，如.doc文件、.txt 文件等。

（4）图像文件：它是由图像处理程序生成的，其内容包含可视的信息或图片信息，如.bmp和.gif 文件等。

（5）多媒体文件：它包含数字形式的声频和视频信息，如.mid 文件和.avi 文件等。

（6）字体文件：Windows 7 中，字体文件存储在 Font 文件夹中，如.ttf（存放 TrueType字体信息）和.fon（位图字体文件）等。

另外扩展名为.bmp 的文件，通过"画图"程序可以生成。扩展名为.docx 的文件，通过文字处理软件 Word 可以生成。扩展名为.xlsx 的文件，通过表格处理软件 Excel 可以生成。扩展名为.pptx 的文件，通过幻灯片制作软件 PowerPoint 可以生成。

4．磁盘文件目录结构

文件目录是查看、读取外存中所存放的文件而采用的数据结构，用于文件描述和文件控制，实现按名存取和文件共享与保护。文件目录随文件的建立而创建，随文件的删除而消亡。在

Windows 系统中，文件目录采用树型结构，即文件夹中可以继续创建任意数量的子文件夹，从而形成树型目录结构，而在 Windows 7 的"计算机"窗口中显示为层次结构，如图 3-13 所示。

　　Windows 的多级目录结构具有如下优点。

　　（1）能有效提高对目录的检索速度。

　　（2）在不同的子文件夹中文件允许同名。

　　（3）便于实现文件共享。

　　（4）便于用户分类存放文件，并可实现基于文件夹的复制与删除等操作。

　　通常情况建议用户对文档实行分类管理，不同项目、不同时期的文件均可以建立不同的文件夹分开进行存放，以方便用户的日常工作的需要。

　　5.　库

　　如果用户在不同硬盘分区、不同文件夹或多台电脑或设备中分别存储了一些文件，寻找文件及有效地管理这些文件将是一件非常困难的事情。Windows 7 中"库"的应用可以解决这一难题。

　　在 Windows 7 中，"库"是浏览、组织、管理和搜索具备共同特性的文件的一种方式，即使这些文件存储在不同的地方。

图 3-13　层次目录结构

Windows 7 能够自动地为文档、音乐、图片以及视频等项目创建库。用户还可以创建自己的库。

　　"库"的优势是它可以有效地组织、管理位于不同文件夹中的文件，而不受文件实际存储位置所影响。用户无须将分散于不同位置、不同分区，甚至是家庭网络的不同电脑中的文件复制到同一文件夹中，因此"库"可以避免保存同一文件的多个副本。因为有了"库"的管理使得查找文件变得更加简单，用户只需要用鼠标右击某个文件夹，选择"包含到库中"，就可以为该文件夹选择加入到某个已有的"库"中或为其创建一个新的"库"。

　　"库"是 Windows 7 的一项新功能。默认情况下库包含以下四项内容。

　　（1）文档库。使用该库可组织和排列字处理文档、电子表格、演示文稿以及其他与文本有关的文件。默认情况下，移动、复制或保存到文档库的文件都存储在"我的文档"文件夹中。

　　（2）图片库。使用该库可组织和排列数字图片，图片可从照相机、扫描仪或者从其他人的电子邮件中获取。默认情况下，移动、复制或保存到图片库的文件都存储在"我的图片"文件夹中。

　　（3）音乐库。使用该库可组织和排列数字音乐，如从音频 CD 翻录或从 Internet 下载的歌曲。默认情况下，移动、复制或保存到音乐库的文件都存储在"我的音乐"文件夹中。

　　（4）视频库。使用该库可组织和排列视频，例如取自数字相机、摄像机的剪辑，或者从 Internet 下载的视频文件。默认情况下，移动、复制或保存到视频库的文件都存储在"我的视频"文件夹中。

3.3.2　文件和文件夹的管理

　　在计算机或文件夹窗口中，可以实现文件或文件夹的各种操作。

1. 选定对象

在做任何操作之前，首先要选定被操作的对象，然后再根据需要完成相应的操作。

（1）选定磁盘。

在"计算机"窗口中单击要选定的磁盘图标即可，双击打开相应的磁盘。

（2）选定文件夹。

在"计算机"窗口中单击文件夹图标则选中，双击文件夹图标则打开，打开的文件夹为当前文件夹。

（3）选定文件。

1）选定一个文件：单击要选定的文件即可。

2）选定多个连续的文件：用鼠标操作，单击第一个要选定的文件，然后按住 Shift 键再单击最后一个要选择的文件，则第一个文件与最后一个文件之间的所有文件被选定。用键盘操作，先用 Tab 键将光标定位于文件列表框，然后用键盘方向键移动高亮条到要选的第一个文件名处，按住 Shift 键同时用方向移动键将高亮条移到最后一个文件处，则完成操作。

3）选定多个非连续的文件：按住 Ctrl 键，用鼠标单击每个要选定的文件，即可将所单击的多个文件选定。

4）全选：按组合键 Ctrl+A 或单击"组织"下拉菜单中的"全选"命令，可实现全选操作。

5）取消选定：对所选的驱动器、文件夹或文件，只要重新选定其他对象或在空白处单击鼠标左键即可取消全部选定。若要取消部分选定，只要按住 Ctrl 键，用鼠标单击每一个要取消的文件即可。

2. 复制文件或文件夹

（1）选定要复制的对象，选择"组织"下拉菜单中的"复制"命令（或右击选定的对象，选择快捷菜单中的"复制"命令），打开目标盘或目标文件夹，选择"组织"下拉菜单中的"粘贴"命令。（或在目标位置的空白处右击，选择快捷菜单中的"粘贴"命令），如图 3-14 所示。

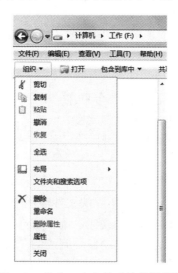

图 3-14　选定一个文件后的组织菜单

（2）按住 Ctrl 键不放，用鼠标将选定的对象拖曳到目标盘或目标文件夹中，也能实现复制操作。如果在不同磁盘上复制，只要用鼠标拖曳选定的对象，即可完成复制操作。

3．移动文件或文件夹

移动文件或文件夹的方法类似复制操作，只需将选择"复制"命令改为"剪切"命令。

（1）选定要复制的对象，选择"组织"下拉菜单中的"剪切"命令（或右击选定的对象，选择快捷菜单中的"剪切"命令），打开目标盘或目标文件夹，选择"组织"下拉菜单中的"粘贴"命令。（或在目标位置的空白处右击，选择快捷菜单中的"粘贴"命令。）

（2）按住 Shift 键的同时将选定的对象拖曳到目标盘或目标文件夹中，实现移动操作。如果在同一磁盘上移动，只需用鼠标直接拖曳文件或文件夹。

"组织"下拉菜单中的"剪切""复制"和"粘贴"命令所对应的快捷键分别是 Ctrl+X、Ctrl+C 和 Ctrl+V。使用快捷键来实现文件的复制与移动更加方便。

4．删除文件或文件夹

（1）选定要删除的文件或文件夹，然后选择"组织"下拉菜单中的"删除"命令。

（2）选定要删除的文件或文件夹，然后右击鼠标，选择快捷菜单中的"删除"命令。

（3）选定要删除的文件或文件夹，然后按 Del 键。

（4）直接用鼠标将选定的对象拖到"回收站"而实现删除操作。如果在拖动的同时，按住 Shift 键，则文件或文件夹将从计算机中删除，而不保存到回收站中。

如果想恢复被删除的文件，则应该使用"回收站"的"还原"功能。在清空回收站之前，被删除的文件将一直保存在那里。

5．文件或文件夹的重新命名

操作步骤如下：

（1）选定要重命名的文件或文件夹，使其显示反色。

（2）执行重命名操作，有以下方法。

● 在"组织"下拉菜单中选择"重命名"命令。

● 右击并打开快捷菜单，选择"重命名"命令。

● 在选中的文件或文件夹的名字上，单击鼠标（不能单击图标）。

● 直接按快捷键 F2。

6．创建新文件夹

首先选定新文件夹所在的文件夹，然后可选择以下方式创建新文件夹。

方法一：单击"计算机"窗口中的"新建文件夹"菜单。

方法二：在窗口右部空白处右击鼠标，选择"新建"菜单中的"文件夹"命令，如图 3-15 所示。

键入文件夹的名称，按 Enter 键或用鼠标单击其他任何地方即完成新文件夹的创建。

7．创建新的空文件

创建新的空文件的方法是在"新建"菜单中选择相应的文件类型，窗口中就会出现带临时名称的文件；键入新的文件名称，按 Enter 键或鼠标单击其他任何地方即创建了一个新的空文件。值得注意的是，建立的文件是一个空文件，如果要编辑，双击该文件，系统会调出相应的应用程序把文件打开。

8．设置、查看、修改文件或文件夹的属性

要查看某一文件或文件夹的属性一般有如下两种方法。

图 3-15   "新建"菜单

方法一：单击要查看的文件或文件夹，然后从窗口的"组织"下拉菜单中选择"属性"命令。

方法二：右击要查看的文件或文件夹，然后从弹出的快捷菜单中选择"属性"命令。

图 3-16 所示的对话框为文件夹属性对话框，第一栏显示该文件的类型及打开方式，第二栏显示文件的位置、大小及占用空间，第三栏显示文件的创建时间、修改时间及访问时间，第四栏列出了文件的使用属性复选框。用户可以修改这 2 个属性，其含义如下。

● 只读文件（R）：此类文件不可以被修改和删除。

● 隐藏文件（H）：此类文件可以被改变，但不显示。

9. 发送文件或文件夹

在 Windows 7 中，可以直接把文件或文件夹发送到"文档""邮件接收者""桌面快捷方式"和"可移动盘"等地方。

发送文件或文件夹的方法是：选定要发送的文件或文件夹，然后右击鼠标，选择"发送到"，再选择具体发送目标即可，如图 3-17 所示。

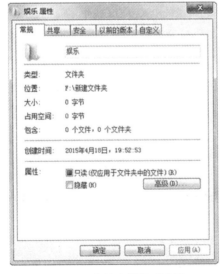

图 3-16   文件夹属性对话框

图 3-17   "发送到"菜单

"发送到"子菜单中的各命令功能如下。

（1）蓝牙：把选定的文件或文件夹发送到已经连接的蓝牙设备上，实质是复制。

（2）文档：把选定的文件或文件夹发送到"我的文档"，实质是在我的文档中复制该文件。

（3）邮件接收者：把选定的文件或文件夹作为电子邮件的附件发送。

（4）桌面快捷方式：把选定的文件或文件夹作为快捷方式发送到桌面，不是复制。

（5）可移动盘：把选定的文件或文件夹复制到可移动盘上。

10. 查找文件或文件夹

由于现在的操作系统和软件越来越庞大，用户常常会忘记文件和文件夹的具体位置。利用 Windows 7 提供的搜索功能，不仅可根据名称和位置查找，还可以根据创建和修改日期、作者名称及文件内容等各种线索找出所需要的文件。在"开始"菜单和"计算机"窗口中均有搜索框，其中"计算机"或"库"窗口中的搜索框功能更加强大，如图 3-18 所示。

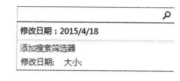

图 3-18 搜索框

（1）在"搜索框"中输入要查找的文件或文件夹的名称，单击右侧的"搜索"按钮，开始搜索。

（2）搜索结束后还可以通过添加搜索筛选器仅对指定的文件类型、修改日期、大小、名称等进行筛选，以更加精确地开展搜索。

如果在指定的文件夹或库窗口中没有找到要查找的文件或文件夹，Windows 会提示"没有与搜索条件匹配的项"。

11. 恢复被删除的文件或文件夹

恢复删除的文件或文件夹的操作如下。

（1）在桌面上双击"回收站"，被删除的文件或文件夹显示在右窗格中。

（2）选择要恢复的文件或文件夹。

（3）选择"还原此项目"（选择一个文件时）或"还原选定的项目"（选择多个文件时）即可。

12. 文件夹选项

在"计算机"窗口中单击"组织"下拉菜单项，在弹出的下拉菜单中选择"文件夹和搜索选项"，得到图 3-19 所示的"文件夹选项"对话框。其中包含"常规""查看"和"搜索"三个选项卡。

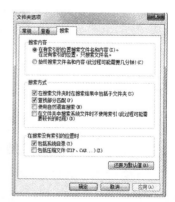

图 3-19 "文件夹选项"对话框

"常规"选项卡：包括浏览文件夹的方式、打开项目的方式和导航窗格的显示方式等，用户可以根据需要而选择。

"查看"选项卡：包含对文件夹的高级设置。

"搜索"选项卡：包含搜索内容与搜索方式的选择。

13. 创建快捷方式

（1）快捷方式的概念。

快捷方式是提高工作效率的强大工具。用户可为应用程序、文档或文件夹、打印机等任何对象创建其快捷方式，并把它们所对应的快捷方式图标放置在桌面上或指定的文件夹中。各种快捷方式图标都有一个共同的特点，即在其左下角有一个较小的跳转箭头。双击快捷方式图标，将迅速打开它"指向"的对象。

多数情况下，我们是为某个经常使用的应用程序创建可快速启动的快捷方式，并将它放置在桌面上。这样，当需要启动这个程序时，就不必查找它所在的路径，直接双击此应用程序的快捷方式图标即可。

某个快捷方式建立后，可以重新命名，也可以用鼠标拖动或使用"剪贴板"将它们移动或复制到任意指定的位置。当某个快捷方式不再需要时，可将它们删除，删除后不会影响它所指向的对象。

（2）快捷方式的建立。

方法一：在同文件夹创建快捷方式。选择文件或文件夹，右击鼠标，在弹出的快捷菜单中选择"创建快捷方式"。

方法二：在桌面创建快捷方式。选择文件或文件夹，右击此项，在弹出的快捷菜单中选择"发送到"，再从"发送到"菜单中选择"桌面快捷方式"。

方法三：

1）用鼠标右击桌面空白处，在快捷菜单内选择"新建"命令下的"快捷方式"选项，打开"创建快捷方式"对话框。

2）在打开"创建快捷方式"对话框中直接键入指定文件的位置，如 E:\Turboc2，也可以单击"浏览"按钮查找到文件，然后单击"下一步"按钮。

3）在出现的"选择程序标题"对话框内指定该快捷方式名称。

4）单击"完成"按钮。

方法四：在"开始"菜单上创建快捷方式。

1）先创建指定文件的桌面快捷方式。

2）用鼠标将桌面的快捷方式拖到"开始"菜单上，在"开始"菜单中的相应位置释放鼠标。

3.4 Windows 7 系统设置

3.4.1 个性化设置

单击"开始"菜单，选择"控制面板"选项，打开控制面板后选择"外观和个性化"选项，然后在"外观和个性化"窗口中选择"个性化"选项，如图 3-20 所示，可以更改主题、桌面背景等。

图 3-20　"外观和个性化"窗口

1．设置桌面背景

在 Windows 7 中，桌面背景可以是图片、Windows 7 提供的图片或者纯色图片，也可以以幻灯片图片的形式作为桌面背景。

在"个性化"窗口中选择"桌面背景"选项，打开"桌面背景"窗口，如图 3-21 所示。

图 3-21　"桌面背景"窗口

在列表框区域可以选择 Windows 提供的图片作为桌面背景，也可以单击"浏览"按钮选择来自网络下载的图片或者计算机中保存的图片作为桌面背景。在"图片位置"的下拉列表中，包括"填充""适应""拉伸""平铺"和"居中"效果选项，用于设置桌面背景的位置，以得到适应屏幕的最好的显示效果，如图 3-22 所示。单击"保存修改"按钮完成桌面背景的设置。

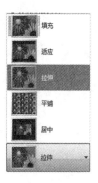

图 3-22　图片位置下拉按钮

2．屏幕保护程序

屏幕保护程序是指在一段指定的时间内没有鼠标或键盘事件时，在计算机屏幕上出现移动的图片或图案。屏幕保护程序可以在用户不使用计算机的时候对计算机起到保护的作用。设置屏幕保护程序时还可以设置屏幕保护程序的密码，防止他人未经同意使用该计算机。

在桌面空白处右击鼠标，在弹出的菜单中选择"屏幕保护程序"或者在"控制面板"的"外观和个性化"组中选择"个性化"中的"更改屏幕保护程序"命令，打开如图 3-23 所示的对话框。

图 3-23　"屏幕保护程序设置"对话框

在"屏幕保护程序"区域中的下拉列表中设置屏幕保护的图案，在"等待"微调按钮区域设置屏保程序启动的时间，单击"预览"按钮可以观看屏保启动的效果。勾选"在恢复时显示登录屏幕"复选框，在退出屏保程序时，屏幕会显示登录 Windows 界面，输入密码后方可进入。

3.4.2 资源管理器

资源管理器是一个重要的文件管理工具，Windows 7 操作系统增加了一些新的功能。打开资源管理器的方法有如下几种。

（1）在桌面双击计算机图标打开资源管理器。

（2）使用组合键 Windows+E 打开。

（3）在"开始"菜单中单击右边的计算机打开。

（4）单击"开始"按钮，选择"所有程序"中的"附件"下的"Windows 资源管理器"命令。

（5）在"开始"按钮上右击，在菜单中单击"打开 Windows 资源管理器"。

另外，在打开任意一个文件夹后，系统都会通过资源管理器打开并显示该文件夹的内容。资源管理器窗口如图 3-24 所示。

图 3-24 资源管理器窗口

资源管理器窗口分为地址栏、搜索栏、菜单栏、左窗格和右窗格等五个区域。

（1）地址栏显示当前文件夹或操作的地址，也可以直接输入磁盘路径打开指定的文件夹。

（2）搜索栏可以输入要搜索的文件或文件夹的部分内容，在文件名中或在文件内容中查找指定的文字，当不能确切记住文件或文件夹存放的位置时提供了方便快捷的搜索功能。

（3）菜单栏提供一组操作命令，方便进行各种相关的操作，它随资源管理器中不同的对象而显示出不同的菜单，如"计算机""库"的菜单栏就不相同。

（4）左窗格包含几个不同的主题，通常有：收藏夹、库、家庭组、计算机、网络等主题，在计算机主题中通过层层单击可以展开有一棵磁盘文件夹树，显示硬盘文件的组织结构；其中图标前的" ▷ "标记表示其中还包含有下级文件夹，" ◢ "标记表示该文件夹已全部展开，右窗格中显示左窗格中选定的对象所包含的内容。

（5）右窗格显示与左边对应主题的资源，其中"计算机"资源中表示当前驱动器或文件夹（即选中的驱动器或文件夹）中的所有文件夹或文件。

3.4.3　软硬件的管理和使用

单击"控制面板"窗口中的"硬件和声音"命令，如图 3-25 所示。该窗口主要是对设备和打印机、声音、电源、显示等的管理，如果系统有生物特征设备，还可以对生物特征设备进行管理（如指纹设备等）。

图 3-25　硬件和声音

（1）添加打印机。

大多数应用程序需要打印报告和文档，这些应用程序的"文件"菜单中常包含"打印"命令。当然，在使用"打印"命令之前，必须正确地安装打印驱动程序。

在"设备和打印机"组中单击"添加打印机"后出现如图 3-26 所示的对话框，系统可以添加本地非 USB 接口打印机，因为 USB 接口打印机系统会自动安装驱动程序。也可以添加网络或蓝牙打印机。添加过程按向导提示进行，如果添加成功，将打印测试页。

（2）鼠标的设置。

在"设备和打印机"组中单击"鼠标"后出现"鼠标属性"对话框，在该对话框中可以对鼠标进行设置，如图 3-27 所示。

"鼠标键"选项卡：通过切换左、右键为主要键以选择左手型鼠标或右手型鼠标，以及调整鼠标的双击速度。

"指针"选项卡：用于改变鼠标指针的大小和形状。

"指针选项"选项卡：用于设置鼠标移动时其指针的速度及是否有移动轨迹。

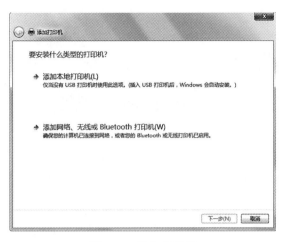

图 3-26　添加打印机

图 3-27　"鼠标属性"对话框

（3）声音的设置。

单击"调整系统音量"后出现"音量合成器"对话框，其中"设备"控制着系统的主音量，系统声音或其他如 QQ、或视频播放、音乐播放的声音均可调节，做到在不同的系统中可使用不同的音量。这一特征改变了以前 Windows 版本中音量的统一控制，更具个性化，如图 3-28 所示。

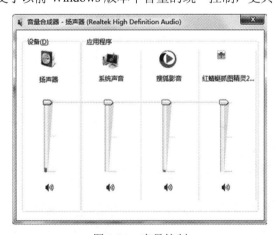

图 3-28　音量控制

（4）显示设置

单击"显示"命令后出现"显示"窗口，在此可以调整分辨率、亮度、校准颜色、更改显示器设置和使用放大镜等，有助于用户达到最佳的显示效果。

3.5　Windows 7 其他

3.5.1　Windows 7 附件

1. 记事本

记事本是一个基本的文本编辑程序，记事本的功能没有 Word 强大，但是使用起来比较方便快捷。

单击"开始"菜单中"所有程序"下"附件"中的"记事本"快捷方式，可以打开"记事本"程序，如图 3-29 所示。

程序启动后，默认打开一个空白的文档，可以直接输入文字进行编辑。也可通过"文件"菜单中的"打开"命令，打开已有的文件进行编辑。

对录入的文字可以通过"格式"菜单中的"字体"命令进行格式化，如图 3-30 所示。

图 3-29　"记事本"程序

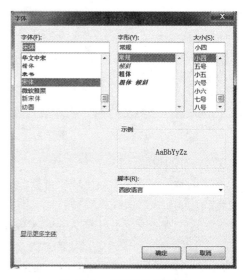

图 3-30　"字体"对话框

通过"文件"菜单中的"页面设置"命令对编辑好的文本进行页面的设置，如图 3-31 所示。在该对话框中可以设置纸张大小、纸张方向和页边距。

设置页眉页脚时需要使用一些特殊的字符，这些特殊的字符包括以下几种。

（1）插入日期：使用&d。

（2）插入由计算机时钟指定的时间：使用&t。

（3）插入页码：使用&p。

（4）插入文件的名称：使用&f，如果文件没有名称，则插入"无标题"。

（5）将页眉或页脚左对齐、居中或右对齐：分别使用&l、&c 或者&r。

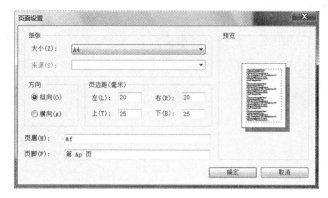

图 3-31　"页面设置"对话框

编辑完文本后，可以单击"文件"中的"保存"或者"另存为"命令对文件进行保存。

2. 画图

画图是 Windows 自带的绘图程序，用于绘图或者编辑图片。单击"开始"菜单中的"所有程序"下"附件"中的"画图"命令，打开"画图"窗口，如图 3-32 所示。

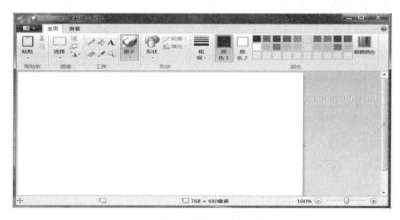

图 3-32　"画图"窗口

（1）剪贴板。

在剪贴板区域，主要功能是对选中的图像或者区域进行剪切、复制和粘贴的操作。

（2）图像。

图像组中的工具主要用来选择、剪裁、调整图像大小以及旋转图像等。单击"选择"按钮的下拉按钮，弹出下拉菜单，如图 3-33 所示。

- 矩形选择：该命令用于选择图片中的任意矩形或正方形部分。
- 自由图形选择：用于选择图片中的不规则区域。
- 全选：用于选择整张图片。
- 反向选择：用于选择除了当前选区外的所有区域。
- 删除：用于删除选定的对象。
- 透明选择：如果选择的区域不想包含背景色，可以将该项勾选。

在"图像"区域还包括裁剪、调整大小和扭曲以及旋转按钮可以对选择的图像进行相关的操作。

- 裁剪 ▣：剪裁图片，使图片中只显示所选择的部分。
- 调整大小和扭曲 ▣：单击该按钮弹出如图 3-34 所示的对话框。在该对话框中选中"保持纵横比"复选框，可以在调整图片大小后保持与原来相同的纵横比。在"重新调整大小"区域可以重新设置图片的大小，在"倾斜（角度）"区域可以设置选择区域的扭曲度。

图 3-33　选择下拉菜单　　　　　图 3-34　"调整大小和扭曲"对话框

- 旋转 ▣：用于设置选定图片或者选定区域的旋转方式。

（3）颜色。

在颜色区域中，颜色 1 用于表示当前图片的前景色，颜色 2 用于表示当前图片的背景颜色。单击"编辑颜色"按钮可以通过调色板或者输入相应的参数调整颜色。

（4）工具。

"工具"区域包括铅笔、用颜色填充、文本、橡皮擦、颜色选取器和放大镜。

- 铅笔 ▣：用于绘制细的、任意形状的直线或者曲线。
- 用颜色填充 ▣：用颜色填充整个图片或者选择的封闭图形。
- 文字 **A**：用于在图片中输入文字。
- 橡皮擦 ▣：擦除图片区域并用背景色填充。
- 颜色选取器 ▣：用于设置当前的前景色或背景色。
- 放大镜 ▣：放大或者缩小图片的某一部分。

（5）刷子。

刷子工具中包括不同的刷子，用于绘制较厚或任意形状的线条或曲线，如图 3-35 所示。

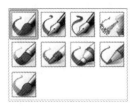

图 3-35　刷子工具

（6）形状。

形状区域中包含画图中常用的直线、曲线以及各种基本形状。

轮廓：用于选择轮廓线的样子，通过前景色设置轮廓的颜色。单击"轮廓"按钮的下拉按钮，在打开的下拉列表中包括了多种绘制样式，如图 3-36 所示。

填充：用于给封闭区域设置填充的样式，通过背景色设置填充的颜色。单击"填充"按钮的下拉按钮，打开的下拉列表中包括了多种画笔填充样式，如图 3-36 所示。

3. 计算器

计算器是 Windows 自带的小程序，除了完成简单的计算外，还可以进行科学计算等。

（1）标准型计算器。

标准型计算器可以实现计算器的基本功能，进行简单的计算，但不能做到乘除优先，即没有办法像在数学四则混合运算中实现乘除优先。

单击"开始"按钮，选择"所有程序"中的"附件"下的计算器，然后打开计算器的窗口，如图 3-37 所示，通过单击计算器中的按钮或者通过键盘输入进行计算。

图 3-36 "轮廓"和"填充"下拉列表   图 3-37 计算器

在计算器中包含的计算按钮功能如下。

MC：清除存储区中的数值。

MR：将存储区中的数值调到显示栏中，存储区中的数值不变。

MS：存储当前显示的数字到存储区。

M+：将当前显示的数值与存储区中的数值相加，结果存入存储区，但不显示。

M-：将存储区中的数值减去当前显示的数值，结果存入存储区，但不显示。

←：删除当前显示数字的最后一位。

CE：清除当前显示的数字。

C：清除当前整个计算。

（2）其他类型计算器。

科学型计算器可以完成复杂的科学计算，比如三角函数等。在已打开标准型计算器的前提下，选择"查看"菜单中的"科学型"选项，打开科学型计算器窗口，如图 3-38 所示。

图 3-38　科学型计算器

　　在计算机中进行进制转换时需要使用程序员型计算器。选择"查看"菜单中的"程序员"选项,打开程序员型计算器窗口,如图 3-39 所示。在进行进制转换的时候,输入计算的数据,然后单击需要转换的进制按钮即可。

　　统计信息型计算器可以对一个数组进行统计学计算。选择"查看"菜单中的"统计信息"选项,打开统计信息型计算器,如图 3-40 所示。键入或单击首段数据,然后单击 Add 按钮,将数据添加到数据集中。

图 3-39　程序员型计算器

图 3-40　统计信息型计算器

在统计信息型计算器中计算按钮的功能如下:

$\bar{x}$:平均值。

$\bar{x^2}$:平均平方值。

Σx:求和。

Σx^2:平方值总和。

σ_n:标准偏差。

σ_{n-1}:总体标准偏差。

3.5.2　Windows 7 用户账户控制

在对计算机进行更改（需要管理员级别的权限）之前，用户账户控制（UAC）会通知用户。默认 UAC 设置会在程序尝试对计算机进行更改时通知用户，但也可以通过调整设置来控制 UAC 通知用户的频率。有"始终通知""仅在程序尝试对我的计算机进行更改时通知我""仅当程序尝试更改计算机时通知我（不降低桌面亮度）"和"从不通知"四种。用户根据提示进行选择，其目的是加强对计算机的安全防范，保障系统安全。

1. 账户类型

用户账户是用来识别用户身份的标识，是实现访问控制的基础。用户账户包括标准账户、管理员账户和来宾账户三种，每种账户类型为用户提供不同的计算机控制级别。标准账户是日常使用计算机时常用的账户，管理员账户对计算机拥有最高的控制权限，并且应该仅在必要时才使用此账户，来宾账户主要供需要临时访问计算机的用户使用。

2. 创建新账户

在控制面板中，打开"用户账户和家庭安全"选项，然后选择"用户账户"中的"添加或删除用户账户"选项，打开"管理账户"窗口，如图 3-41 所示。

图 3-41　"管理账户"窗口

选择"创建一个新账户"选项，打开"创建新账户"窗口，如图 3-42 所示。在该窗口中输入用户名称，然后选择用户账户类型，设置好账户类型后单击"创建账户"按钮，即可创建账户。

3. 管理账户

Windows 7 默认自动创建了两个内置的账户：Administration 和 Guest。管理员可以根据需要对用户账户进行管理，包括更改用户账户、删除用户账户和修改密码等方面的设置。

图 3-42 "创建新账户"窗口

在"用户账户和家庭安全"窗口中选择"用户账户"选项，可以打开"用户账户"窗口，如图 3-43 所示。在该窗口中可以修改用户密码、图片、账户名称和账户类型等内容。

图 3-43 管理用户账户

如果要对其他账户进行管理，需要单击"管理其他账户"选项。选择要修改的账户，单击该账户，进入账户的管理窗口，如图 3-44 所示。在该窗口中可以修改账户名称，创建用户密码，更改用户登录图片，更改账户类型和删除账户。

3.5.3 系统工具

通过系统工具可以对 Windows 7 操作系统进行更好的维护，以防止计算机由于病毒或者用户本身的误操作导致系统文件损坏或者丢失造成系统的异常。

图 3-44　更改用户账户

1. 整理碎片

对文件进行的删除或者剪贴等操作会在硬盘上留下存储的痕迹。随着时间的流逝，文件都会成为碎片，当计算机在多个不同位置查找要打开的文件的时候，就会使打开的速度降低。因此，可以通过磁盘碎片整理程序对磁盘进行清理以提高硬盘的访问速度。

Windows 7 自带一款磁盘碎片整理工具，单击"开始"按钮，选择"所有程序"下的"附件"中的"系统工具"选项下的"磁盘碎片整理程序"命令，打开"磁盘碎片整理程序"窗口，如图 3-45 所示。单击"分析磁盘"按钮可以确认是否需要对磁盘进行碎片整理，Windows 完成磁盘分析后，可以在"上一次运行时间"列中检查磁盘上碎片的百分比。如果数字高于 10%，则应该对磁盘进行碎片整理。单击"磁盘碎片整理"按钮开始碎片整理。这个过程需要几分钟，具体取决于硬盘碎片的大小和程度。

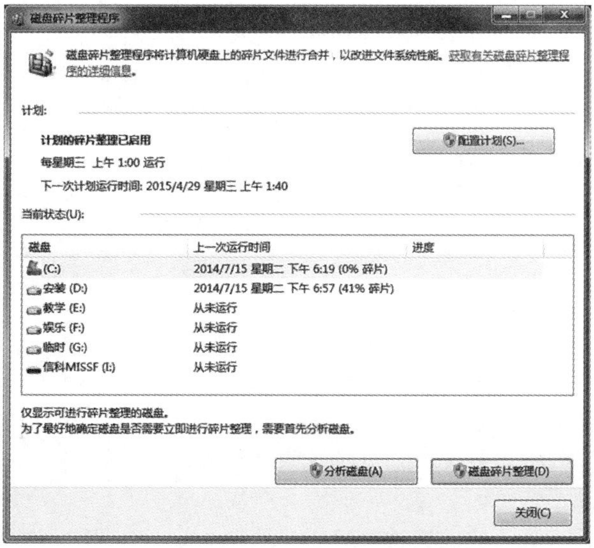

图 3-45　磁盘碎片整理程序

在默认情况下，Windows 7 每周三凌晨 1 点自动开始进行磁盘碎片整理，如果要修改启动时间，可以单击"配置计划"按钮，在弹出的对话框中更新计划时间，如图 3-46 所示。

图 3-46   修改计划

2. 磁盘清理

磁盘清理是通过检测计算机硬盘寻找临时文件夹、Internet 脱机浏览文件和一些重复或不再使用的程序文件并且删除，达到释放磁盘空间的目的。

单击"开始"菜单，选择"所有程序"中的"附件"下"系统工具"中的"磁盘清理"命令，出现如图 3-47 所示的对话框。在该对话框中驱动器的下拉列表中选择需要进行清理的盘符，如 C:，然后单击"确定"按钮，开始进行磁盘分析，如图 3-48 所示。

图 3-47   "磁盘清理"对话框

图 3-48   磁盘分析过程中

磁盘分析后，出现"(C:)的磁盘清理"对话框，如图 3-49 所示，在该对话框中选择要清理的内容，然后单击"确定"按钮，完成磁盘清理工作。

3.5.4   多媒体

Windows 7 提供了全新的 Windows Media Player 12 多媒体播放软件，该软件可以管理和播放多媒体文件。

1. Windows Media Player 窗口

Windows Media Player 12 不仅能够播放音频、视频，还可以对多媒体文件进行管理。

单击"开始"按钮，选择"所有程序"中的"Windows Media Player"，打开其窗口，如图 3-50 所示。

图 3-49   磁盘清理

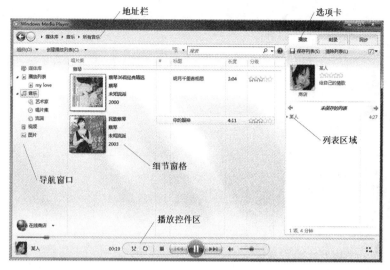

图 3-50　Windows Media Player 窗口

（1）地址栏：单击地址栏中的 ▪ 按钮，在弹出的菜单中可以选择要转到的多媒体类型。

（2）导航窗口：在导航窗口中可以选择不同的分类方式来浏览多媒体文件。

（3）细节窗格：显示当前分类方式中的多媒体文件。

（4）列表窗格：默认情况下显示当前选中播放列表的信息。选项卡不同显示不同的相应功能。

（5）播放控件区域：该区域中提供了多媒体播放时常用的功能，包括：

● 无序播放：用于设置多媒体文件是否无序播放。

● 重复播放：用于设置多媒体文件是否重复播放。

● 停止：停止播放多媒体文件。

● 播放：开始播放多媒体文件。

● 上一个：选择上一个多媒体文件开始播放。

● 下一个：选择下一个多媒体文件开始播放。

● 静音：关闭声音，再次单击打开声音。

2．设置播放列表

播放列表是包含一个或多个数字媒体文件的列表。列表中可以包含歌曲、视频或者图片。在 Windows Media Player 中播放列表有两种：常规播放列表和自动播放列表。常规播放列表的内容不会更改，除非手动从播放列表中添加或删除项目。自动播放列表的内容会在添加、删除或更改媒体库中的项目时，根据指定的条件自动更改。

（1）常规播放列表。

打开存放媒体的文件夹，然后将要添加列表的文件选中后可以直接拖拽到"列表窗格"，如图 3-51 所示，然后单击"保存列表"按钮即可。

（2）自动播放列表。

单击菜单栏上的"创建播放列表"按钮的下拉箭头，在弹出的菜单中选择"创建自动播放列表"命令，弹出如图 3-52 所示的对话框。在"自动播放列表的名称："区域键入播放列表的名称，在条件列表中单击"单击此处添加条件"按钮，在弹出的下拉菜单中设置添加条件，如图 3-53 所示。如果对设置的条件不满意，可以选中条件，单击"删除"按钮。

图 3-51　列表窗格

图 3-52　自动播放列表

设置播放列表后，在导航窗口会出现该列表，右击列表名称，在弹出的快捷菜单中对该列表进行删除、编辑和重命名等操作，如图 3-54 所示。

图 3-53　条件列表

图 3-54　播放列表编辑菜单

习题 3

一、选择题

1. 做复制操作首先应（　　），然后再（　　）进行复制。
   - A．光标定位
   - B．选择文本或对象
   - C．按组合键 Ctrl+C
   - D．按组合键 Ctrl+V

2. 在对话框中，复选框是指在所列的选项中（　　）。
   - A．仅选一项
   - B．可以选多项
   - C．必须选多项
   - D．选全部项

3. 在 Windows 7 系统中，为保护文件不被修改，可将它的属性设置为（　　）。
   - A．只读
   - B．存档
   - C．隐藏
   - D．系统

4．在 Windows7 系统中，可以运行 DOS 应用程序，若要退出 DOS 返回到 Windows 7 环境，应使用的命令是（　　）。

  A．quit　　　　　　　B．exit　　　　　　　C．return　　　　　　　D．rest

5．在 Windows 7 系统中，对同时打开的多个窗口进行层叠式排列，这些窗口的显著特点是（　　）。

  A．每个窗口的内容全部可见　　　　　B．每个窗口的标题栏全部可见

  C．部分窗口的标题栏不可见　　　　　D．每个窗口的部分标题栏可见

6．在 Windows 7 系统中，能进行中/英文标点切换的是（　　）。

  A．Ctrl+,　　　　　B．Ctrl+.　　　　　C．Ctrl+/　　　　　D．Ctrl+;

7．在 Windows 7 的"回收站"中，存放的（　　）。

  A．只能是硬盘上被删除的文件或文件夹

  B．只能是软盘上被删除的文件或文件夹

  C．可以是硬盘或软盘上被删除的文件或文件夹

  D．可以是所有外存储器中被删除的文件或文件夹

8．在 Windows 7 操作系统中输入中文文档时，为了输入一些特殊符号，可以使用系统的（　　）功能。

  A．硬键盘　　　　　B．大键盘　　　　　C．软键盘　　　　　D．小键盘

9．在 Windows 7 操作系统中，在选用中文输入法后，要进行半角与全角的切换，应按（　　）。

  A．Ctrl+空格键　　　　　　　　　B．Ctrl+Shift 键

  C．Alt+功能键　　　　　　　　　D．Shift+空格键

10．在 Windows 7 中，可运行一个应用程序的操作是（　　）。

  A．执行"开始"菜单中的"文档"命令

  B．用鼠标右击该应用程序名

  C．用鼠标双击该应用程序名

  D．执行"开始"菜单中的"所有程序"命令

11．在 Windows 7 中为了重新排列桌面上的图标，首先应进行的操作是（　　）。

  A．用鼠标右击桌面的空白处

  B．用鼠标右击任务栏的空白处

  C．用鼠标右击已打开窗口的空白处

  D．用鼠标右击开始的空白处

12．在"计算机"或"资源管理器"中，在同一驱动器中实行（　　）操作不能完成文件或文件夹的复制。

  A．选取要复制的文件后，利用"组织"菜单中的"复制"和"粘贴"命令

  B．将鼠标指向所选取的文件，按住 Ctrl 键，拖动鼠标到目标文件处

  C．将鼠标指向所选取的文件，拖动鼠标到目标文件处

  D．选取要复制的文件，单击右键，弹出快捷菜单，执行"复制"和"粘贴"命令

13．在"计算机"或"资源管理器"窗口的右窗格中，选取任意多个文件的方法是（　　）。

  A．选取第一个文件后，按住 Alt 键，再单击第一个、第二个……

  B．选取第一个文件后，按住 Shift 键，再单击第二个、第三个……

C. 选取第一个文件后，按住 Ctrl 键，再单击第二个、第三个……

D. 选取第一个文件后，按住 Tab 键，再单击第二个、第三个……

14. 在 Windows 7 中，能弹出对话框的操作是（　　）。

A. 选择了带省略号的菜单项　　　　B. 选择了带有右三角形箭头的菜单项

C. 选择了颜色变灰的菜单项　　　　D. 运行了与对话框对应的应用程序

15. 用键盘打开菜单项，必须按住（　　）键，再按菜单项括号中的字母。

A. Ctrl　　　　　　B. Alt　　　　　　C. Shift　　　　　　D. Tab

16. 使用菜单进行删除、复制、移动等操作时应首先单击（　　）菜单。

A. 文件　　　　　　B. 编辑　　　　　　C. 视图　　　　　　D. 格式

17. 要将整个窗口内容存入剪贴板中，应按（　　）键。

A. Ctrl+C　　　　　B. Ctrl+P　　　　　C. Ctrl+V　　　　　D. PrtScr

18. 下述栏目中，不属于 Windows 7 窗口组成部分的是（　　）。

A. 任务栏　　　　　B. 菜单栏　　　　　C. 工具栏　　　　　D. 标题栏

19. 下面关于 Windows 7 文件名的叙述，错误的是（　　）。

A. 文件名中允许使用汉字

B. 文件名中允许使用多个圆点分隔符

C. 文件名中允许使用空格

D. 文件名中允许使用竖线（"|"）

20. 下列有关 Windows 7 "查找" 程序的说法中，不正确的是（　　）。

A. 它可以根据文件的位置进行查找

B. 它可以根据文件的属性进行查找

C. 它可以根据文件的内容进行查找

D. 它可以根据文件的修改日期进行查找

21. 下列叙述中，正确的是（　　）。

A. 当前窗口处于前台运行状态，其余窗口处于后台运行状态

B. 当前窗口处于后台运行状态，其余窗口处于前台运行状态

C. 当前窗口处于后台运行状态，其余窗口处于后台运行状态

D. 当前窗口处于前台运行状态，其余窗口处于前台运行状态

22. 下列关于 Windows 7 "回收站" 的叙述，错误的是（　　）。

A. "回收站" 可以暂时或永久存放硬盘上被删除的信息

B. 放入 "回收站" 的信息可以恢复

C. "回收站" 所占据的空间是可以调整的

D. "回收站" 可以存放软盘上被删除的信息

23. 文件夹是一个存储文件的组织实体，采用（　　）结构，用文件夹可以将文件分成不同的组。

A. 网络形　　　　　B. 树形　　　　　　C. 逻辑形　　　　　D. 层次形

24. 通配符 "*" 表示它所在位置上的（　　）。

A. 任意字符串　　　　　　　　　　B. 任意一个字符

C. 任意一个汉字　　　　　　　　　D. 任意一个文件名

25．在 Windows 7 中通过使用（　　）的组合操作，可以实现被选取对象的复制。

A．删除和粘贴　　　　　　　　　　B．剪切和粘贴

C．剪切和复制　　　　　　　　　　D．复制和粘贴

26．通常情况下，Windows 7 通过对选定的文件（　　），从弹出的菜单中选取相应的命令来创建快捷方式。

A．单击鼠标左键　　　　　　　　　B．单击鼠标右键

C．双击鼠标左键　　　　　　　　　D．双击鼠标右键

27．Windows 7 是多任务操作系统，是指（　　）。

A．Windows 7 可以供多个用户同时使用

B．Windows 7 可以运行多种应用程序

C．Windows 7 可以同时运行多个应用程序

D．Windows 7 可以同时管理多种资源

28．用鼠标拖动 Windows 窗口的（　　）可以移动整个窗口。

A．菜单栏　　　　　B．工具栏　　　　　C．标题栏　　　　　D．状态栏

29．如果要选定一组不相邻的对象，可按住（　　）键，并依次单击要选定的对象。

A．Ctrl　　　　　　B．Alt　　　　　　C．Shift　　　　　　D．Tab

30．如果菜单选项后面标有"…"符号，表示一旦选择此操作项，将（　　）。

A．执行可选择项的操作命令　　　　B．弹出对话窗口

C．执行子菜单　　　　　　　　　　D．将自动实现操作项打开与关闭的切换

31．利用鼠标和键盘选定一块区域时，可先将光标插入块首或块尾，然后按（　　）键，最后用鼠标单击块的另一端。

A．Alt　　　　　　　B．Ctrl　　　　　　C．Shift　　　　　　D．Ctrl+Alt

32．将剪切板上的内容粘贴到当前光标处，使用的快捷键是（　　）。

A．Ctrl+X　　　　　　　　　　　　B．Ctrl+V

C．Ctrl+C　　　　　　　　　　　　D．Ctrl+A

33．对运行"磁盘碎片整理程序"后的结果，下列说法中正确的是（　　）。

A．可增加磁盘的容量　　　　　　　B．可提高磁盘的读写速度

C．压缩文件　　　　　　　　　　　D．删除不需要的文件

34．操作系统是对计算机系统的资源进行（　　）的一组程序和数据。

A．登记和记录　　　　　　　　　　B．汇编和执行

C．管理和控制　　　　　　　　　　D．整理和使用

35．在 Windows 7 中，不能对任务栏进行的操作是（　　）。

A．改变尺寸大小　　　　　　　　　B．移动位置

C．删除　　　　　　　　　　　　　D．隐藏

36．Windows 7 的文件属性不包括下列的（　　）属性。

A．只读　　　　　　B．隐藏　　　　　C．应用　　　　　　D．系统

37．Windows 7 的文件名长度必须在（　　）字符以内。

A．8 个　　　　　　　　　　　　　B．32 个

C．127 个　　　　　　　　　　　　D．255 个

38．下列叙述中，不正确的是（　　）。

A．Windows 7 中打开的窗口，既可平铺，也可层叠

B．Windows 7 可以利用剪切板实现多个文件之间的复制

C．在"资源管理器"窗口中，用鼠标左键双击应用程序名，即可运行该程序

D．在 Windows 7 中不能对文件夹进行更名操作

二、简答题

1．什么是操作系统？它的主要功能是什么？

2．Windows 7 的鼠标操作方式有哪几种？

3．Windows 7 的桌面和窗口由哪些基本元素组成？各有什么作用？

4．Windows 7 桌面上的"开始"按钮有什么作用？

5．如何改变任务栏的大小和位置？如何隐藏/显示任务栏？

6．如何调整 Windows 7 窗口的大小和位置？如何实现窗口的层叠和平铺？

7．如何切换 Windows 7 的汉字输入方式？中文输入法有几个窗口？

8．怎样为桌面更改墙纸？如何设置屏幕保护程序？如何更改屏幕外观？

9．在 Windows 7 系统中复制、移动、删除文件有哪几种方法？如何实现？

10．如何为系统添加打印机？

第4章 文字处理软件 Word 2010

 **引言**

    Word 2010 是一种常用的文本处理工具，是中文 Office 2010 使用频率最高、功能最强的成员，其工作界面友好，文字处理能力强，提供文档格式设置工具，能够进行图文混排处理，利用它可以更轻松、高效地组织和编写文档，处理各种办公文件、商业资料及信函。最显著的变化就是"文件"按钮代替了 Word 2007 中的 Office 按钮，使我们更容易从较旧的版本 Word 2003 或者 Word 2000 等老的版本中适应过来。另外，Word 2010 和 Word 2007 一样，都取消了传统的菜单模式，取而代之的是各种功能区。

    通过对本章的学习，学生应能独立完成文档的创建和编辑，熟练掌握文本格式化操作，熟练掌握表格的创建方法、表格的编辑格式化和简单的数据计算，通过熟练掌握 Word 2010 的页面设置和页面排版的基本操作，掌握多种插入图片的方法、图片的编辑修改方式，及文档的查阅与审查方法来快速了解与掌握 Word 2010 的基础知识与基本操作。本章共有 7 节：前 3 节为基础部分，介绍 Word 2010 的基本功能，如何建立一个文本文档并能对其完成基本的编辑、排版、保存和打印工作。如果你对 Word 2010 的基本操作很熟悉，就可以直接进入后面 4 节的学习，即图表功能、文档的处理、审阅和保护等高级应用功能。

内容结构图

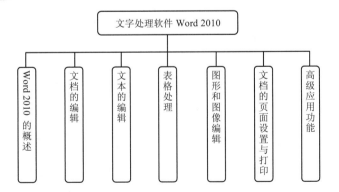

学习目标

通过对本章的学习，我们能够做到：

- 了解：Word 2010 的功能以及新增改进的功能。
- 理解：Word 文档的文字格式化、段落格式化、图表格式化。

- 应用：Word 2010 文档管理和文本编辑方法，图形和图片的处理方法，页面排版和页面设置，长文档的处理方法等。

4.1　Word 2010 的概述

Word 2010 是 Microsoft 公司开发的 Office 2010 办公组件之一，主要用于文字处理工作。Word 的最初版本是由 Richard Brodie 为了运行 DOS 的 IBM 计算机而在 1983 年编写的，随后的版本可运行于 Apple Macintosh（1984 年）、SCO UNIX 和 Microsoft Windows（1989 年），并成为了 Microsoft Office 的一部分。Word 主要版本有 1989 年推出的 Word 1.0 版、1992 年推出的 Word 2.0 版、1994 年推出的 Word 6.0 版、1995 年推出的 Word 95 版（又称作 Word 7.0，因为是包含于 Microsoft Office 95 中的，所以习惯称作 Word 95）、1997 年推出的 Word 97 版、2000 年推出的 Word 2000 版、2002 年推出的 Word XP 版、2003 年推出的 Word 2003 版、2007 年推出的 Word 2007 版、2010 年推出的 Word 2010 版（于 2010 年 6 月 18 日上市），目前最新版为 Word 2013 版。

在日常办公和生活中，我们离不开文字和图表的处理工作。例如：写电子邮件、整理办公资料、编辑报表或编辑论文和书籍等。以前是用笔来完成这些工作，现在随着计算机在人们日常生活中的日益普及，可以利用计算机高效地完成这些工作。使用计算机进行文字处理，几乎是所有使用计算机的人都要掌握的基本操作。

Word 2010 是专门为处理文字而设计的"字处理程序"，它尤其适合于创建和编辑信件、报告、邮件列表、表格或其他文字信息。在 Word 中创建和保存的文件被称为"文档"。Word 在处理文档时之所以如此优越，是因为它的编辑功能与各种视图的紧密结合。在它的帮助下，我们可以非常方便地编辑处理文字、图形和数据等各种文档对象，制作出各种内容丰富、版式精美的文档。

4.1.1　新增改进

Word 2010 在以往版本上提供了一系列新增和改进的工具，如取消了传统的菜单操作方式，用各种功能区取而代之，将屏幕截图插入到文档，增强了 Navigation Pane 特性，同时可在输入框中进行及时搜索，包含关键词的章节标题会高亮显示等，下面将针对 Word 2010 的主要新增功能进行介绍。

1. 创建具有视觉冲击力的文档

直接将令人印象深刻的格式效果（例如渐变填充和映像）添加到文档中的文本。现在可以将许多相同效果应用于文本、图片、图表和 SmartArt 图形的形状。使用新增和改进的图片编辑工具（包括通用的艺术效果和高级更正、颜色以及裁剪工具）可以微调文档中的各个图片，使其看起来效果更佳。

2. 节省时间和简化工作

轻松掌握改进的导航窗格和查找工具。使用这些新增强功能可以比以往更容易地进行浏览、搜索，甚至直接从一个易用的窗格重新组织文档内容。恢复已关闭但没有保存文件的草稿版本。轻松地自定义经过改进的功能区，以便更加轻松地访问所需命令。创建自定义选项卡甚至自定义内置选项卡。

3．更成功地协同工作

Word 2010 重新定义了人们可针对某个文档协同工作的方式。利用共同创作功能，可以在编辑论文的同时，与他人分享自己的观点。也可以查看正与自己一起创作文档的他人的状态，并在不退出 Word 的情况下轻松发起会话。

4．改进的搜索与导航体验

在 Word 2010 中，可以更加迅速、轻松地查找所需的信息。利用改进的新"查找"体验，可以在单个窗格中查看搜索结果的摘要，并单击以访问任何单独的结果。改进的导航窗格会提供文档的直观大纲，以便于对所需的内容进行快速浏览、排序和查找。

5．从任何位置访问和共享文档

在线发布文档，然后通过任何一台计算机或 Windows 电话对文档进行访问、查看和编辑。借助 Word 2010，可以从多个位置使用多种设备来尽情体会非凡的文档操作过程。

4.1.2　功能区

Word 2010 的功能区是菜单和工具栏的主要代替控件，有选项卡、组及命令 3 个基本组件。默认状态下，功能区包括"文件""插入""页面布局""引用""邮件""审阅"和"视图"选项卡。当不需要查找选项卡时，可以双击选项卡，临时隐藏功能区。反之，则可重新显示。

除默认的选项卡外，Word 2010 的功能区还包括其他选项卡，但只有在操作需要时才会出现。例如，在当前文档中插入一张图片时，就会出现"图片工具"选项卡；需要绘制图形时，会出现"绘图工具"选项卡等，省略了繁复的打开工具操作。

在 Word 2010 窗口上方看起来像菜单的名称其实是功能区的名称，当单击这些名称时并不会打开菜单，而是切换到与之相对应的功能区面板。每个功能区根据功能的不同又分为若干个组，每个功能区所拥有的功能如下所述。

1．"开始"功能区

"开始"功能区中包括"剪贴板""字体""段落""样式"和"编辑"5 个组，对应 Word 2003 的"编辑"和"段落"菜单的部分命令。该功能区主要用于帮助用户对 Word 2010 文档进行文字编辑和格式设置，是用户最常用的功能区，如图 4-1 所示。

图 4-1　"开始"功能区

2．"插入"功能区

"插入"功能区包括"页""表格""插图""链接""页眉和页脚""文本""符号"和"特殊符号"8 个组，对应 Word 2003 中"插入"菜单的部分命令，主要用于在 Word 2010 文档中插入各种元素，该功能区能够向当前输入点插入表格、插图、链接、文本、符号或者向当前文档插入新页或者页眉页脚，如图 4-2 所示。

图 4-2   "插入"功能区

3. "页面布局"功能区

"页面布局"功能区包括"主题""页面设置""稿纸""页面背景""段落""排列"6个组，对应 Word 2003 的"页面设置"菜单命令和"段落"菜单中的部分命令，用于帮助用户设置 Word 2010 文档页面样式，如图 4-3 所示。

图 4-3   "页面布局"功能区

4. "引用"功能区

"引用"功能区包括"目录""脚注""引文与书目""题注""索引"和"引文目录"6个组，用于实现在 Word 2010 文档中插入目录等比较高级的功能，如图 4-4 所示。

图 4-4   "引用"功能区

5. "邮件"功能区

"邮件"功能区包括"创建""开始邮件合并""编写和插入域""预览结果"和"完成"5个组，该功能区的作用比较专一，专门用于在 Word 2010 文档中进行邮件合并方面的操作，如图 4-5 所示。

图 4-5   "邮件"功能区

6. "审阅"功能区

"审阅"功能区包括"校对""语言""中文简繁转换""批注""修订""更改""比较"和"保护"8个组，主要用于对 Word 2010 文档进行校对和修订等操作，适用于多人协作处理 Word 2010 长文档，如图 4-6 所示。

7. "视图"功能区

"视图"功能区包括"文档视图""显示""显示比例""窗口"和"宏"5个组，主要用于帮助用户设置 Word 2010 操作窗口的视图类型，以方便操作，如图 4-7 所示。

图 4-6　"审阅"功能区

图 4-7　"视图"功能区

8. "加载项"功能区

"加载项"功能区包括菜单命令一个分组，加载项是可以为 Word 2010 安装的附加属性，如自定义的工具栏或其他命令扩展。"加载项"功能区则可以在 Word 2010 中添加或删除加载项，如图 4-8 所示。

图 4-8　"加载项"功能区

4.1.3　窗口的组成

Word 2010 的窗口主要由编辑区、功能区、标题栏、状态栏及快速访问工具栏等部分组成，如图 4-9 所示。

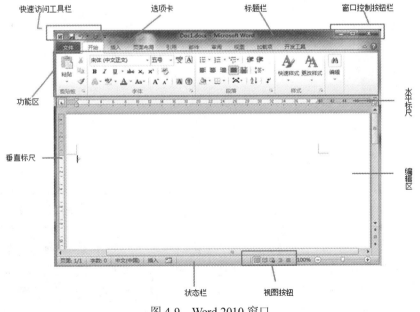

图 4-9　Word 2010 窗口

1. 标题栏

标题栏位于整个 Word 窗口的最上方，用以显示当前正在运行的程序名及文件名等信息。标题栏最右侧的 3 个按钮分别用来控制窗口的最大化、最小化和关闭程序。当窗口不是最大化时，用鼠标拖动标题栏，可以改变窗口在屏幕上的位置。双击标题栏可以使窗口在最大化与非最大化窗口之间切换。

2. 后台视图

Word 2010 的后台视图是通过位于界面左上角的"文件"按钮打开的。它类似于 Windows 系统的"开始"菜单，如图 4-10 所示。在后台视图的导航栏中包含了一些常见的命令，例如"新建""打开"和"保存"，也包含快速打开"最近使用的文档"和"选项"等命令，使操作更加简便。

3. 浮动工具栏

浮动工具栏是 Word 2010 中一项极具人性化的功能，当 Word 2010 文档中的文字处于选中状态时，如果用户将鼠标指针移到被选中文字的右侧位置，将会出现一个半透明状态的浮动工具栏。该工具栏中包含了常用的设置文字格式的命令，如设置字体、字号、颜色、居中对齐等命令。将鼠标指针移动到浮动工具栏上将使这些命令完全显示，进而可以方便地设置文字格式。如果想隐藏"浮动工具栏"，可通过后台视图导航中的"选项命令"，在打开的"Word 选项"对话框中选择"常规"选项卡，勾选"浮动工具栏"复选框即可。

4. 快速访问工具栏

快速访问工具栏在 Word 窗口的左上方有一行命令按钮，常用的快速访问工具栏命令有保存、撤销、恢复、快速打印、预览等，如图 4-11 所示。

图 4-10　后台视图

图 4-11　快速访问工具栏

快速访问工具栏是 Word 使用者个性化的惯用命令集合，它可以简单地重新布置。单击快速访问工具栏右侧的向下箭头，可以弹出自定义快速访问工具栏菜单。在菜单上勾选或者取消新建、打开、保存、电子邮件、快速打印、打印预览、拼写和语法、撤销、恢复、绘制表格能够使这些命令出现或者隐去在快速访问工具栏上。

5. 文档编辑区

用于编辑文档内容，在编辑处有闪烁的"|"标记，称为插入点，表示当前输入文字的位置。

6. 状态栏

显示页码、插入点在坐标中的变化和显示活动窗口的屏幕状态。单击状态栏的页码和字数可激活查找、替换对话框，字数统计对话框。

4.1.4　Word 2010 视图模式的介绍

Word 2010 中提供了多种视图模式供用户选择，这些视图模式包括"页面视图""阅读版式视图""Web 版式视图""大纲视图"和"草稿视图"等五种视图模式。用户可以在"视图"功能区中选择需要的文档视图模式，也可以在 Word 2010 文档窗口的右下方单击视图按钮选择视图。

1. 页面视图

"页面视图"可以显示 Word 2010 文档的打印结果外观，主要包括页眉、页脚、图形对象、分栏设置、页面边距等元素，是最接近打印结果的页面视图。

2. 阅读版式视图

"阅读版式视图"以图书的分栏样式显示 Word 2010 文档，"文件"按钮、功能区等窗口元素被隐藏起来。在阅读版式视图中，用户还可以单击"工具"按钮选择各种阅读工具。

3. Web 版式视图

"Web 版式视图"以网页的形式显示 Word 2010 文档，Web 版式视图适用于发送电子邮件和创建网页。

4. 大纲视图

"大纲视图"主要用于设置 Word 2010 文档的设置和显示标题的层级结构，并可以方便地折叠和展开各种层级的文档。大纲视图广泛用于 Word 2010 长文档的快速浏览和设置中。

5. 草稿视图

"草稿视图"取消了页面边距、分栏、页眉页脚和图片等元素，仅显示标题和正文，是最节省计算机系统硬件资源的视图方式。

4.1.5　Word 2010 的基本操作

【例 4-1】使用模板向导制作如图 4-12 所示的"请柬"，并做如下设置。

（1）将文档保存为纯文本格式，属性设置为只读。

（2）将"节日贺卡"文本转换成演示文稿。

（3）调整显示比例为 75%，在阅读版式视图中浏览内容。

具体操作步骤如下。

（1）创建文档。单击"文件"按钮，选择"新建"命令，在 Office.com 模板单击"假日"图标，选择"假日聚会请柬（公事）"，下载该模板。

（2）设置文档保存类型。单击"文件"按钮，在导航栏中选择"另存为"命令，在"另存为"对话框中选择保存路径，在"保存类型"下拉列表中选择"纯文本"类型。

图 4-12　请柬

（3）设置文档属性。右击"请柬"文件，在弹出的快捷菜单中选择"属性"命令，在打开的"请柬"属性对话框中选择"常规"选项卡，勾选"只读"复选框。

（4）文档格式转换。在后台视图中选择"选项"命令，选择"快速访问工具栏"选项卡，在"从下列位置选择命令"的列表中选择"不在功能区中的命令"，在该窗口选择"发送到Microsoft Powerpoint"选项，单击"添加"按钮，单击"确定"按钮。在"快速访问工具栏"上就会出现转换按钮 ，单击该按钮完成转换，如图4-13所示。

图4-13　文档转换PowerPoint

（5）调整显示模式。在文档窗口的右下方，单击"阅读版式"按钮浏览文档内容，用鼠标左键拖动滑块将显示比例调整为75%。

4.2　文档的编辑

4.2.1　文档的创建

1. 创建空白文档

"新建"命令是建立一个空白Word文档，除此之外，也可以在我的电脑中任何位置右击鼠标，在弹出菜单中选择"新建"菜单组内的"Microsoft Word文档"来在当前位置建立一个基于缺省模板的空白Word文档，扩展名为.docx，创建方法是打开Word 2010文档窗口，依次单击"文件"→"新建"→"空白文档"→"创建"命令，如图4-14所示。

使用组合键Ctrl+N或者使用"快速访问工具栏"都可以创建一个新的空白文档。

2. 使用模板创建文档

在Word 2010中有"可用模板"和"Office.com模板"，其中"Office.com模板"需要接入互联网才能使用。多种用途的模板,例如书信模板、公文模板等,用户可以根据实际需要选择特定的模板新建 Word 文档。创建方法是打开 Word 2010 文档窗口,依次单击"文件"→"新建"命令,打开"新建文档"对话框,在右窗格"可用模板"列表中选择合适的模板,并单击"创建"按钮,如图 4-15 所示。

图 4-14 文档的创建

图 4-15 使用模板创建文档

创建后,出现相应的书法字贴框架,可以在此基础上进行相应的修改,设计出适合我们自己的文档。

4.2.2 文档的打开

利用"打开"命令打开"打开"对话框,打开一个 Word 模板、文档。或者可以在我的电脑中双击任何 Word 模板、文档来打开一个 Word 文件。这两种方法有所区别,使用 Word 界面中的"打开"对话框打开一个模板是打开这个模板本身,而在"计算机"中双击一个模板是新建一个基于此模板的文档。

常用的打开文档方式有以下两种。

（1）找到文件的文档，双击即可打开。这是一种通用的方法，所有的文件无论是何种类型都可以用这种方法打开，只要系统中安装了可支持的软件即可。

（2）在打开的 Word 文档界面中，单击"文件"→"打开"选项，弹出"打开"对话框，选择要打开的文件，单击"打开"按钮，如图 4-16 所示。

4.2.3　文档的保存

"保存"和"另存为"命令都可以保存正在编辑的文档或者模板。区别是"保存"命令不进行询问直接将文档保存在它已经存在的位置，"另存为"命令永远提问用户要把文档保存在何处。如果新建的文档还没有保存过，那么单击"保存"命令也会显示"另存为"对话框。文档在编辑的同时要及时保存，保存的方法有以下几种。

（1）在编辑界面下，单击"文件"→"保存"命令。

（2）在编辑界面下，单击"快速访问工具栏"的"保存"按钮。

（3）在编辑界面下，单击"文件"→"另存为"命令。

（4）使用快捷键 Ctrl+S。

图 4-16　"打开"对话框

以上四种方法中前两种如果是新建的文件还尚未保存，会出现"保存"对话框。第三种方法会直接出现"另存为"对话框，如图 4-17 所示。在弹出的"保存"对话框中，选择保存位置，输入文件名，单击"保存"按钮，完成保存。

如果文件已经保存，对其进行修改后，使用前两种方法，将不出现"保存"对话框，直接将原有文件覆盖，保存的文件是最后修改的版本。

1. 设置保存时间间隔

Word 2010 的自动保存功能，使文档能够在一定的时间范围内保存一次，若突然断电或出现其他特殊情况，它能帮你减少损失。自动保存时间越短，保险系数越大，则占用系统资源越多。用户可以改变自动保存的时间间隔，选择"开始"→"帮助"→"Word 选项"→"保存"命令，在"保存"选项卡中勾选"保存自动恢复信息时间间隔"复选框，在"分钟"框中，输入时间间隔，以确定 Word 2010 保存文档的频度。如图 4-18 所示，选中"保存自动恢复信息时间间隔"复选框，时间设置为 10 分钟，单击"确定"按钮，完成设置。

图 4-17　"另存为"对话框

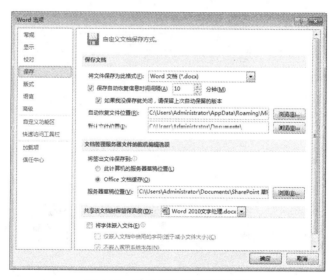

图 4-18　设置自动保存时间间隔

2. 恢复自动保存的文档

为了在断电或类似问题发生之后能够恢复尚未保存的工作，必须在问题发生之前选中"Word 选项"对话框"保存"选项卡上的"保存自动恢复信息时间间隔"复选框，这样才能恢复。例如，如果设定"自动恢复"功能为每 10 分钟保存一次文件，这样就不会丢失超过 10 分钟的工作。恢复的方法如下。

（1）单击"文件"选项卡，然后单击"打开"，在"打开"对话框中通过窗口顶端地址栏定位到自动恢复文件夹以显示自动恢复文件列表。

（2）单击要恢复的文件名称，然后单击"打开"按钮。

（3）打开所需要的文件之后，单击"保存"按钮。

3. 恢复受损文档中的文字

如果在试图打开一个文档时，计算机无响应，则该文档可能已损坏。下次启动 Word 时，Word 会自动使用专门的文件恢复转换器来恢复损坏文档中的文本，也可随时用此文件转换器打开已损坏的文档并恢复文本。成功打开损坏的文档后,可将它保存为 Word 格式或其他格式,段落、页眉、页脚、脚注、尾注和域中的文字将被恢复为普通文字。不能恢复文档格式、图形、域、图形对象和其他非文本信息。恢复的方法如下。

(1)单击"文件"选项卡,然后单击"打开"。

(2)通过地址栏定位到包含要打开的文件的文件夹。

(3)单击"打开"按钮旁边的箭头,出现"打开"菜单,然后单击"打开并修复"命令,再次打开文档即可。

4. 设置加密文档

为保护文档信息不被非法使用,Word 2010 提供了"用密码进行加密"功能,只有持有密码的用户才能打开此文件。设置加密文档:单击"文件"→"保护文档"命令,用密码进行加密,设置文档密码,单击"确定"按钮后需再次输入密码,才可设置成功。关闭文件,在打开时必须输入正确的密码才能打开文档,加强了文件的保密性,需要特别注意的是,如果密码丢失或遗忘,则无法将文档恢复,文档的密码是区分大小写的。若要取消密码,在"加密文档"对话框的密码框中置空即可。

4.2.4 转换为 PDF 格式文档

转换方法是:在编辑界面下,单击"文件"→"另存为"命令,弹出"另存为"对话框,在保存类型的下拉列表中选择 PDF,单击"保存"按钮,Word 2010 文档则另保存为一个 PDF 格式的文档。

4.2.5 将多个文档合成一个文档

有时候可能需要将多个文件合并成一个文件,将 2 个或 3 个文件中的内容全部放到一起。当然,如果你手动去复制的话,文件一多就比较麻烦。Word 2010 提供了一种方法,可以快速将多个文档合并在一起,具体步骤如下。

(1)单击进入"插入"功能区。

(2)在"文本"选项区中单击"对象"的下拉菜单,在弹出的菜单中选择"文件中的文字"。

(3)选择要合并到当前文档中的文件。可以按住 Ctrl 键来选择不止一个文档,需要注意的是最上面的文档将最先被合并,所以,如果想在文档间维持某种顺序,要先对各目标文档进行排列编号。

4.3 文本的编辑

4.3.1 文本的编辑

(1)光标定位。要输入文本,先建立文档,打开 Word 界面后,在要插入文本处单击鼠标左键,光标变为一个闪烁的短线定位在文档中,这个位置即是文字的插入位置,称为"插入点"。

(2)文字的输入。光标定位后,输入文本,输入的时候会自动换行,如果录入不到换行的边界想换行,则按 Enter 键。英文和汉字可直接输入,输入的时候要选择习惯使用的输入法。

一般计算机中会有多种输入法：搜狗、微软、五笔等。输入法在切换的时候有两种方法。

- 单击主界面右下角的 En 图标，选择输入法，出现输入法状态栏，如图 4-19 所示。
- 使用快捷键 Ctrl+Shift 进行输入法的切换，Ctrl+空格键可以在英文和首选的中文输入法间进行切换。

（3）特殊符号的输入。单击"插入"功能区，在"符号"选项组中选择符号下拉列表中的"其他符号"可以插入特殊符号，如图 4-20 所示，选择要插入的符号，单击"插入"按钮，特殊符号即插入到文档中。

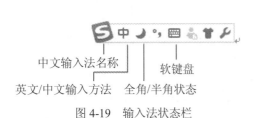

图 4-19　输入法状态栏　　　　　　　　　　图 4-20　"符号"对话框

（4）非打印字符的显示。在 Word 文档中，有很多符号在界面中显示出来，但在打印时不会被打印出来，叫作非打印字符。"开始"功能区段落组中的"显示/隐藏编辑标记"按钮就用于控制这些非打印字符是否可显示在屏幕上。如按 Enter 键会产生一个回车符，按空格键会产生一个空格符，按 Tab 键会产生一个制表符等。

4.3.2　文字的选取

使用文本的第一步就是使其突出显示，即"选定"文本。一旦选定了文本，就可以对其进行复制、移动、设置格式，删除字、词、句子和段落等操作。完成操作后，如果不想使用所选的文本时，可以单击文档的其他位置，取消选定文本。

（1）基本的选定方法。将鼠标移到要选取的段落或文本的开头拖曳，经过要选择的内容再松开鼠标按钮，选择的内容变为蓝色。

（2）利用选定区。在文本区的左侧有一个向下延伸的长条形空白区域，称为选定区。当鼠标移动到该区域时，鼠标箭头方向转为向右。单击该区域，光标所在行的整行文字被选定，若在该区域拖曳，鼠标光标经过的每一行均被选定。

（3）常用的选定技巧。要选择某项内容，可以选择一种最简单的方法完成选定任务。首先指向要选定的单词、段落、行或文档的某个部分。

1）要选定一个词，双击该词。

2）要选定一段，三击段落中的某个单词。

3）要选定一行，单击行左侧的空白处。

4）要选定一段，双击行左侧的空白处。

5）要选定整篇文档，三击某行左侧的空白处。

6）要选定部分连续文档，单击要选定的文本的开始处，然后按住 Shift 键，单击要选定文本的结尾处。

7）要选定不连续的文档，单击第一处，按住 Ctrl 键，单击其他处要选的文档。

4.3.3　复制、剪切和粘贴

1. 复制

复制是指把文档中的一部分"拷贝"一份，然后放到其他位置，而所复制的内容仍按原样保留在原位置。复制文本可以选用下面几种方法。

（1）用鼠标手动进行复制。

将鼠标指针放在选定文本上，按住 Ctrl 键，同时按鼠标左键将其拖动到目标位置，在此过程中鼠标指针右下方会带一个"+"号及方框。

（2）利用 Windows 剪贴板进行移动。

1）选定要复制的文本。

2）单击"开始"功能区"剪贴板"组的"复制"按钮（或者使用快捷键 Ctrl+C）或右击鼠标选择"复制"。

3）移动光标至要插入文本的位置，单击"开始"功能区"剪贴板"组上的"粘贴"按钮（或者使用快捷键 Ctrl+V）或右击鼠标选择"粘贴"。

2. 移动

移动是指把文档中的一部分内容移动到其他位置，而原来位置的内容将不再存在。移动文本可以选用下面的方法。

（1）用鼠标左键拖动进行移动。

将鼠标指针放在选定文本上，按住鼠标左键将其拖动到目标位置，在此过程中鼠标指针右下方会带一个"方框"。

（2）利用 Windows 剪贴板进行移动。

1）选择要移动的文本。

2）单击"开始"功能区"剪贴板"组的"剪切"按钮（或者使用快捷键 Ctrl+X）或右击鼠标选择"剪切"。

3）单击鼠标左键将插入点置于要放置文本的位置，单击"开始"功能区"剪贴板"组上的"粘贴"按钮（或者使用快捷键 Ctrl+V）或右击鼠标选择"粘贴"。

4.3.4　插入日期和时间

当需要输入当前日期或时间时，可以使用以下方法。

（1）将插入点移至需要插入日期或时间的位置。

（2）选择"插入"功能区文本选项组的"日期和时间"，打开"日期和时间"对话框。

（3）在"语言"下拉列表框中选择"中文"。

（4）在"可用格式"列表框中选定格式，例如"2015 年 4 月 8 日"。

（5）单击"确定"按钮。

4.3.5　查找和替换

在编辑文本时，经常要快速查找某些文字、定位到文档的某处，或者将整个文档中给定的文本替换成其他文本，可以通过"查找和替换"功能帮助定位这些格式，并立即用新的格式进行替换。

1. 查找

单击"开始"功能区"编辑"组中的"查找"按钮，打开下拉列表，显示"查找""高级查找""转到"命令。

（1）选择"查找"命令，在窗口的左侧打开导航空格，输入要查找的内容，会在正文中直接显示出来。

（2）选择"高级查找"命令，打开"查找和替换"对话框，如图 4-21 所示。若需要更详细地设置查找匹配条件，可以在"查找和替换"对话框中单击"更多"按钮，进行相应的设置。

"搜索"下拉列表框：可以选择搜索的方向，即从当前插入点向上或向下查找。

"区分大小写"复选框：查找文本时大小写是否匹配。

"全字匹配"复选框：是否仅查找一个单词，而不是单词的一部分。

"区分全/半角"复选框：是否查找全角、半角完全匹配的字符。

"格式"按钮：可以打开一个菜单，选择其中的命令可以设置查找对象的排版格式，如字体、段落、样式等。

"特殊字符"按钮：可以打开一个菜单，选择其中的命令可以设置查找一些特殊符号，如分栏符、分页符等。

"不限定格式"按钮：取消"查找内容"文本框指定的所有格式。

图 4-21　"查找和替换"对话框

2. 替换

（1）例如要将文档中所有文字"文本"修改成红色加粗的"文档"。操作步骤如下。

1）单击"开始"功能区"编辑"组中的"替换"按钮，打开"查找和替换"对话框。

2）在"查找内容"一栏中输入"文本"。

3）单击"替换"选项卡，在"替换为"中输入"文档"，如图 4-22 所示。

4）单击图 4-22 所示对话框中的"格式"按钮，打开"查找字体"对话框，设置格式为红色加粗，如图 4-23 所示，单击"确定"按钮。

5）单击"全部替换"按钮，会显示文档中有几处被替换，如图 4-24 所示。

（2）查找一个条目或定位目标。操作步骤如下。

1）按 F5 键，或者单击状态栏的页面位置，出现"查找和替换"对话框的"定位"选项卡，如图 4-25 所示。

图 4-22　输入查找内容

图 4-23　"查找字体"对话框

图 4-24　替换提示窗口

2）单击"定位目标"列表框中的条目，选择"表格"。

3）在"输入表格编号"框中输入表格的编号或名称。

4）单击"前一处"或"下一处"进行定位。完成操作后，单击"关闭"按钮。

图 4-25　"定位"选项卡

3．定位

单击"开始"功能区"编辑"组的"查找"，在下拉列表中选择"转到"命令，会显示"查找和替换"对话框中的"定位"选项卡。它主要用来在文档中进行字符定位。

4.3.6　撤销和恢复

撤销和恢复是相对应的，撤销是取消上一步的操作，而恢复就是把撤销操作再重复回来。

例如，在文档中选择某部分文本，结果一不小心把选中的文本都给删除了，单击快速访问工具栏的"撤销"按钮，可以撤销"删除"这一步骤，再用鼠标单击单击快速访问栏的"恢复"按钮，则取消上一步的"撤销删除"操作，仍然将文本删除。

　　另外还可以一次撤销多次的操作。单击"撤销"按钮上的向下小箭头，会弹出一个列表框，这个列表框中列出了目前能撤销的所有操作，从中选择多步操作来撤销。但是这里不允许选择一个以前的操作来撤销，而只能连续撤销一些操作。

　　快速访问工具栏中的"撤销"和"恢复"命令也可以实现撤销和恢复操作，其相对应的快捷键是 Ctrl+Z 和 Ctrl+Y。

4.3.7　字符间距

　　通常情况下，在对文本排版时用户无需考虑字符间距，因为 Word 已经设置了一定的字符间距。但有时为了版面的美观，可以适当改变字符间距来达到理想的排版效果。这时，可以按照下述步骤来精确设置字符间距。

　　（1）选中要设置字符间距的文本，如"哈尔滨简介"。

　　（2）选择"开始"功能区"字体"组，用鼠标单击，打开"字体"对话框。

　　（3）选择"高级"选项卡，如图 4-26 所示。

图 4-26　"字体"对话框

　　在"字体"对话框"高级"选项卡中，"缩放"可以输入任意一个值来设置字符缩放的比例，"间距"可以选择"标准""加宽"或"紧缩"选项。默认情况下，Word 选择"标准"选项。当选择了"加宽"或"紧缩"选项后，可以在其右边的"磅值"文本框中输入一个数值，其单位为"磅"，"位置"可以选择"标准""提升"或"降低"选项。默认情况下，Word 选择"标准"选项。当选择了"提升"或"降低"选项之后，可以在其右边的"磅值"文本框中输入一个数值，其单位为"磅"。如果要让 Word 在大于或等于某一以尺寸的条件下自动调整字符间距，就选中复选框"为字体调整字间距"，然后在"磅或更大"文本框中输入磅值。

　　（4）设置完成后，通过对话框下方的"预览"可以查看效果，单击"确定"按钮即可。

4.3.8　文档的分栏

　　分栏就是将 Word 2010 文档全部页面或选中的内容设置为多栏，从而呈现出报刊、杂志中经常使用的多栏排版页面。默认情况，Word 2010 提供五种分栏类型，即一栏、两栏、三栏、偏左、偏右。

1. 创建分栏

（1）打开 Word 2010 文档窗口，切换到"页面布局"功能区。

（2）在 Word 2010 文档中选中需要设置分栏的内容，如果不选中特定文本则为整篇文档或当前节设置分栏。在"页面设置"组中单击"分栏"按钮，并在打开的分栏列表中选择合适的分栏类型。其中"偏左"或"偏右"分栏是指将文档分成两栏，且左边或右边栏相对较窄。也可以从"分栏"的下拉列表中选择"更多分栏"，如图 4-27 所示，在"分栏"对话框中可以进行更为详细的设置。

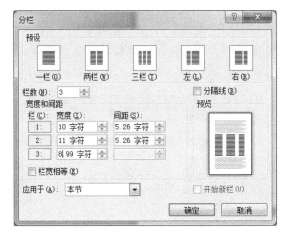

图 4-27　"分栏"对话框

2. 删除分栏

在"分栏"列表框中选择"一栏"命令即可删除分栏。

4.3.9　段落的排版

段落可以由文字、图形和其他对象组成，段落以 Enter 键作为结束标识符。当需要既不产生一个新的段落又可换行的录入情况时，可按快捷键 Shift+Enter，将产生一个手动换行符（软回车）实现操作。

如果需要对一个段落进行设置，只需将光标定位于段落中即可。如果要对多个段落进行设置，首先要选定这几个段落。

1. 段落间距、行间距

段落间距是指两个段落之间的距离，行间距是指段落中行与行之间的距离，Word 默认的行间距是单倍行距。设置段落间距、行间距的操作步骤如下。

（1）选定需要改变间距的文档内容。

（2）单击"开始"功能区"段落"组的对话框启动器，打开"段落"对话框。

（3）选择"缩进和间距"选项卡，在"段前"和"段后"数值框中输入间距值，可调节段前和段后的间距。在"行距"下拉列表中选择行间距，若选择了"固定值"或"最小值"选项，则需要在"设置值"数值框中输入所需的数值，若选择"多倍行距"选项，则需要在"设置值"数值框中输入所需行数。

（4）设置完成后，单击"确定"按钮。

2.　段落缩进

"段落缩进"是指段落文字的边界相对于左、右页边距的距离。段落缩进的格式如下。

左缩进：段落左侧边界与左页边距保持一定的距离。

右缩进：段落右侧边界与右页边距保持一定的距离。

首行缩进：段落首行第一个字符与左侧边界保持一定的距离。

悬挂缩进：段落中除首行以外的其他各行与左侧边界保持一定的距离。

（1）利用标尺设置。

Word 窗口中的标尺如图 4-28 所示，利用标尺设置段落缩进的操作步骤如下。

1）选定要设置缩进的段落或将光标定位在该段落上。

2）拖动相应的缩进标记，向左或向右移动到合适位置。

图 4-28　标尺

（2）利用"段落"对话框设置。

操作步骤如下。

1）单击"段落"组的对话框启动器，打开"段落"对话框。

2）在"缩进和间距"选项卡中的"特殊格式"列表项中选择"悬挂缩进"或"首行缩进"选项，在"缩进"区域设置左、右缩进。

3）单击"确定"按钮。

（3）利用"开始"功能区的"段落"组设置。

单击"段落"组上的"减少缩进量"或"增加缩进量" 按钮，可以完成所选段落左移或右移一个汉字位置操作。

3.　段落对齐方式

段落对齐方式包括左对齐、两端对齐、居中对齐、右对齐和分散对齐，Word 默认的对齐格式是两端对齐。

4.　边框和底纹

为起到强调或美化文档的作用，可以为指定的段落、图形或表格添加边框和底纹。边框是围在段落四周的框，底纹是指用背景色填充一个段落。

（1）文字和段落的边框。

选定要添加边框和底纹的文字或段落，单击"开始"功能区"段落"组中的"下框线"按钮，在下拉列表中选择"边框和底纹"命令，在打开的对话框中进行设置，如图 4-29 所示。

（2）页面边框。

在 Word 2010 中不仅可以为页面设置普通边框，还可以添加艺术型边框，使文档变得生动活泼、赏心悦目。选择"边框和底纹"对话框中的"页面边框"选项卡，在"艺术型"下拉列表中选择一种边框应用即可。添加页面边框时，不必先选中整篇文档，在"应用于"命令中选择"整篇文档"即可。

图 4-29　"边框和底纹"对话框

在"边框和底纹"对话框中选择"底纹"选项卡，可以设置文字或段落的底纹颜色、样式和应用范围。

4.3.10　文本的特殊版式

在文档中按一定格式对文字进行编排，能够具有特殊的显示效果。

1. 合并字符

（1）选定要合并字符的文字

（2）在开始"功能区"的"段落"组中单击"中文版式" ，在"中文版式"下拉列表中选择"合并字符"。

（3）在"合并字符"对话框中设置字符的字体和字号。

2. 双行合一

（1）选定要合一字符的文字。

（2）在开始"功能区"的"段落"组中单击"中文版式" ，在"中文版式"下拉列表中选择"双行合一"。

（3）在"双行合一"对话框中设置字符的属性。

4.3.11　项目符号和编号

字符和段落的格式化完成后，进入正文。论文的内容要分章节、分项目，这是在文本编辑时候不可缺少的，这就要涉及项目符号和编号的设置。Word 2010 的编号功能是很强大的，可以轻松地设置多种格式的编号以及多级编号等。

项目符号：顺序不分先后，每一行都有相同的标志。编号：每一段落不同，按一定的顺序编号。在一些列举条件的地方会采用项目符号来进行。列举步骤时，一般用编号，使用编号的方便之处在于当上一个编号被删除时，下一个编号自动相应地变化，不用手动进行修改。

（1）添加项目符号与编号。

1）选择要添加项目符号与编号的段落，在"开始"功能区"段落"组中单击"项目符号"⽝·下拉三角按钮，在列表中选择项目符号为段落添加项目符号，单击"项目编号"⽞·下拉三角按钮，在列表中选择项目编号为段落添加项目编号。

2）自动生成项目符号与编号，键入"1"或（1），开始一个编号列表，按空格键或 Tab 键后键入所需的任意文本，再按 Enter 键添加下一个列表项，Word 会自动插入下一个编号或项目符号，若要结束列表，按 Enter 键两次，或通过按 Backspace 删除列表中的最后一个编号或项目符号。

（2）定义新项目符号与新编号格式。

单击"项目符号"下拉三角按钮，在打开的下拉列表中选择"定义新项目符号"选项，打开"定义新项目符号"对话框，如图 4-30 左图所示，在其中可完成新项目符号的定义。单击"编号"下拉三角按钮，在打开的下拉列表中选择"定义新编号格式"选项，打开"定义新编号格式"对话框，如图 4-30 右图所示，在其中可完成新编号格式的定义。

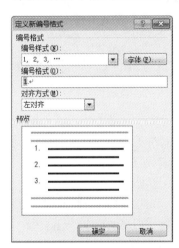

图 4-30　"定义新项目符号"和"定义新编号格式"对话框

（3）删除项目符号或编号。

选定要删除项目符号或编号的段落，再次单击"项目符号"按钮或"项目编号"按钮，Microsoft Word 将自动删除项目符号或编号。或单击该项目符号或编号，然后按 Backspace 键即可。

4.4　表格处理

表格是建立文档时较常用的组织文字形式，它将一些相关数据排放在表格单元格中，使得数据结构简明而清晰。

4.4.1　建立表格

在 Word 中可以建立一个空表，然后将文字或数据填入表格单元格中，或将现有的文本转换为表格。

1. 用"插入表格"对话框建立空表格

切换到"插入"功能区,在"表格"组中单击"表格"下拉按钮,在面板中单击"插入表格"命令,打开如图 4-31 所示的"插入表格"对话框,在对话框中设置要插入表格的列数和行数,单击"确定"按钮,插入所需表格到文档。

2. 用"插入表格"按钮建立空表格

切换到"插入"功能区,在"表格"组中单击"表格"下拉按钮,在面板中拖动光标到所需要的表格行数与列数,如图 4-32 所示,释放鼠标左键就可以插入表格了。

图 4-31　"插入表格"对话框　　　　　　图 4-32　"插入表格"面板

Word 2010 允许在表格中插入另外的表格,把光标定位在表格的单元格中,执行相应的插入表格的操作,就将表格插入到相应的单元格中了,也可以在单元格中右击鼠标,选择"插入表格"命令,在单元格中插入一个表格。

3. 将文本转换为表格

Word 2010 可以将已经存在的文本转换为表格。要进行转换的文本应该是格式化的文本,即文本中的每一行用段落标记符分开,每一列用分隔符(如空格、逗号或制表符等)分开。其操作方法如下。

(1)选定添加段落标记和分隔符的文本。

(2)切换到"插入"功能区"表格"组,在如图 4-32 所示的"插入表格"面板中,单击"文本转换成表格"按钮,弹出"将文字转换成表格"对话框,如图 4-33 所示,单击"确定"按钮,Word 能自动识别出文本的分隔符,并计算表格列数,即可得到所需的表格。

图 4-33　"将文字转换成表格"对话框

4.4.2　编辑表格

1. 单元格的选取

单元格就是表格中的一个小方格，一个表格由一个或多个单元格组成。单元格就像文档中的文字一样，要对它操作，必须首先选取它。

（1）用"选取"按钮选取。

将插入点置于表格任意单元格中，出现如图 4-34 所示的"表格工具/布局"功能区，在"表"组单击"选择"按钮 选择·，在弹出的面板中单击相应按钮完成对行、列、单元格或者整个表格的选取。

图 4-34　"表格工具/布局"功能区

（2）用"选取"命令选取。

将插入点定位于要选择的行、列和表格中的任意单元格，右击鼠标，弹出快捷菜单，选择"选取"命令，单击相应按钮完成对行、列、单元格或者整个表格的选取。

（3）用"鼠标"操作选取。

1）选一个单元格：把光标放到单元格的左下角，鼠标变成黑色的箭头，按下左键可选定一个单元格，拖动可选定多个。

2）选一行表格：在左边文档的选定区中单击，可选中表格的一行单元格。

3）选一列表格：把光标移到这一列的上边框，等光标变成向下的箭头时单击鼠标即可选取一列。

4）选整个表格：将插入点置于表格任意单元格中，待表格的左上方出现了一个带方框的十字架标记 时，将鼠标指针移到该标记上，单击鼠标即可选取整个表格。

2. 插入单元格、行或列

创建一个表格后，要增加单元格、行或列，无需重新创建，只要在原有的表格上进行插入操作即可。插入的方法是选定单元格、行或列，右击鼠标，在快捷菜单中选择"插入"菜单，选择插入的项目（表格、列、行，单元格），同样也可以在"表格工具/布局"功能区中单击图4-35 所示的"行列"组中的相应按钮实现。

3. 删除单元格、行或列

选定了表格或某一部分后，右击鼠标，在快捷菜单中选择删除的项目（表格、列、行，单元格）即可，也可在如图 4-35 所示的"行和列"组中单击"删除"按钮 ，在出现的如图4-36 所示的删除面板中单击相应按钮来完成。

4. 合并与拆分单元格

（1）合并单元格是指选中两个或多个单元格，将它们合成一个单元格，其操作方法为选择要合并的单元格，右击鼠标，选择"合并单元格"命令，即可将单元格进行合并，也可在如

图 4-34 所示的功能区单击"合并"分组中的"合并"按钮完成。

图 4-35　"行和列"组　　　　　　　　　　　　　图 4-36　删除面板

（2）拆分单元格是合并单元格的逆过程，是指将单元格分解为多个单元格。其操作为选择要进行拆分的一个单元格，右击鼠标，选择"拆分单元格"命令，即可将单元格进行拆分，也可在如图 4-34 所示的功能区单击"合并"组中的"拆分单元格"按钮，在弹出的如图 4-37 所示的对话框中完成。

5. 调整表格大小、列宽与行高

（1）自动调整表格。

1）在表格中右击鼠标，选择"自动调整"命令，弹出如图 4-38 所示的"自动调整"子菜单，选择"根据内容调整表格"命令，可以看到表格单元格的大小都发生了变化，仅仅能容下单元格中的内容了。

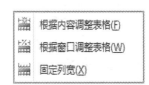

图 4-37　"拆分单元格"对话框　　　　　　图 4-38　"自动调整"子菜单

2）选择表格的自动调整为"固定列宽"，此时往单元格中填入文字，当文字长度超过表格宽度时，会自动加宽表格行，而表格列不变。

3）选择"根据窗口调整表格"，表格将自动充满 Word 的整个窗口。

4）如果希望表格中的多列具有相同的宽度或高度，选定这些列或行，右击鼠标选择"平均分布各列"或"平均分布各行"命令，列或行就自动调整为相同的宽度或高度了。

（2）调整表格大小。

1）表格缩放：把鼠标指针放在表格右下角的一个小正方形上，鼠标指针就变成了一个拖动标记，按下左键，拖动鼠标，就可以改变整个表格的大小。

2）调整行高或列宽：把鼠标指针放到表格的框线上，鼠标指针会变成一个两边有箭头的双线标记，这时按下左键拖动鼠标，就可以改变当前框线的位置，按住 Alt 键，还可以平滑地拖动框线。

3）调整单元格的大小：选中要改变大小的单元格，用鼠标拖动它的框线，改变的只是拖动的框线的位置。

4）指定单元格大小、行高或列宽的具体值："选中要改变大小的单元格、行或列，右击鼠标，选择"表格属性"命令，将弹出如图 4-39 所示的"表格属性"对话框，在这里可以设置指定大小的单元格、行高、列宽和表格。

图 4-39　"表格属性"对话框

4.4.3　修饰表格

1. 调整表格位置

选中整个表格，切换到"开始"功能区，通过单击"段落"组中的"居中""左对齐""右对齐"等按钮即可调整表格的位置。

2. 表格中单元格文字对齐方法

选择单元格（行、列或整个表格）内容，右击鼠标，选择"单元格对齐方式"命令，在出现的子菜单中选择对应的对齐方式即可，或切换到"开始"功能区，通过单击"段落"组中的"居中""左对齐""右对齐"等按钮完成设置。

3. 为表格添加边框和底纹

选择单元格（行、列或整个表格），右击鼠标，选择"边框和底纹"命令，弹出"边框和底纹"对话框（如图 4-40 所示）。若要修饰边框，打开"边框"选项卡，按要求设置表格的每条边线的式样，再单击"确定"按钮即可（使用该方法可以制作斜线表头）。若要添加底纹，打开"底纹"选项卡，按要求设置颜色和"应用范围"，单击"确定"按钮即可。

图 4-40　"边框和底纹"对话框

4. 表格自动应用样式

将插入点定位到表格中的任意单元格，切换到"表格工具/设计"功能区（如图4-41所示），在"表格样式"组中单击选择合适的表格样式，表格将自动套用所选的表格样式。

图4-41　"表格工具/设计"功能区

4.4.4　表格的数据处理

1. 表格的计算

在Word 2010文档中，用户可以借助Word 2010提供的数学公式运算功能对表格中的数据进行数学运算，包括加、减、乘、除以及求和、求平均值等常见运算。操作步骤如下。

（1）在准备参与数据计算的表格中单击计算结果单元格。

（2）在"表格工具/布局"功能区单击"数据"组中的"公式"按钮 f_x 公式，打开的"公式"对话框如图4-42所示。

图4-42　"公式"对话框

（3）在"公式"编辑框中，系统会根据表格中的数据和当前单元格所在位置自动推荐一个公式，例如"=SUM(LEFT)"是指计算当前单元格左侧单元格的数据之和，用户可以单击"粘贴函数"下拉三角按钮选择合适的函数，例如平均数函数AVERAGE。

（4）完成公式的编辑后，单击"确定"按钮即可得到计算结果。

2. 表格排序

在使用Word 2010制作和编辑表格时，有时需要对表格中的数据进行排序。操作步骤如下。

（1）将插入点置于表格中任意位置。

（2）切换到"表格工具/布局"功能区，单击"数据"组中的"排序"按钮 $\frac{A}{Z}\downarrow$，弹出的"排序"对话框如图4-43所示。

（3）在对话框中选择"列表"区的"有标题行"选项，如果选中"无标题行"选项，则标题行也将参与排序。

（4）单击"主要关键字"区域的关键字下拉按钮，选择排序依据的主要关键字，然后选择"升序"或"降序"选项，以确定排序的顺序。

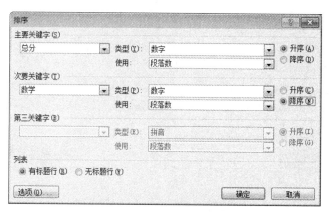

图 4-43　"排序"对话框

（5）若需次要关键字和第三关键字，则在"次要关键字"和"第三关键字"区分别设置排序关键字，也可以不设置。单击"确定"按钮完成数据排序。

4.5　图形和图像编辑

Word 2010 中能针对形状、图形、图表、曲线、线条和艺术字等图形图像对象进行插入和样式设置，样式包括了渐变效果、颜色、边框、形状和底纹等多种效果，可以帮助用户快速设置上述对象的格式。

4.5.1　绘制图形

图形对象包括形状、图表和艺术字等，这些对象都是 Word 文档的一部分。通过"插入"功能区的"插图"组中的按钮完成插入操作，通过"图片格式"功能区更改和增强这些图形的颜色、图案、边框和其他效果。

1. 插入形状

切换到"插入"功能区，在"插图"组中单击"形状"按钮，出现"形状"面板（如图 4-44 所示），在面板中选择线条、基本形状、流程图、箭头总汇、星形与旗帜、标注等图形，然后在绘图起始位置按住鼠标左键，拖动至结束位置就能完成所选图形的绘制。

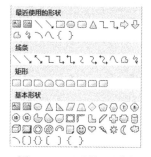

图 4-44　"形状"面板

另外，有关绘图的几点注意事项如下。

● 拖动鼠标的同时按住 Shift 键，可绘制等比例图形，如圆、正方形等。

● 拖动鼠标的同时按住 Alt 键，可平滑地绘制和所选图形的尺寸大小一样的图形。

2. 编辑图形

图形编辑主要包括更改图形位置、图形大小、向图形中添加文字、形状填充、形状轮廓、颜色设置、阴影效果、三维效果、旋转和排列等基本操作。

（1）设置图形大小和位置的操作方法是选定要编辑的图形对象，在非"嵌入型"版式下，直接拖动图形对象，即可改变图形的位置。将鼠标指针置于所选图形的四周的编辑点上（如图

4-45所示），拖动鼠标可缩放图形。

（2）向图形对象中添加文字的操作方法是右击图片，从弹出的快捷菜单中选择"添加文字"命令，然后输入文字即可，效果图如图4-45所示。

（3）组合图形的方法是选择要组合的多张图形，右击鼠标，从弹出的快捷菜单中选择"组合"菜单下的"组合"命令即可，效果图如图4-46所示。

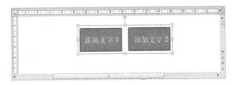

图4-45　添加文字效果图　　　　　　图4-46　组合图形效果图

3. 修饰图形

如果需要设置形状填充、形状轮廓、颜色设置、阴影效果、三维效果、旋转和排列等基本操作，均可先选定要编辑的图形对象，出现如图4-47所示的"绘图工具/格式"功能区，在其中选择相应功能按钮来实现。

图4-47　"绘图工具/格式"功能区

（1）形状填充：选择要形状填充的图片，选择"绘图工具/格式"功能区的"形状填充"
的下拉列表按钮，出现如图4-48所示的"形状填充"面板。如果选择设置单色填充，可选择面板已有的颜色或单击"其他颜色"选择其他颜色。如选择设置图片填充，单击"图片"选项，出现"打开"对话框，选择图片做为图片填充。如选择设置渐变填充，则单击"渐变"选项，弹出如图4-49所示的面板，选择一种渐变样式即可，也可单击"其他渐变"选项，出现如图4-50所示的对话框，选择相关参数设置其他渐变效果。

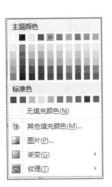

图4-48　"形状填充"面板　　图4-49　"渐变填充样式"面板　　图4-50　"设置形状格式"对话框

（2）形状轮廓：选择要形状填充的图片，选择"绘图工具/格式"功能区的"形状轮廓"按钮 ✍，在弹出的面板中可以设置轮廓线的线型、大小和颜色。

（3）形状效果：选择要形状填充的图片，选择"绘图工具/格式"功能区的"形状轮廓" ☁ 的下拉列表按钮，选择一种形状效果，比如选择"预设"，选择一种预设样式即可。

（4）应用内置样式：选择要形状填充的图片，切换到"绘图工具/格式"功能区，在"形状样式"组选择一种内置样式即可应用到图片上。

4.5.2　插入图片

在文档中插入图片的常用方法有两种，一种是插入来自其他文件的图片，另一种是从 Word 自带的剪辑库中插入剪贴画。本节分别介绍这两种插入图片的方法。

1．插入图像文件

用户可以将多种格式的图片插入到 Word 2010 文档中，从而创建图文并茂的 Word 文档，操作方法是将插入点置于要插入图像的位置，在"插入"功能区的"插图"组中单击"图片"按钮，打开"插入图片"对话框，找到并选中需要插入到 Word 2010 文档中的图片，然后单击"插入"按钮即可。

2．从剪辑库插入图片（剪贴画）

将剪辑库的图片插入到 Word 2010 文档中的操作方法如下：

（1）单击文档中要插入剪贴画的位置。

（2）在"插入"功能区的"插图"组中单击"剪贴画"按钮，窗口右侧将打开"剪贴画"任务窗格，如图 4-51 所示。

（3）在"剪贴画"任务窗格的"搜索文字"文本框中输入描述要搜索的剪贴画类型的单词或短语，或输入剪贴画的完整或部分文件名，如输入"科技"。

（4）在"结果类型"下拉列表中选择查找的剪辑类型。

（5）单击"搜索"按钮进行搜索。

（6）单击要插入的剪贴画，就可以将剪贴画插入到光标所在位置了。

图 4-51　"剪贴画"任务窗格

4.5.3　编辑和设置图片格式

1．修改图片大小

修改图片大小的操作方法除跟前面介绍的修改图形的操作方法一样以外，也可以选定图片对象，切换到如图 4-52 所示的"图片工具/格式"功能区，在"大小"组中的"高度"和"宽度"编辑框设置图片的具体大小值。

2．裁剪图片

用户可以对图片进行裁剪操作，以截取图片中最需要的部分，操作步骤如下。

（1）首先将图片的环绕方式设置为非嵌入型，选中需要进行裁剪的图片，在如图 4-52 所示的"图片工具/格式"功能区单击"大小"组中的"剪裁"按钮 ⊟。

（2）图片周围出现 8 个方向的裁剪控制柄，如图 4-53 所示，用鼠标拖动控制柄将对图片进行相应方向的裁剪，同时拖动控制柄将图片复原，直至调整合适为止。

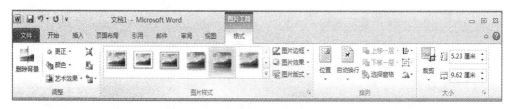

图 4-52   "图片工具/格式"功能区

（3）将鼠标光标移出图片，单击鼠标左键将确认裁剪。

3. 设置文本环绕图片方式

文本环绕图片方式是指在图文混排时，文本与图片之间的排版关系，这些文字环绕方式包括"顶端居左""四周型文字环绕"等 9 种方式。默认情况下，图片作为字符插入到 Word 2010 文档中，用户不能自由移动图片。而通过为图片设置文字环绕方式，则可以自由移动图片的位置，操作步骤如下。

（1）选中需要设置文字环绕的图片。

（2）在"图片工具/格式"选项卡中单击"排列"组中的"位置"按钮，则在打开的预设位置列表中选择合适的文字环绕方式。

如果用户希望在 Word 2010 文档中设置更丰富的文字环绕方式，可以在"排列"分组中单击"自动换行"按钮，在打开的如图 4-54 所示的面板中选择合适的文字环绕方式即可。

图 4-53   裁剪图片   图 4-54   "自动换行"面板

Word 2010"自动换行"面板中每种文字环绕方式的含义如下所述。

（1）四周型环绕：文字以矩形方式环绕在图片四周。

（2）紧密型环绕：文字将紧密环绕在图片四周。

（3）穿越型环绕：文字穿越图片的空白区域环绕图片。

（4）上下型环绕：文字环绕在图片上方和下方。

（5）衬于文字下方：图片在下、文字在上分为两层。

（6）浮于文字上方：图片在上、文字在下分为两层。

（7）编辑环绕顶点：用户可以编辑文字环绕区域的顶点，实现更个性化的环绕效果。

4. 在 Word 2010 文档中添加图片题注

如果 Word 2010 文档中含有大量图片，为了能更好地管理这些图片，可以为图片添加题注。添加了题注的图片会获得一个编号，并且在删除或添加图片时，所有的图片编号会自动改变，以保持编号的连续性。在 Word 2010 文档中添加图片题注的步骤如下所述。

（1）右击需要添加题注的图片，在打开的快捷菜单中选择"插入题注"命令。或者单击选中图片，在"引用"功能区的"题注"组中单击"插入题注"按钮，打开"题注"对话框（如图 4-55 所示）。

（2）在打开的"题注"对话框中单击"编号"按钮，选择合适的编号格式。

（3）返回"题注"对话框，在"标签"下拉列表中选择"图表"标签。也可以单击"新建标签"按钮，在打开的"新建标签"对话框中创建自定义标签（例如"图"），在"位置"下拉三角按钮选择题注的位置（例如"所选项目下方"），设置完毕后单击"确定"按钮。

（4）在 Word 2010 文档中添加图片题注后，可以单击题注右边部分的文字进入编辑状态，并输入图片的描述性内容。

5. 在 Word 2010 文档中设置图片透明色

在 Word 2010 文档中，对于背景色只有一种颜色的图片，用户可以将该图片的纯色背景色设置为透明色，从而使图片更好地融入到 Word 文档中。该功能对于设置有背景颜色的 Word 文档尤其适用。在 Word 2010 文档中设置图片透明色的步骤如下所述。

（1）选中需要设置透明色的图片，切换到如图 4-52 所示的"图片工具/格式"功能区，在"调整"组中选择"颜色"按钮，在打开的颜色模式列表中选择"设置透明色"命令。

（2）鼠标箭头呈现彩笔形状，将鼠标箭头移动到图片上并单击需要设置为透明色的纯色背景，则被单击的纯色背景将被设置为透明色，从而使得图片的背景与 Word 2010 文档的背景色一致。

以上介绍的是部分对图片格式的基本操作，如果需要对图像进行其他如填充、三维效果和阴影效果等基本操作，可通过如图 4-52 所示的"图片工具/格式"功能区中的相关按钮来实现，也可右击鼠标，在快捷菜单中选择"设置图片格式"命令，在弹出的如图 4-56 所示的"设置图片格式"对话框中进行相关设置。

图 4-55　"题注"对话框

图 4-56　"设置图片格式"对话框

4.5.4　插入艺术字

Office 中的艺术字结合了文本和图形的特点，能够使文本具有图形的某些属性，如设置旋转、三维、映像等效果，在 Word、Excel、PowerPoint 等 Office 组件中都可以使用艺术字功能。用户可以在 Word 2010 文档中插入艺术字，操作步骤如下。

（1）将插入点光标移动到准备插入艺术字的位置。

（2）切换到"插入"功能区，单击"文本"组中的"艺术字"按钮 A，在打开的艺术字预设样式面板中选择合适的艺术字样式。

（3）在艺术字文字编辑框中直接输入艺术字文本，用户可以对输入的艺术字分别设置字体和字号等。

（4）在编辑框外单击即可完成。

若需对艺术字的内容、边框效果、填充效果或艺术字效果进行修改或设置，可选中艺术字，在如图 4-57 所示的"绘图工具/格式"功能区中单击相关按钮功能完成相关设置。

图 4-57　"绘图工具/格式"功能区

4.5.5　插入文本框

通过使用文本框，用户可以将 Word 文本很方便地放置到 Word 2010 文档页面的指定位置，而不必受到段落格式、页面设置等因素的影响，可以像处理一个新页面一样来处理文字，如设置文字的方向、格式化文字、设置段落格式等。文本框有两种，一种是横排文本框，一种是竖排文本框。Word 2010 内置有多种样式的文本框供用户选择使用。

1. 插入文本框

（1）用户可以先插入一空文本框，再输入文本内容或者插入图片，在"插入"功能区的"文本"组中单击"文本框"按钮 ，选择合适的文本框类型，然后，返回 Word 2010 文档窗口，在要插入文本框的位置拖动大小适当的文本框后松开鼠标，即可完成空文本框的插入，然后输入文本内容或者插入图片。

（2）用户也可以将已有内容设置为文本框，选中需要设置为文本框的内容，在"插入"功能区的"文本"组中单击"文本框"按钮，在打开的文本框面板中选择"绘制文本框"或"绘制竖排文本框"命令，被选中的内容将被设置为文本框。

2. 设置文本框格式

在文本框中处理文字就像在一般页面中处理文字一样，可以在文本框中设置页边距，同时也可以设置文本框的文字环绕方式、大小等。

要设置文本框格式时，右击文本框边框，选择"设置形状格式"命令，将弹出如图 4-58 所示的"设置图片格式"对话框。在该对话框中主要可完成如下设置。

（1）设置文本框的线条和颜色，在"线条颜色"区中可根据需要进行具体的颜色设置。

（2）设置文本框格式内部边距，在"文本框"区中的"内部边距"区输入文本框与文本之间的间距数值即可。

图 4-58　"设置图片格式"对话框

若要设置文本框版式，右击文本框边框，选择"其他布局选项"命令，在打开的"布局"对话框的"版式"选项卡中进行类似于图片版式的设置即可。

另外，如果需要设置文本框的大小、文字方向、内置文本样式、三维效果和阴影效果等其他格式，可单击文本框对象，切换到如图 4-57 所示的"绘图工具/格式"功能区，通过相应的功能按钮来实现。

4.5.6　插入 SmartArt 图形

Word 2010 提供了 SmartArt 功能，用户可以在 Word 2010 文档中插入丰富多彩、表现力丰富的 SmartArt 示意图，操作步骤如下。

（1）将插入点光标移动到准备插入 SmartArt 图形的位置。

（2）切换到"插入"功能区，单击"插图"组中的 SmartArt 按钮，如图 4-59 所示，在打开的选择 SmartArt 图形样式面板中选择合适的类别，然后在对话框右侧单击选择需要的 SmartArt 图形，并单击"确定"按钮，如图 4-60 所示。

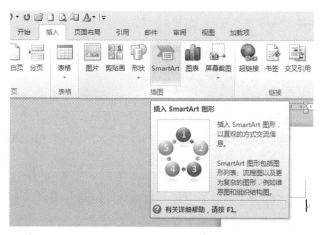

图 4-59　SmartArt 按钮

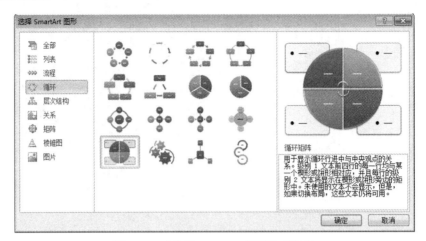

图 4-60　"选择 SmartArt 图形"对话框

（3）返回 Word 2010 文档窗口，在插入的 SmartArt 图形中单击文本占位符输入合适的文字即可，如图 4-61 所示。

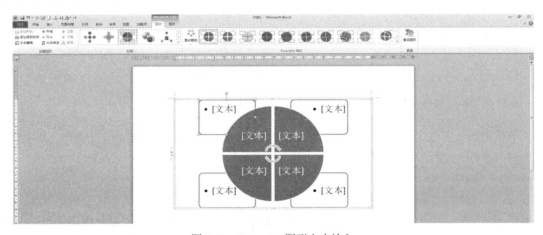

图 4-61　SmartArt 图形文本输入

4.5.7　插入公式

对于一些比较复杂的数学公式的输入问题，如积分公式、求和公式等，Word 2010 中内置了公式编写和编辑公式支持，可以在行文时非常方便地编辑公式。在文档中插入公式的方法有如下两种。

（1）将插入点置于公式插入位置，使用快捷键 Alt+=，系统自动在当前位置插入一个公式编辑框，同时出现如图 4-62 所示的"公式工具/设计"功能区，单击相应按钮在编辑框中编写公式。

（2）切换到"插入"功能区，在"符号"组中单击"公式"按钮 π，插入一个公式编辑框，然后在其中编写公式，或者单击"公式"按钮下方的向下箭头，在内置公式的下拉菜单中选择直接插入一个常用数学结构。

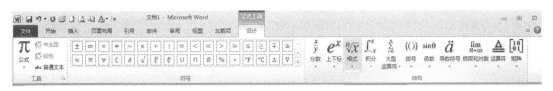

图 4-62　　"公式工具/设计"功能区

4.6　文档的页面设置与打印

4.6.1　页眉和页脚的设置

页眉和页脚通常用于打印文档。在页眉和页脚中可以包括页码、日期、公司徽标、文档标题、文件名或作者名等文字或图形，这些信息通常打印在文档每页的顶部或底部。页眉打印在上页边距中，而页脚打印在下页边距中。

在文档中可以自始至终用同一个页眉或页脚，也可以在文档的不同部分使用不同的页眉和页脚。例如，可以在首页上使用与众不同的页眉和页脚或者不使用页眉和页脚，还可以在奇数页和偶数页上使用不同的页眉和页脚，而且文档不同部分的页眉和页脚也可以不同。

1．添加页码

页码是页眉和页脚中的一部分，可以放在页眉或页脚中，对于一个长文档，页码是必不可少的，因此为了方便，Word 2010 单独设立了"插入页码"功能。

（1）添加页码。

如果用户希望每个页面都显示页码，并且不希望包含任何其他信息（例如，文档标题或文件位置），用户可以快速添加库中的页码，也可以创建自定义页码。

1）从库中添加页码。

切换到"插入"功能区，在如图 4-63 所示的"页眉和页脚"组中单击"页码"按钮，选择所需的页码位置，然后滚动浏览库中的选项，单击所需的页码格式即可。若要返回至文档正文，只要单击"页眉和页脚工具/设计"功能区的"关闭页眉和页脚"即可。

2）添加自定义页码。

双击页眉区域或页脚区域，出现"页眉和页脚工具/设计"功能区，在如图 4-64 所示的"位置"分组中单击"插入'对齐方式'选项卡"设置对齐方式，若要更改编号格式，单击"页眉和页脚"组中的"页码"按钮，在"页码"面板中单击"页码格式"命令设置格式。单击"页眉和页脚工具/设计"功能区的"关闭页眉和页脚"即可返回至文档正文。

图 4-63　　"页眉和页脚"组

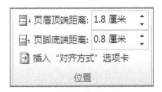

图 4-64　　"位置"组

2．添加页眉或页脚

在如图 4-63 所示的"页眉和页脚"组中单击"页眉" 或"页脚"按钮 ，在打开的面板中选择"编辑页眉"或"编辑页脚"按钮，定位到文档中的位置，接下来有两种方法完成页眉或页脚内容的设置，一种是从库中添加页眉或页脚内容，另外一种就是自定义添加页眉或页脚内容。单击"页眉和页脚工具/设计"功能区的"关闭页眉和页脚"即可返回至文档正文。

　　3. 在文档的不同部分添加不同的页眉和页脚或页码

可以只向文档的某一部分添加页码，也可以在文档的不同部分中使用不同的编号格式。例如，对目录和简介采用 i、ii、iii 编号，对文档的其余部分采用 1、2、3 编号，而不会对索引采用任何页码。此外，还可以在奇数和偶数页上采用不同的页眉或页脚。

　　（1）在不同部分中添加不同的页眉或页脚。

　　1）单击要在其中开始设置、停止设置或更改页眉或页脚编号的页面开头。

　　2）切换到"页面布局"功能区，单击"页面设置"组中的"分隔符"，选择"下一页"。

　　3）双击页眉区域或页脚区域，打开"页眉和页脚工具/设计"功能区，在"设计"的"导航"组中单击"链接到前一节"以禁用它。

　　4）选择页眉或页脚，然后按 Del 键。

　　5）若要选择编号格式或起始编号，单击"页眉和页脚"组中的"页码"，单击"设置页码格式"，再单击所需格式和要使用的"起始编号"，然后单击"确定"。

　　6）若要返回至文档正文，单击"设计"选项卡上的"关闭页眉和页脚"。

　　（2）在奇数和偶数页上添加不同的页眉和页脚或页码。

　　1）双击页眉区域或页脚区域。打开"页眉和页脚工具"选项卡，在"选项"组中选中"奇偶页不同"复选框。

　　2）在其中一个奇数页上添加要在奇数页上显示的页眉、页脚或页码编号。

　　3）在其中一个偶数页上添加要在偶数页上显示的页眉、页脚或页码编号。

　　4）若要返回至文档正文，单击"设计"选项卡上的"关闭页眉和页脚"。

　　4. 删除页眉和页脚

双击页眉或页脚，然后选择页眉或页脚，再按 Del 键。若具有不同页眉或页脚，则在每个分区中重复上面步骤即可。

4.6.2　页面设置

Word 默认的页面设置是以 A4（21 厘米×29.7 厘米）为大小的页面，按纵向格式编排与打印文档。如果不适合，可以通过页面设置进行改变。

　　1. 设置纸型

纸型是指用什么样的纸张大小来编辑、打印文档，这一点很关键，因为我们编辑的文档最终要打印到纸上，只有根据用户对纸张大小的要求来排版和打印，才能满足用户的要求。设置纸张大小的方法是：切换到"页面布局"功能区，在如图 4-65 所示的"页面设置"组中单击"纸张大小"按钮，在列表中选择合适的纸张类型。或者在如图 4-65 所示的"页面设置"组中单击显示"页面设置"按钮，出现如图 4-66 所示的"页面设置"对话框，单击"纸张"选项卡，选择合适的纸张类型。

图 4-65　"页面设置"组

2. 设置页边距

页边距是指对于一张给定大小的纸张，相对于上、下、左、右四个边界分别留出的边界尺寸。通过设置页边距，可以使 Word 2010 文档的正文部分跟页面边缘保持比较合适的距离。在 Word 2010 文档中设置页面边距有两种方式。

（1）在如图 4-65 所示"页面设置"组中单击"页边距"按钮，并在打开的常用页边距列表中选择合适的页边距。

（2）在如图 4-66 所示的"页面设置"对话框中，切换到"页边距"选项卡，在"页边距"区域分别设置上、下、左、右的数值。

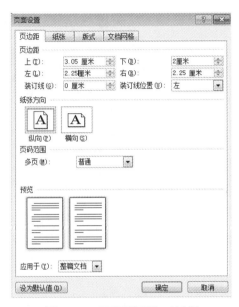

图 4-66 "页面设置"对话框

3. 使用分隔符

分隔符是指表示节的结尾插入的标记。通过在 Word 2010 文档中插入分隔符，可以将 Word 文档分成多个部分。每个部分可以有不同的页边距、页眉页脚、纸张大小等不同的页面设置。如果不再需要分隔符，可以将其删除，删除分隔符后，被删除分隔符前面的页面将自动应用分隔符后面的页面设置。分隔符分为"分节符"和"分页符"两种。

（1）插入分隔符。

将光标定位到准备插入分隔符的位置。在如图 4-65 所示的"页面设置"组中单击"分隔符"按钮，在打开的分隔符列表中选择合适的分隔符即可。

（2）删除分隔符。

1）打开已经插入分隔符的 Word 2010 文档，在"文件"选项中单击"选项"按钮，打开"Word 选项"对话框。

2）切换到"显示"选项卡，在"始终在屏幕上显示这些格式标记"区域选中显示所有格式标记"复选框，并单击"确定"按钮。

3）返回 Word 2010 文档窗口，在"开始"功能区中单击"段落"组中的"显示/隐藏编辑标记"按钮以显示分隔符，在键盘上按 Del 键删除分隔符即可。

4.6.3 打印预览及打印

在新建文档时，Word 对纸型、方向、页边距以及其他选项应用默认的设置，但用户还可以随时改变这些设置，以排出丰富多彩的版面格式。

1. 打印预览

用户可以通过使用"打印预览"功能查看 Word 2010 文档打印出的效果，以及时调整页边距、分栏等设置，具体操作步骤如下。

（1）在"文件"选项中单击"打印"按钮，打开"打印"面板，如图 4-67 所示。

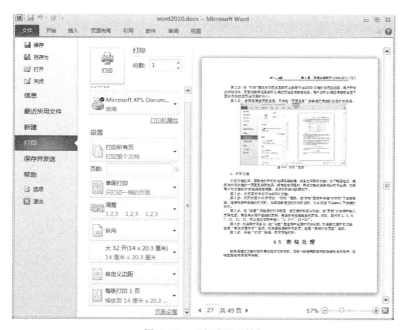

图 4-67　"打印"面板

（2）在"打印"面板右侧预览区域可以查看 Word 2010 文档打印预览效果，用户所做的纸张方向、页面边距等设置都可以通过预览区域查看效果。用户还可以通过调整预览区下面的滑块改变预览视图的大小。

（3）若需要调整页面设置，可单击"页面设置"按钮调整到合适的打印效果。

2. 打印文档

打印文档之前，要确定打印机的电源已经接通，并且处于联机状态。为了稳妥起见，最好先打印文档的一页看到实际效果，确定没有问题时，再将文档的其余部分打印出来，如果用户对文档的打印结果很有把握。具体打印操作步骤如下。

（1）打开要打印的 Word 2010 文档。

（2）打开如图 4-67 所示的"打印"面板，在"打印"面板中单击"打印机"下三角按钮，选择电脑中安装的打印机。

（3）若仅想打印部分内容，在"设置"项选择打印范围，在"页数"文本框中输入页码范围，用逗号分隔不连续的页码，用连字符连接连续的页码。例如，要打印第 2、5、6、7、11、12、13 页，可以在文本框中输入"2，5-7，11-13"。

（4）如果需打印多份，在"份数"数值框中设置打印的份数。

（5）如果要双面打印文档，设置"手动双面打印"选项。

（6）如果要在每版打印多页，设置"每版打印页数"选项。

（7）单击"打印"按钮，即可开始打印。

4.7　高级应用功能

4.7.1　编制目录和索引

1．编制目录

（1）目录概述。

目录是文档中标题的列表，同图书目录一样，通过目录，可以在目录的首页通过 Ctrl+单击左键可以跳到目录所指向的章节，也可以打开视图导航窗格，然后整个文档结构列出来，很清晰。Word 2010 提供了目录编制与浏览功能，可使用 Word 中的内置标题样式和大纲级别设置自己的标题格式。

- 标题样式：应用于标题的格式样式。Word 2010 有六个不同的内置标题样式。
- 大纲级别：应用于段落格式等级。Word 2010 有九级段落等级。

（2）用大纲级别创建标题级别。

1）切换到"视图"功能区，在"文档视图"组中单击"大纲视图"按钮，将文档显示在大纲视图。

2）切换到"大纲"功能区，在"大纲工具"组中选择目录中显示的标题级别数。

3）选择要设置为标题的各段落，在"大纲工具"组中分别设置各段落级别。

图 4-68　"大纲"功能区

（3）用内置标题样式创建标题级别。

1）选择要设置为标题的段落。

2）切换到"开始"功能区，在"样式"组中选择"标题样式"按钮即可。（若需修改现有的标题样式，在标题样式上右击鼠标，选择"修改"命令，在弹出的"修改样式"对话框中进行样式修改。）

3）对希望包含在目录中的其他标题重复进行步骤 1）和 2）。

4）设置完成后，单击"关闭大纲视图"按钮，返回到页面视图。

（4）编制目录。

通过使用大纲级别或标题样式设置，指定目录要包含的标题之后，可以选择一种设计好的目录格式生成目录，并将目录显示在文档中。操作步骤如下。

1）确定需要制作几级目录。

2）使用大纲级别或内置标题样式设置目录要包含的标题级别。

3）单击插入目录的位置，切换到"引用"功能区，在"目录"组中单击"目录"按钮，选择"插入目录"命令，出现如图 4-69 所示的"目录"对话框。

4）打开"目录"选项卡，在"格式"下拉列表框中选择目录格式，根据需要，设置其他选项。

5）单击"确定"按钮即可生成目录。

（5）更新目录。

在页面视图中，用鼠标右击目录中的任意位置，从弹出的快捷菜单中选择"更新域"命令，在弹出的"更新目录"对话框中选择更新类型，单击"确定"按钮，目录即被更新。

（6）使用目录。

当在页面视图中显示文档时，目录中将包括标题及相应的页码，在目录上通过 Ctrl+单击左键可以跳到目录所指向的章节。当切换到 Web 版式视图时，标题将显示为超链接，这时用户可以直接跳转到某个标题。若要在 Word 中查看文档时可以快速浏览，可以打开视图导航窗格。

2．编制索引

目录可以帮助读者快速了解文档的主要内容，索引可以帮助读者快速查找需要的信息。生成索引的方法是切换到"引用"功能区，在"索引"组中单击"插入索引"按钮，打开如图 4-70 所示"索引"对话框，在对话框中设置选择相关的项，单击"确定"即可。

如果想将上次索引项直接出现在主索引项下面而不是缩进，可选择"接排式"类型。如果选择多于两列，选择"接排式"各列之间不会拥挤。

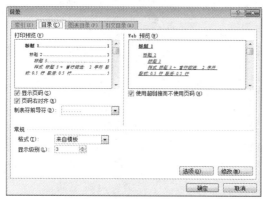

图 4-69　"目录"对话框　　　　　　　　　图 4-70　"索引"对话框

4.7.2　文档的修订与批注

1．修订和批注的意义

为了便于联机审阅，Word 2010 允许在文档中快速创建修订与批注。

（1）修订：显示文档中所做的诸如删除、插入或其他编辑、更改的位置的标记，启动"修订"功能后，对删除的文字会以一横线划在字体中间，字体为红色，添加文字也会以红色字体呈现，当然，用户可以修改成自己喜欢的颜色。

（2）批注：指作者或审阅者为文档添加的注释。为了保留文档的版式，Word 2010 在文档的文本中显示一些标记元素,而其他元素则显示在边距上的批注框中,在文档的页边距或"审阅窗格"中显示批注，如图 4-71 所示。

图 4-71　修订与批注示意图

2．修订操作

（1）标注修订：切换到"审阅"功能区，在"修订"组中单击"修订"三角按钮，选择"修订"命令（或按快捷键 Ctrl+Shift+E）启动修订功能。

（2）取消修订：启动修订功能后，再次在"修订"组中单击"修订"三角按钮，选择"修订"命令（或按快捷键 Ctrl+Shift+E）可关闭修订功能。

（3）接收或拒绝修订：用户可对修订的内容选择接收或拒绝修订，在"审阅"功能区的"更改"分组中单击"接收"或"拒绝"按钮即可完成相关操作。

3．批注操作

（1）插入批注：选中要插入批注的文字或插入点，在"审阅"功能区中的"批注"组中单击"新建批注"按钮，并输入批注内容。

（2）删除批注：若要快速删除单个批注，用鼠标右击批注，从弹出的快捷菜单中选择"删除批注"即可。

4.7.3　窗体操作

如果要创建可供用户在 Word 2010 文档中查看和填写的窗体，需要完成以下几个步骤。

1．创建一个模板

新建一个文档或打开该模板基于的文档或模板。单击"文件"菜单，选择"另存为"按钮，在"保存类型"框中选择"文档模板"，在"文件名"框中输入新模板的名称，然后单击"保存"按钮。

2．建立"窗体域"和"锁定"工具按钮

选择"文件"→"选项"→"自定义功能区"→"不在功能区命令"→"插入窗体域"→"视图"命令，单击右边最下方的"新建组"，单击"添加"，再单击右下角的"确定"即可。用同样方法建立"锁定"按钮，在"视图"功能区将出现"窗体"组，如图 4-72 所示。

图 4-72　"窗体"组

3．添加文本、复选框和下拉型窗体域

（1）插入一个可在其中输入文字的填充域。

选择文档中的插入点，单击"窗体域"按钮，弹出如图 4-73 所示的"窗体域"对话框，选择"文字"选项，单击"确定"按钮，再双击域以指定一个默认输入项，这样如果用户不需要更改相应的内容，就不必自行输入。

（2）插入可以选定或清除的复选框。

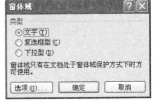

图 4-73　"窗体域"对话框

在"窗体域"对话框中单击"复选框型"按钮，双击"复选框型"窗体域，出现如图 4-74 所示的"复选框型窗体域选项"对话框，设置或编辑窗体域的属性。也可使用该按钮在一组没有互斥性的选项（即可同时选中多个选项）旁插入一个复选框。

（3）插入下拉型框。

在"窗体域"对话框中单击"下拉型"按钮，双击"下拉型"窗体域，出现如图 4-75 所示的"下拉型窗体域选项"对话框。若要添加一个项目，在"下拉项"框中输入项目的名称，再单击"添加"按钮。

图 4-74　"复选框型窗体域选项"对话框

图 4-75　"下拉型窗体域选项"对话框

4. 对窗体增加保护

单击视图工具栏上的锁定按钮，这样除了含有窗体域的单元格外，表格的其他地方都无法进行修改。此时用鼠标单击任一窗体域单元格，在单元格的右侧会出现一个下拉三角图标，单击该图标会弹出下拉列表，在其中选择即可。全部选好后，再单击"保护窗体"按钮即可解除锁定。为便于今后反复使用窗体，可将窗体文档以模板方式保存。

4.7.4　邮件合并

使用"邮件合并"可创建套用信函、邮件标签、信封、目录以及大量电子邮件和传真。

1. 基本概念

（1）主文档是指在 Word 的邮件合并操作中，所含文本和图形对合并文档的每个版本都相同的文档，例如套用信函中的寄信人的地址和称呼等。通常在新建立主文档时应该是一个不包含其他内容的空文档。

（2）数据源是指包含要合并到文档中的信息的文件。例如，要在邮件合并中使用的名称和地址列表。必须连接到数据源，才能使用数据源中的信息。

（3）数据记录是指对应于数据源中一行信息的一组完整的相关信息。例如，客户邮件列表中的有关某位客户的所有信息为一条数据记录。

（4）合并域是指可插入主文档中的一个占位符。例如，插入合并域"城市"，让 Word 插入"城市"数据字段中存储的城市名称，如"哈尔滨"。

（5）套用就是根据合并域的名称用相应数据记录取代，以实现成批信函、信封的录制。

2. 合并邮件的方法

"邮件合并向导"用于帮助用户在 Word 2010 文档中完成信函、电子邮件、信封、标签或目录的邮件合并工作，采用分步完成的方式进行，因此更适用于邮件合并功能的普通用户。下面以使用"邮件合并向导"创建邮件合并信函为例，操作步骤如下。

（1）打开 Word 2010 文档窗口，切换到"邮件"组。在"开始邮件合并"组中单击"开始邮件合并"按钮，在打开的菜单中选择"邮件合并分步向导"命令。

（2）打开"邮件合并"任务窗格，在"选择文档类型"向导页选中"信函"单选框，并单击"下一步：正在启动文档"超链接。

（3）在打开的"选择开始文档"向导页中选中"使用当前文档"单选框，并单击"下一步：选取收件人"超链接。

（4）打开"选择收件人"向导页，选中"从 Outlook 联系人中选择"单选框，并单击"选择'联系人'文件夹"超链接。

（5）在打开的"选择配置文件"对话框中选择事先保存的 Outlook 配置文件，然后单击"确定"按钮。

（6）打开"选择联系人"对话框，选中要导入的联系人文件夹，单击"确定"按钮。

（7）在打开的"邮件合并收件人"对话框中，可以根据需要取消选中联系人。如果需要合并所有收件人，直接单击"确定"按钮。

（8）返回 Word 2010 文档窗口，在"邮件合并"任务窗格"选择收件人"向导页中单击"下一步：撰写信函"超链接。

（9）打开"撰写信函"向导页，将插入点光标定位到 Word 2010 文档顶部，然后根据需要单击"地址块""问候语"等超链接，并根据需要撰写信函内容。撰写完成后单击"下一步：预览信函"超链接。

（10）在打开的"预览信函"向导页可以查看信函内容，单击"上一个"或"下一个"按钮可以预览其他联系人的信函。确认没有错误后单击"下一步：完成合并"超链接。

（11）打开"完成合并"向导页，用户既可以单击"打印"超链接开始打印信函，也可以单击"编辑单个信函"超链接针对个别信函进行再编辑。

习题 4

一、选择题

1. 以下哪一个选项卡不是 Word 2010 的标准选项卡？（　　）

　　A. 审阅　　　　　　B. 图表工具　　　C. 开发工具　　　　D. 加载项

2. 在 Word 中，能够显示图形、图片的视图是（　　）。

　　A. 普通视图　　　　　　　　　B. 页面视图

　　C. 大纲视图　　　　　　　　　D. 阅读版式视图

3．在 Word 中，用 Backspace 键可以（　　）。

    A．删除光标后的一个字符　　　　　　B．删除光标前的一个字符

    C．删除光标所在的整个段落内容　　　D．删除整个文档的内容

4．Word 中的手动换行符是通过（　　）产生的。

    A．插入分页符　　　　　　　　　　　B．插入分节符

    C．按 Enter 键　　　　　　　　　　　D．按快捷键 Shift+Enter

5．导航窗格，以下表述错误的是（　　）。

    A．能够浏览文档中的标题

    B．能够浏览文档中的各个页面

    C．能够浏览文档中的关键文字和词

    D．能够浏览文档中的脚注、尾注、题注等

6．在 Word 中，如果已有页眉，需在页眉中修改内容，只需双击（　　）。

    A．工具栏　　　　　B．菜单栏　　　　　C．文本区　　　　　D．页眉区

7．若文档被分为多个节，并在"页面设置"的版式选项卡中将页眉和页脚设置为奇偶页不同，则以下关于页眉和页脚说法正确的是（　　）。

    A．文档中所有奇偶页的页眉必然都不相同

    B．文档中所有奇偶页的页眉可以都不相同

    C．每个节中奇数页页眉和偶数页页眉必然不相同

    D．每个节的奇数页页眉和偶数页页眉可以不相同

8．在 Word 2010 中，用快捷键退出 Word 的最快方法是（　　）。

    A．Alt+F4　　　　　B．Alt+F5　　　　　C．Ctrl+F4　　　　　D．Alt+Shift

9．在用 Word 进行文档处理时，如果误删了一部分内容，则（　　）。

    A．所删除的内容不能恢复

    B．可以用"查找"命令进行恢复

    C．可以用"编辑"→"撤销"命令

    D．保存后关闭文档，所删除的内容会自动恢复

10．如果 Word 文档中有一段文字不允许别人修改，可以通过（　　）。

    A．格式设置限制　　　　　　　　　　B．编辑限制

    C．设置文件修改密码　　　　　　　　D．以上都是

11．在 Word 2010 编辑状态中，如果要设置文档的行间距，在选定文档后，则首先要单击（　　）选项卡。

    A．"开始"　　　　　B．"插入"　　　　　C．"页面布局"　　　　　D．"视图"

12．在 Word 2010 中，不缩进段落的第一行，而缩进其余的行，是指（　　）。

    A．首行缩进　　　　　B．左缩进　　　　　C．悬挂缩进　　　　　D．右缩进

二、填空题

1．Word 格式栏上的 B、I、U，代表字符的粗体、_____、下划线标记。

2．将 Word 文件另存为另一新文件名，可选用"文件"菜单中的_____命令。

3．在 Word 中按住_____键，单击图形，可选定多个图形。

4．启动 Word 后，Word 建立一个新的名为_____的空文档，等待输入内容。

5．在 Word 中，在选定文档内容之后，单击工具栏上的"复制"按钮，是将选定的内容复制到_____。

6．在 Word 中，按快捷键_____可以选定文档中的所有内容。

三、操作题

1．制作一个 4 行 4 列的规则表格，要求表格的各单元宽为 3.6cm，高为 0.8cm（图 1），再按图 2 所示的表格式样对表格进行必要的拆分和合并操作，并以"题号+姓名+学号.docx"为文件名保存。

图 1

月份　　年份	2014 年	2014 年			
		一	二	三	四
	1789	732	330	373	385
	2263	830	979	541	153

图 2

2．输入图 3 所示文字，以"题号+姓名+学号.docx"保存，并按以下要求对文档进行操作。

Internet 技术及其应用

Internet，也称为国际互连网或因特网，它将世界各国、各地区、各机构的数以万计的网络、上亿台计算机连接在一起，几乎覆盖了整个世界，是目前世界上覆盖面最广、规模最大、信息资源最丰富的计算机网络，同时也是全球范围的信息资源宝库。如果用户将自己的计算机接入 Internet，便可以足不出户在无尽的信息资源宝库中漫游，与世界各地的朋友进行网上交流。

企业可以通过 Internet 将自己的产品信息发布到世界各个国家和地区，消费者可以通过 Internet 了解商品信息，购买并支付自己喜爱的商品。只要愿意，任何单位和个人都可以将自己的网页发布到 Internet 上。

主要介绍 Internet 的发展与现状、Internet 基本工作原理、Internet 的接入方法，以及 Internet 所提供的各种服务，最后还介绍了网页设计技术。国际互联网起源于美国国防部高级计划局于 1969 年组建的一个名为 ARPANET 的网络，ARPANET 最初只连接了美国西部的四所大学，是一个只有四个结点的实验性网络。但该网络被公认是世界上第一个采用分组交换技术组建的网络，并向用户提供电子邮件、文件传输和远程登录等服务，是 Internet 的雏形。

图 3

（1）将原文中所有的"Internet"替换为字体颜色为红色的"互连网"。

（2）将标题设置为仿宋、小三号字、加粗、斜体并居中，将文中以"企业可以通过 Internet 将自己的产品信息……"开始的段设置为段前一行、段后一行、行间距为 1.5 倍行距，字符间距加宽 1.2 磅。

（3）将文中以"Internet，也称为国际互连网或因特网……"开始的段使用首字下沉效果，"互联网"三字下沉，字体设置为小初，加上双删除线。

（4）图文混排：将文中以"主要介绍 Internet 的发展与现状……"开始的段后插入剪贴画（在"剪贴画库"→"科技"中选择任意剪贴画），并将其调整至第一段形成四周环绕。

3．录入文本，按以下要求对文档进行设置，最终效果如图 4 所示。

（1）用艺术字制作标题。输入艺术字"家在途中"，隶书、36 号字，调整好艺术字的形状、大小及位置。

（2）给标题加边框和背景颜色。

（3）设置首字下沉和分栏。

（4）插入图片。从"剪贴画"库的"儿童"中选择图片插入到文档中，并调整好图片的大小、位置和环绕类型。

（5）将此文档以文件名"题号+姓名+学号.docx"存盘。

对于我来说，家的概念随着年龄的变化而不断变化。童年时，家是一声声呼唤。

那时的我似乎比今天的孩子拥有更多的自由。放学后不会先在父母前露面，而是与住的相邻的同学玩得天昏地暗，直到炊烟散去，听见父母"喂，回家了，吃饭了"的呼唤才回家，这样的声音伴着我慢慢长大，日复一日，至今仍在我的耳旁响起。

一转眼，童年过去了，当胡须慢慢从嘴角长出，家又成了一个想逃脱的地方。书看多了，世界也变大了，一张床小了，父母的叮咛也显得多余了，盼望着什么时候我能拥有自己的天空。后来穿上了绿色的军装，来到了部队，家又变成一封封信笺，每次收到信后，是最想家的时候。

走上工作岗位之后，开始"受伤"，开始在人海中翻腾，开始知道，有些疼痛无法对人说，甚至知心的朋友。于是，重新开始想家。当受了"重伤"时，幻想着飞到远方的家中，在推开家门的一瞬，让自己泪流满面。此刻，世界很大，而我所需要的，只是家中那种熟悉的味道，那窗前一成不变的风景……

从相识、相恋到相拥，一个平凡的日子里，我拥有了一个平凡的家。此时，家的概念又变了，它是深夜回家时那盏为你点起的灯，是傍晚你看着书我看着电视偶尔交谈几句的那种宁静，是一桌胃口不好时也吃得下的饭菜，是得意忘形时可以呼朋唤友可以张口说粗话的地方。

不久前，我成了父亲，我和一个新的生命在家中相逢，一种奇妙的感受充斥我的心，

小生命开始让我"玩物丧志"，想挣脱却又那么愿意沉溺其中，一种用幸福来缚住你力量。

生命起步虽久，前路却还遥远。家的概念还会变换，然而我已经知道，家是奔波的意义，只是这家有时是自己的，有时是芸芸众生的。

图 4

第 5 章　电子表格处理软件 Excel 2010

 引言

电子表格处理软件 Excel 2010 是 Microsoft Office 2010 办公软件的组成成员之一，是一款 Windows 环境下的界面友好的电子表格软件。它的数据计算功能和数据分析功能强大，可完成表格输入、统计、分析等多项工作，可生成精美直观的表格、图表，广泛应用于财务、经济、数据分析、金融、仓管、审计和统计等许多领域。

本章将介绍 Excel 2010 软件的功能与基本操作，内容主要包括 Excel 2010 软件的操作界面、工作簿与工作表的各种操作、数据统计、公式计算与数据分析、报表打印等，通过这些内容的学习大家能够基本掌握 Excel 2010 的基础操作，同时能够利用 Excel 2010 进行各种数据筛选和图表的设计。

内容结构图

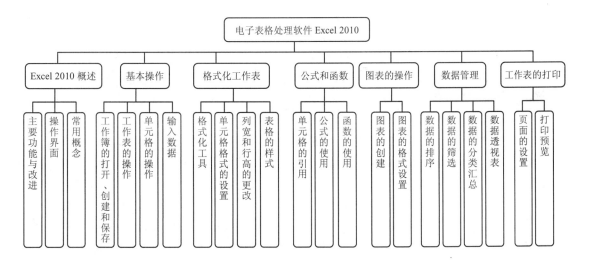

学习目标

通过对本章的学习，我们能够做到：

- 了解：Excel 2010 的新增功能。
- 理解：Excel 2010 中的有关概念。
- 应用：Excel 2010 中的工作表的各种编辑操作、数据的管理和图表的制作。

5.1 Excel 2010 概述

5.1.1 Excel 2010 的主要功能与改进

1. Excel 2010 的功能主要有三个方面

（1）电子表格中的多种类型的数据处理。

在电子表格中可以输入多种类型的数据，可以进行多种数据类型的编辑、格式化，也可以通过使用公式和函数进行数据的复杂数学分析和报表统计。

（2）精美图表的制作。

Excel 2010 中能够实现将表格中的数据以图形的方式进行显示。软件中提供了多达十几种图表类型，用户可以根据需要进行选择应用，通过应用可以直观地分析和观察数据的变化及趋势。

（3）数据库管理方式。

Excel 2010 可以以数据库管理的方式来实现对表格数据的管理，对这些数据可以实现排序、检索、筛选、汇总，实现了能够与其他数据库软件进行数据的交换，例如 Access、VFP 等。

2. Excel 2010 主要在以下八个方面进行了新增和改进

（1）xlsx 格式文件的兼容性。

xlsx 格式文件伴随着 Excel 2007 被引入到 Office 产品中，它是一种压缩包格式的文件。默认情况下，Excel 文件被保存成 xlsx 格式的文件（当然也可以保存成 2007 以前版本的兼容格式，带 vba 宏代码的文件可以保存成 xlsm 格式），可以将后缀修改成 rar，然后用 WinRAR 打开它，可以看到里面包含了很多 xml 文件，这种基于 xml 格式的文件在网络传输和编程接口方面提供了很大的便利性。相比 Excel 2007，Excel 2010 改进了文件格式对前一版本的兼容性，并且较前一版本更加安全。

（2）对 Web 的支持。

较前一版本而言，Excel 2010 中一个最重要的改进就是对 Web 功能的支持，用户可以通过浏览器直接创建、编辑和保存 Excel 文件，以及通过浏览器共享这些文件。Excel 2010 Web 版是免费的，用户只需要拥有 Windows Live 账号便可以通过互联网在线使用 Excel 电子表格，除了部分 Excel 函数外，Microsoft 声称 Web 版的 Excel 将会与桌面版的 Excel 一样出色。另外，Excel 2010 还提供了与 SharePoint 的应用接口，用户甚至可以将本地的 Excel 文件直接保存到 SharePoint 的文档中，用户甚至可以将本地的 Excel 文件直接保存到 SharePoint 的文档中。

（3）快速、有效地比较数据列表。

在 Excel 2010 中，迷你图和切片器等新增功能，以及对数据透视表和条件格式设置等其他现有功能的改进，可帮助用户了解数据中的模式或趋势，从而使用户做出更明智的决策。

（4）从桌面获得强大的分析功能。

Excel 2010 提供的新增分析工具和改进分析工具可以帮助用户对数据进行处理和分析，能够让用户深入了解数据或有助于用户做出更明智的决策，而且帮助用户又快又好地完成任务。这些功能包括：Powerpivot For Excel 加载项、改进的规划求解加载项、改进的函数准确性、改进的筛选功能、64 位 Excel 和性能改进。

（5）采用新方法访问工作簿。

Excel 2010 的 Microsoft Excel Web APP、Microsoft Excel Mobile 2010 等功能使用户无论是在单位、家里还是在路途中，都可以从任意位置访问和使用自己的文件。

（6）创建更卓越的工作簿。

无论使用数据多少，Excel 2010 提供的新增和改进的图表、文本框中的公式、更多主题、带实时预览的粘贴功能、图片编辑工具，都可以使用户随时使用所需工具来生成引人注目的图形图像（如图表、关系图、图片和屏幕快照）以分析和表达观点。

（7）采用新方法协作使用工作簿。

Excel 2010 改进了用于发布、编辑和与组织中的其他人员共享工作簿的方法，这些功能包括共同创作工作簿、改进的 Excel Services、辅助功能检查器、改进的语言工具。

（8）采用新方法扩展工作簿。

Excel 2010 改进的可编程功能和支持高性能计算，可以为用户开发自定义的工作簿提供很好的解决方案。

5.1.2　Excel 2010 的操作界面

Excel 2010 的操作界面如图 5-1 所示，主要包括如下部分构成：控制图标、快速访问工具栏、名称框、功能区、工作区、活动单元格、工作表标签、编辑栏和滚动条等。

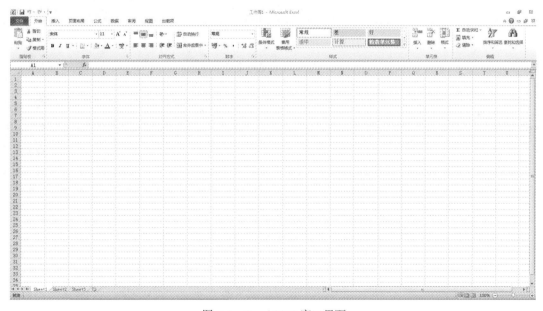

图 5-1　Excel 2010 窗口界面

1. 快速访问工具栏

快速访问工具栏位于主操作界面的左上角，显示可供快速访问的工具按钮，以方便快速操作。

2. 名称框

用于显示活动单元格的地址，可快速定位单元格。

3. 功能区

功能区位于快速访问工具栏的下方，能够快速找到某项任务所需的命令。

4. 工作区

工作区是制作图表或表格、输入、处理表格数据的区域。

5. 活动单元格

可在活动单元格中进行输入、修改或删除等操作。

6. 工作表标签

用于显示工作表的名称，它位于工作表区下方的标签，当单击工作表标签时会激活相应的工作表。

7. 编辑栏

主要用于显示和输入活动单元格中的数据或公式。

5.1.3　Excel 2010 中的常用概念

1. 工作簿

工作簿是 Excel 2010 所生成的文件，扩展名为.xlsx（早期版本为.xls）。每个工作簿能够包含 1～255 个工作表。Excel 2010 默认情况下会为每个工作簿建立 3 个工作表，默认名称为 Sheet1、Sheet2 和 Sheet3。

2. 工作表

工作表是 Excel 2010 里用来存储和处理数据的主要文档。工作簿中每一张表称为一个工作表，也可称其为电子表格。工作表由排列成行或列的单元格组成。每个工作表会有一个工作表标签相对应，每个工作表可由 1048576 行和 16384 列构成。

3. 单元格

单元格是 Excel 2010 工作表中的最基本单位，工作表中行和列交叉处构成的小方格称其为单元格。任何一个单元格都有自己固定的地址，这个地址通过行号和列号来表示，纵向叫做列，列用字母 A～XFD 来标识，总共 16384 列；横向叫做行，行用数字 1～1048576 来标识，总共 1048576 行。比如：H6 是指第 H 列第 6 行的单元格地址标识。其中文本框、艺术字、图片等数据可作为图形对象，存储在工作表中，但是它们并不属于某个单元格。

4. 区域

区域指的是一组单元格，既可以是连续的也可以是非连续的，选择一个区域后，可对其数据或格式进行操作，例如：具体可以有移动、复制、删除、计算等。

5. 输入框

新的工作簿打开后，可以看到在第一个表的第一个单元格 A1 上，会有一个加粗的黑框，这个框，就是输入框。

6. 填充柄

在输入框的右下方有一个黑色小方块，这就是填充柄。通过鼠标左键或右键的拖动操作，能够实现快速的数据输入、格式和公式的复制操作。

7. 活动单元格

通过鼠标的单击操作，此时单元格的边框线就会变粗，这时的这个当前可操作其数据的单元格称为活动单元格，活动单元格中可以进行输入、修改、删除等操作。

5.2　Excel 2010 的基本操作

5.2.1　工作簿的打开、创建和保存

1. 工作簿的打开操作

打开一个已经保存在磁盘上的工作簿文件的方法如下。

（1）单击快速访问栏中的"打开"按钮，然后在"打开"对话框中选择所要打开的工作簿文件，最后单击"打开"按钮即可实现工作簿文件的打开操作。

（2）在相应的文件夹中直接双击所要打开的工作簿文件也可实现打开工作簿文件的操作。

（3）还可以在 Excel 2010 主操作界面的"文件"功能区中单击"打开"命令，然后选择所要打开的工作簿文件，同样能够实现工作簿文件的打开操作。

2. 工作簿的创建

（1）在 Excel 2010 主界面中单击"文件"功能区，执行"新建"命令，弹出"可用模板"窗口，在这个窗口中单击"空白工作簿"，然后单击"创建"按钮就可以创建一个空白工作簿。

（2）在 Windows 文件夹窗口中通过单击"新建"命令菜单中的"新建 Microsoft Excel 工作表"来创建一个空白工作簿文件。

3. 工作簿文件的保存

（1）保存工作簿文件。具体操作方法是单击"文件"功能区，执行"保存"命令或直接单击快速访问工具栏上的"保存"按钮实现工作簿文件的保存。

（2）还可以单击"文件"功能区上的"保存"命令，或使用快捷键 Ctrl+S 等方式，实现当前工作簿文件的保存操作。如果工作簿文件是第一次保存，系统就会弹出"另存为"对话框，这时就可以重新选择工作簿文件的保存位置或输入工作簿的文件名。

（3）工作簿文件的"另存为"操作。如果工作簿文件已经保存过，这时想要换位置或文件名进行保存，则可以使用工作簿"另存为"操作，具体操作是单击"文件"功能区，执行"另存为"命令，在弹出的"另存为"对话框中选择工作簿文件的新的保存位置或输入工作簿文件的新的文件名。

此外在 Excel 2010 中还提供了定时自动保存的功能，具体操作是单击"文件"功能区，执行"选项"命令，打开"Excel 2010 选项"对话框，单击"保存"选项，在"保存工作簿"区域点选"保存自动恢复信息时间间隔"复选按钮，同时可以在这里设置自动保存工作簿文件的时间间隔，单击"确定"按钮后设置完成。

4. 工作簿文件的关闭

直接单击工作簿窗口的"关闭窗口"按钮或单击"文件"功能区上的"关闭"命令，就可以关闭当前工作簿。

5.2.2　工作表的基本操作

Excel 2010 默认情况下会为每个工作簿建立 3 个工作表，默认名称为 Sheet1、Sheet2 和 Sheet3。在工作表标签上会显示出工作表的名称，单击相应的工作表标签，就能够在不同的工作表之间进行切换操作。

1．工作表的选定

在对工作表进行编辑时，必须首先选中后才可以进行相应的操作。

（1）选择一个工作表。

直接单击工作表的标签就可以选中工作表，选中的工作表称为当前工作表。如果工作表
名称未出现在工作表标签上，则可以通过单击"工作表
标签滚动"按钮，使工作表名称出现在工作表标签上并
单击即可实现。用鼠标右击"工作表标签滚动"按钮，
在弹出的所有工作表中选择要编辑的工作表也可以实
现选择一个工作表，如图 5-2 所示。

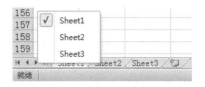

图 5-2　鼠标右击选择工作表

（2）相邻的多个工作表的选择。

要想实现在多个有相似结构的工作表中同时进行编辑操作时，就需要使用选择多个工作
表的操作。

具体的操作方法是：首先选中第一个要选中的工作表，然后在按住键盘的 Shift 键的同时，
再单击最后一个工作表的标签。

（3）不相邻的多个工作表的选择。

具体的操作方法是：先点选第一个要选择的工作表，接下来按住键盘上的 Ctrl 键的同时
继续单击其他要选择的工作表的标签即可实现操作。

（4）全部工作表的选择。

具体操作是：用鼠标右击工作表标签，在弹出的快捷菜单中执行"选择全部工作表"命
令即可完成操作。

在多个工作表选中后，Excel 2010 标题栏中会出现"[工作组]"字样。这时若是改变其中
任何一个工作表的某个单元格的格式,所有选中的工作表的相应单元格的格式也会发生相同的
改变，若要在任何一个工作表中输入文本，则所有的工作表中同样也会出现相同的文本。

2．工作表的基本操作

工作表的插入、删除、重命名、移动或复制。

工作表的基本操作主要有工作表的插入、删除、重命名、移动和复制等操作，在进行工
作表的这些操作时主要用到工作表的快捷菜单，用鼠标右击某一个工作表标签就会弹出工作表
的快捷菜单，如图 5-3 所示。在进行相应操作时只要单击工作表快捷菜单中的操作命令并根据
提示进行选择即可实现相关操作。要实现移动或复制工作表的操作，需要单击"移动或复制工
作表"命令，然后会弹出如图 5-4 所示的对话框，在复制工作表时，选中"建立副本"选项，
如果是移动工作表，则在"下列选定工作表之前"列表框中确定工作表要插入的位置即可。

图 5-3　工作表快捷菜单

图 5-4　"移动或复制工作表"对话框

5.2.3　单元格的基本操作

1.　选择单元格或区域

选择一个单元格，将鼠标指向它单击鼠标左键即可。选择一个单元格区域，可选中左上角的单元格，然后按住鼠标左键向右拖曳，直到需要的位置松开鼠标左键即可。若要选择两个或多个不相邻的单元格区域，在选择一个单元格区域后，可按住 Ctrl 键，然后再选另一个区域即可。若要选择整行或整列，只需单击行号或列标，这时该行或该列第一个单元格将成为活动的单元格。若单击左上角行号与列标交叉处的按钮，即可选定整个工作表。

双击单元格某边选取单元格区域，如果在双击单元格边框的同时按下 Shift 键，根据此方向相邻单元格为空白单元格或非空白单元格选取从这个单元格到最远空白单元格或非空白单元格的区域。

快速选定不连续单元格，按下组合键 Shift+F8，激活"添加选定"模式，此时工作簿下方的状态栏中会显示出"添加"字样，然后分别单击不连续的单元格或单元格区域即可选定，而不必按住 Ctrl 键不放。

用鼠标单击任意一个单元格就可取消所选择的区域。

2.　单元格数据的编辑

（1）输入新的数据到单元格中时，只要选择该单元格，然后输入新内容就可以替换原来的内容。

（2）单元格中的部分数据要修改时，先双击该单元格，或者选择这个单元格后按 F2 功能键，这时光标出现在该单元格中，接着就能够在该单元格中进行数据的修改了。除了用鼠标外，用左右方向键也能来定位插入光标。

3.　单元格数据的复制

一个单元格或区域中的数据要想复制到其他的地方，具体的操作步骤如下。

（1）首先选中要复制的单元格或者区域。

（2）接着用鼠标右击单元格或区域，在弹出的快捷菜单中单击"复制"命令，或者按组合键 Ctrl+C。

（3）定位目标位置（数据要放置的目标地址的开始单元格）。

（4）最后用鼠标右击目标单元格，在弹出的快捷菜单中单击"粘贴"命令，或者按组合键 Ctrl+V，即可完成复制操作。

4.　单元格数据的移动

（1）利用鼠标拖放的方法移动单元格数据。

1）首先要选择移动的单元格或区域。

2）将鼠标指针放到区域边界，使鼠标指针的形状变为箭头。

3）按住鼠标左键不松开，拖动鼠标指针到适合的位置后，松开鼠标左键即可实现移动单元格的操作。

（2）通过剪切和粘贴命令来实现移动数据。

1）首先要选中移动的单元格或区域。

2）然后执行"剪切"命令。

3）接着定位好目标位置。

4）最后执行"粘贴"命令。

如果要以插入方式进行粘贴，应该选择"插入剪切的单元格"命令，接着弹出"插入粘贴"对话框，在这里可以完成所需要的粘贴操作。

5. 插入单元格、行和列

若要在工作表的指定位置添加内容，就需要在工作表中插入单元格、行或列。为此，可以使用"开始"功能区上的"单元格"组"插入"列表中的相应命令，如图5-5所示。

首先选中一个单元格，在右击菜单中选中"插入"按钮。

打开"单元格插入"对话框，这时可以看到以下四个选项。

（1）活动单元格右移：表示在选中单元格的左侧插入一个单元格。

（2）活动单元格下移：表示在选中单元格上方插入一个单元格。

（3）整行：表示在选中单元格的上方插入一行。

（4）整列：表示在选中单元格的左侧插入一行。

6. 删除行、列或单元格

首先选中一个单元格，再右击菜单，选中"删除"命令，如图5-6所示。

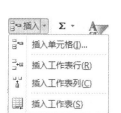

图5-5　"单元格"组"插入"列表中的命令

图5-6　选中"删除"命令

在"删除"对话框中可以看到以下四种选项。

（1）右侧单元格左移：表示删除选中单元格后，该单元格右侧的整行向左移动一格。

（2）下方单元格上移：表示删除选中单元格后，该单元格下方的整列向上移动一格。

（3）整行：表示删除该单元格所在的一整行。

（4）整列：表示删除该单元格所在的一整列。

5.2.4　输入数据

1. Excel 2010 中的数据类型

文本型数据：文本是指汉字、英文，或由汉字、英文、数字组成的字符串。默认情况下，输入的文本会沿单元格左侧对齐。

数值型数据：在 Excel 中，数值型数据是使用最多，也是最为复杂的数据类型。数值型数据由数字 0～9、正号、负号、小数点、分数号"/"、百分号"%"、指数符号"E"或"e"、货币符号"￥"或"$"和千位分隔号","等组成。输入数值型数据时，Excel 自动将其沿单元格右侧对齐。

日期类型数据：用斜杠"/"或者"-"来分隔日期中的年、月、日部分。首先输入年份，然后输入数字 1～12 作为月份，再输入数字 1～31 作为日期。

时间类型数据：在 Excel 中输入时间时，可用冒号（:）分开时间的时、分、秒。系统默认输入的时间是按 24 小时制的方式输入的。

公式类型数据：是对工作表中的数据进行计算的表达式。利用公式可对同一工作表的各单元格、同一工作簿中不同工作表的单元格，以及不同工作簿的工作表中单元格的数值进行加、减、乘、除、乘方等各种运算。要输入公式必须先输入"="，然后再在其后输入表达式，否则 Excel 会将输入的内容作为文本型数据处理。表达式由运算符和参与运算的操作数组成。运算符可以是算术运算符、比较运算符、文本运算符和引用运算符，操作数可以是常量、单元格引用和函数等。

函数类型数据：是预先定义好的表达式，它必须包含在公式中。每个 Excel 函数都由函数名和参数组成，其中函数名表示将执行的操作（如求和函数 SUM），参数表示函数将作用的值的单元格地址，通常是一个单元格区域（如 B3:C9 单元格区域），也可以是更为复杂的内容。在公式中合理地使用函数，可以完成诸如求和、逻辑判断和财务分析等众多数据处理功能。

2. 设置调整

若要在单元格中自动换行，请选择要设置格式的单元格，然后在"开始"功能区上的"对齐方式"组中单击"自动换行"。

若要将列宽和行高设置为根据单元格中的内容自动调整，可选中要更改的列或行，然后在"开始"功能区上的"单元格"组中单击"格式"。再在"单元格大小"下单击"自动调整列宽"或"自动调整行高"。

3. 输入数据

单击某个单元格，然后在该单元格中输入数据，按 Enter 或 Tab 键移到下一个单元格。若要在单元格中另起一行输入数据，请按组合键 Alt+Enter 输入一个换行符。

若要输入一系列连续数据，例如日期、月份或渐进数字，请在一个单元格中输入起始值，然后在下一个单元格中再输入一个值，建立一个模式。例如，如果要使用序列 1、2、3、4、5……请在前两个单元格中输入 1 和 2。选中包含起始值的单元格，然后拖动填充柄，涵盖要填充的整个范围。要按升序填充，请从上到下或从左到右拖动。要按降序填充，请从下到上或从右到左拖动。

4. 数据的快速填充

如果某行或某列的数据为一组序列数据（如一月、二月……十二月），这时就可以使用自动填充功能来进行快速输入，如图 5-7 所示，给出了一些填充示例。同类的公式也可通过填充来快速输入。

数据或公式填充的方法主要有以下几种。

- 按住鼠标左键拖动填充柄。
- 按住鼠标右键拖动填充柄（系统会弹出快捷菜单）。

● 使用"开始"功能区"编辑"组中的"填充"工具。

	A	B	C	D	E
1	序号	年份	月份	日期	数量
2	1	2015	1	1	10000
3	2	2016	2	2	10000
4	3	2017	3	3	10000
5	4	2018	4	4	10000
6	5	2019	5	5	10000
7	6	2020	6	6	10000
8	7	2021	7	7	10000
9	8	2022	8	8	10000
10	9	2023	9	9	10000
11	10	2024	10	10	10000

图 5-7　自动填充示例

执行完填充操作后，会在填充区域的右下角出现一个"自动填充选项"按钮，单击它将打开一个填充选项列表，从中选择不同选项，即可修改默认的自动填充效果。初始数据不同，自动填充选项列表的内容也不尽相同。

对于一些有规律的数据，比如等差、等比序列以及日期数据序列等，我们可以利用"序列"对话框进行填充。方法是：在单元格中输入初始数据，然后选定要从该单元格开始填充的单元格区域，单击"开始"功能区"编辑"组中的"填充"按钮，在展开的填充列表中选择"系列"选项，在打开的"序列"对话框（如图 5-8 所示）中选中所需选项，如"等比序列"单选按钮，然后设置"步长值"（相邻数据间延伸的幅度），最后单击"确定"按钮。

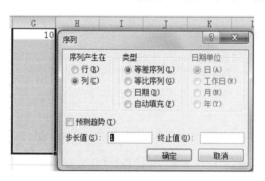

图 5-8　"序列"对话框

Excel 2010 自动填充数据的用处很多，比如计算一列的数据求和运算，Excel 工作表中的一些编号、编码类的数据，都可以使用 Excel 的自动填充数据。

5.3　格式化工作表

为了让工作表更加美观，需要对工作表进行一定的格式编排，例如修改数据的对齐方式和显示方式、行高和列宽的调整、表格的边框和底纹的添加等。

5.3.1　格式化工作表设置相关的工具

格式化工作表是通过"开始"功能区上诸多格式化工具来实现的，如图 5-9 所示。例如，

"剪贴板"组的"格式刷","字体"组的"字体""字号""字体颜色""边框/绘制边框","对齐方式"组的各种对齐方式、"方向""自动换行""合并后居中","数字"组的"百分比""增加/减少小数位数","格式"组中的"条件格式""套用表格格式"和"单元格式样","单元格"组中"格式"等。

图 5-9　"格式"工具栏及工具名称

一般情况下，当使用填充柄填充时，同时也会将原单元格的格式复制到目标单元格上。

5.3.2　单元格格式的设置

1. 数据类型的设置及格式

Excel 中的数据类型有常规、数字、货币、会计专用、日期、时间、百分比、分数和文本等。为 Excel 中的数据设置不同数字格式只是更改它的显示形式，不影响其实际值。

在 Excel 2010 中，如果想为单元格中的数据快速设置会计数字格式、百分比样式、千位分隔或增加小数位数等，可直接单击"开始"功能区上的"数字"组中的相应按钮，如图 5-10 所示。

图 5-10　"数字"组中的按钮

如果希望设置更多的数字格式，可单击"数字"组中"数字格式"下拉列表框右侧的三角按钮，在展开的下拉列表中进行选择。

此外，如果希望为数字格式设置更多选项，可单击"数字"组右下角的"对话框启动器"按钮，或在"数字格式"下拉列表中选择"其他数字格式"选项，在打开的"设置单元格格式"对话框的"数字"选项卡进行设置。

数据格式及类型的设置可在"设置单元格格式"对话框的"数字"选项卡中进行。

【例 5-1】分别在单元格 C6 和 D6 中输入货币类型的数据。

具体操作如下。

（1）分别在 C6 和 D6 两个单元格中输入 19.3 和 6.5，然后选择这两个单元格。

（2）在选中的单元格上右击鼠标，在快捷菜单中单击"设置单元格格式"命令，弹出如图 5-11 所示的"设置单元格格式"对话框。

（3）在"数学"选项卡中选择"货币"的默认设置，并单击"确定"。

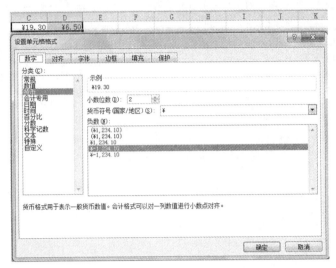

图 5-11　"设置单元格格式"对话框的"数字"选项卡

2．数据对齐格式设置

【例 5-2】在 C6 至 G8 中输入文字内容并设置水平方向和垂直方向都居中。

具体操作如下。

（1）在 C6 单元格中输入文字"您好"，并设置字体为"宋体"，字号为 20。

（2）然后用鼠标拖拽的办法选定 C6:G8 单元格区域，弹出"设置单元格格式"对话框，选择"对齐"选项卡，如图 5-12 所示。

图 5-12　"设置单元格格式"对话框的"对齐"选项卡

（3）在"文本对齐方式"下，将"水平对齐"和"垂直对齐"都选择"居中"。

（4）在"文本控制"中，选中"合并单元格"选项，并单击"确定"。

3. 条件格式设置

通过条件格式，可以对满足不同条件的数据单元格设置不同的字体、边框和底纹格式。

【例 5-3】有一个员工工作表，要实现对不同年龄的员工的年龄设置不同的颜色来显示：年龄小于 40 的用蓝色显示，年龄大于等于 40 并且小于 50 的用紫色显示，年龄大于等于 50 的用红色显示。

具体操作如下。

（1）首先选定所有员工的年龄。

（2）然后单击"开始"功能区"样式"组中"条件格式"中的"管理规则"，弹出如图 5-13 所示的"条件格式规则管理器"对话框。

（3）单击"新建规则"按钮，弹出如图 5-14 所示的对话框，选择"只为包含以下内容的单元格设置格式"的规则类型，同时在"编辑规则说明"中进行详细的设置。

图 5-13　"条件格式规则管理器"对话框

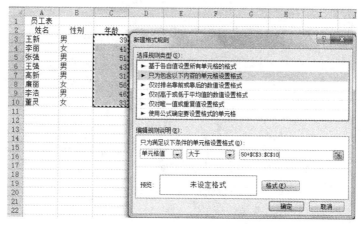

图 5-14　"新建格式规则"对话框

5.3.3　列宽和行高的更改

Excel 2010 的默认情况下，Excel 中所有行的高度和所有列的宽度都是相等的。我们可以利用鼠标拖动方式和"格式"列表中的命令来调整 Excel 的行高和列宽。

1. 鼠标拖动法

当对行高度和列宽度要求不十分精确时，可以利用鼠标拖动来进行调整。将鼠标指针指向要调整行高的行号，或要调整列宽的列标交界处，当鼠标指针变为上下或左右箭头形状时，按住鼠标左键上下或左右或拖动到合适位置后释放鼠标，就可以调整行高或列宽。当要同时调整多行或多列，可同时选择要调整的行或列，然后使用以上方法进行调整。

2. 精确调整 Excel 单元格的行高和列宽

如果想要精确调整行高和列宽，可以选中要调整行高的行或列宽的列，然后单击“开始”功能区上的“单元格”组中的“格式”按钮，在展开的列表中选择“行高”或“列宽”项，打开“行高”或“列宽”对话框，输入行高或列宽值，然后单击“确定”按钮即可。

如果选择了“格式”列表中的“自动调整行高”或“自动调整列宽”按钮，还能够将行高或列宽自动调整为最合适。

5.3.4 表格样式的自动套用

Excel 提供了表格格式自动套用的功能，利用此功能可以方便地制作出美观、大方的报表。

【例 5-4】利用“套用表格格式”功能，设计出如图 5-15 所示的表。

	A	B	C
1	员工表	列1	列2
2	姓名	性别	年龄
3	王新	男	39
4	李丽	女	41
5	张强	男	51
6	王强	男	43
7	高新	男	31
8	廉丽	女	56
9	李浩	男	46
10	董灵	女	33

图 5-15 自动套用格式示例

具体操作如下。

（1）首先输入表格中的所有内容。

（2）然后选择表格，单击“开始”功能区“样式”组中的“套用表格格式”列表，选择其中的第三种样式。

5.4 公式和函数

前面已经简单介绍了运用公式和函数进行计算的方法。接下来将详细介绍 Excel 2010 中公式和函数的使用方法。

5.4.1 单元格的引用

Excel 2010 中每个单元格都有自己的行、列坐标位置，单元格行、列坐标位置称为单元格的引用，引用单元格数据后，公式的运算值将随着被引用的单元格数据的变化而变化。当被引用的单元格数据被修改后，公式的运算将自动修改。

Excel 2010 中还提供了多种不同的引用类型：相对引用、绝对引用和混合引用。

1. 相对引用

所谓相对引用，是指放置公式的单元格与公式中引用的单元格的位置关系是相对的。如果公式所在的单元格位置改变，则公式中引用的单元格将随之改变。

在输入公式的过程中，除非特别指明，Excel 2010 一般是使用相对地址来引用单元格的位置。所谓相对地址是指：当把一个含有单元格地址的公式复制到一个新的位置或用一个公式填入一个范围时，公式所在的单元格地址会随之改变。

【例 5-5】要在“C4”单元格中输入公式“=A3+B3+C3”。这个公式的含义是：将单元格 A3 的内容置入到单元格 C4 中，然后分别和 B3、C3 单元格中的数字相加，并把结果放到 C4 单元格中。将 C4 单元格中的公式复制到 D6 单元格中，公式将变为“=B5+C5+D5”。

2. 绝对引用

绝对引用就是指被引用的单元格与引用的单元格的位置关系是绝对的，无论将这个公式粘贴到哪个单元格，公式所引用的还是原来单元格的数据。

在一般情况下，复制单元格地址所使用的是相对地址方式。但在某些地址引用中，就要把公式拷贝或者填入到新位置，并且使公式中的固定单元格地址保持不变。在 Excel 2010 中，可以通过对单元格地址的"冻结"来达到此目的，也就是在行号和列号前面添加"$"符号。

【例 5-6】在 D3 单元格中输入公式"=$A$3+$B$3+$C$3"。将 D3 单元格中的公式复制到 D4 单元格中，公式仍为"=$A$3+$B$3+$C$3"。

3. 混合引用

混合引用是一种介于相对引用和绝对引用之间的引用，也就是说引用的单元格的行和列之中一个是相对的，一个是绝对的。混合引用有两种：一种是行绝对列相对，如"A$3"；另一种是行相对列绝对，如"$A3"。

有时需要在复制公式时只有行或只有列保持不变。在这种情况下，就要使用混合引用。所谓混合引用是指：在一个单元格地址引用中，既有绝对地址引用，同时也包含相对单元格地址引用。

【例 5-7】单元格地址"$C6"就表明保持列不发生变化，但行会随着新的复制位置发生变化。同理，单元格地址"C$6"表明保持行不发生变化，但列会随着新的复制位置发生变化。

5.4.2　公式的使用

公式是对工作表中的数据进行计算的表达式。利用公式可对同一工作表的各单元格、同一工作簿中不同工作表的单元格，也可以对不同工作簿的工作表中单元格的数值进行加、减、乘、除、乘方等各种运算操作。

公式输入必须以等号"="开头，例如"=C3+A6"，这样 Excel 2010 就能知道输入的是公式，而不是一般的文字数据。

【例 5-8】有如图 5-16 所示的员工工资数据表，现在要计算出王某的实发工资并把它放在 F3 单元格中，这时可以选中 F3 单元格，然后在数据编辑列中首先输入"="，然后分别输入"D3+E3"，最后按 Enter 键完成整个操作。

	A	B	C	D	E	F
		员工表				
1						
2	姓名	性别	年龄	基本工资（元）	绩效津贴	实发工资
3	王某	男	39	4,500.00	1,000.00	5,500.00
4	李丽	女	41	4,800.00	1,100.00	
5	张强	男	51	5,000.00	2,600.00	
6	王强	男	43	4,800.00	1,100.00	
7	高新	男	31	4,100.00	900.00	
8	廉丽	女	56	6,000.00	3,000.00	
9	李浩	男	46	4,900.00	1,200.00	
10	董灵	女	33	4,300.00	1,000.00	

（F3 | =D3+E3）

图 5-16　员工数据表

5.4.3　常用函数的使用

Excel 2010 中的函数是非常重要的计算工具，它为解决复杂计算问题提供了有力的帮助。

使用函数时，应首先确认已在单元格中输入了"="号，即已进入公式编辑状态。接下来可输入函数名称，再紧跟着一对括号，括号内为一个或多个参数，参数之间要用逗号来分隔。用户可以在单元格中手工输入函数，也可以使用函数向导输入函数。

【例5-9】如图5-17所示为学生成绩表，下面利用函数来求出学生的成绩总分。

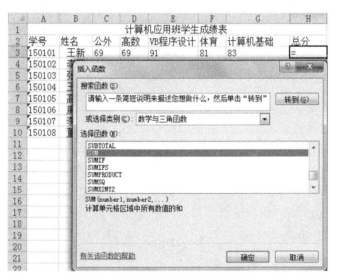

	A	B	C	D	E	F	G	H
1				计算机应用班学生成绩表				
2	学号	姓名	公外	高数	VB程序设计	体育	计算机基础	总分
3	150101	王新	69	69	91	81	83	
4	150102	李丽	70	79	90	68	90	
5	150103	张强	43	60	93	78	86	
6	150104	王强	78	79	97	89	93	
7	150105	高新	80	68	95	67	86	
8	150106	廉丽	90	78	96	80	89	
9	150107	李浩	91	86	91		78	86	
10	150108	董灵	79	73	90	69	90	

图5-17　学生成绩表

具体操作如下。

（1）选择存放结果数据的"单元格"，选择H2单元格，然后单击"公式"功能区上的"插入"按钮，弹出如图5-18所示的对话框。

图5-18　"插入函数"对话框

（2）在"或选择类别"下拉列表中可选择函数类型，如"数学与三角函数"。然后在"选择函数"框中选择所要使用的函数，如"SUM"，然后单击"确定"按钮。

（3）在Number1、Number2文本框中输入要求和的数据区域，然后单击"确定"按钮（或按Enter键）即可。

下面介绍一些Excel 2010中的一些常用函数。

1. AVERAGE 函数

该函数可以实现对所有参数计算平均值（算术平均数）。它的语法格式为 AVERAGE (number1,number2,...)。其中number1、number2、...是需要计算平均值的参数。此函数的参数应该是数字或包含数字的单元格的引用。如果数组或引用参数包含文本、逻辑值或空白单元格，则这些值将被忽略；但包含零值的单元格将计算在内。

2. MAX 函数和 MIN 函数

该函数将返回一组值中的最大值和最小值。它们的语法格式为 MAX(number1, number2,…) 和 MIN(number1, number2,…)。其中 number1、number2…是要从中找出最大值或最小值的数字参数。对于 MAX 函数需说明如下。

（1）可以将参数指定为数字、空白单元格、逻辑值或数字的文本表达式。如果参数为错误值或不能转换成数字的文本，将产生错误。

（2）如果参数为数组或引用，则只有数组或引用中的数字将被计算。数组或引用中的空白单元格、逻辑值或文本将被忽略。如果逻辑值和文本不能忽略，可以使用函数 MAXA 来代替。

（3）如果参数不包含数字，函数 MAX 返回 0。

3. INT 函数和 TRUNC 函数

INT 函数将返回实数向下取整后的整数值，它的语法格式为 INT(number)，其中的 number 是需要进行取整的实数。

【例 5-10】INT(10.7)的返回值为 10，而 INT(-9.7)的返回值为-10。

TRUNC 函数是将数字的小数部分截去，返回数字的整数部分，它的语法格式为 TRUNC (number)，其中 number 为需要截尾取整的数字。

【例 5-11】函数 TRUNC(10.5)的返回值为 10，而 TRUNC(-10.5)的返回值为-10。

4. COUNT 函数

该函数返回包含数字以及包含参数列表中数字的单元格个数。利用函数 COUNT 可以计算单元格区域或数字数组中数字字段的输入项个数。

【例 5-12】COUNT(C3:D6)的返回值为 8。

5. ROUND 四舍五入函数

【例 5-13】公式 "=ROUND(3.35, 1)" 是将 3.35 四舍五入到一个小数位，结果为 3.4。

6. RAND 随机数函数

该函数将返回大于等于 0 及小于 1 的随机数，每次计算工作表时都会返回一个新的数值。

【例 5-14】公式 "=RAND()*1000" 将产生一个大于等于 0 并且小于 1000 的随机数。

7. TODAY 取当天日期函数

TODAY()函数返回日期格式的当前日期。

8. DATE 日期生成函数

【例 5-15】在某个单元格中输入 "=DATE(2015,5,20)"，则在此单元格显示一个日期 "2015-5-20"（或 "2015/5/20"）。

9. NOW 获取当天日期时间函数

NOW()函数返回日期时间格式的当前日期和时间。

5.5　Excel 2010 中的图表

Excel 2010 中的图表是以图形化方式直观地表示 Excel 工作表中的数据。Excel 图表具有较好的视觉效果，方便用户查看数据的差异和预测趋势。此外，使用 Excel 图表还可以让平面的数据立体化，更易于比较数据。

1. Excel 2010 中图表的组成

在创建图表前，要先来了解一下图表的组成。图表是由许多部分组成的，每一部分就是一个图表项，如图标题、表区、绘图区、数据系列、坐标轴等。

2. Excel 2010 中图表的类型

利用 Excel 2010 可以创建各种类型的图表，可以用多种方式表示工作表中的数据，如图 5-19 所示。

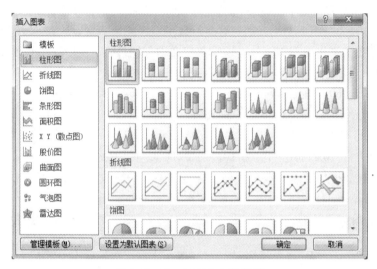

图 5-19　Excel 2010 中的图表

各类图表的功能如下。

（1）饼图：显示一个数据系列中各项的大小与各项总和的比例。饼图中的数据点显示为整个饼图的百分比。

（2）折线图：可显示随时间而变化的连续数据，非常适用于显示在相等时间间隔下数据的趋势。在折线图中，类别数据沿水平轴均匀分布，所有值数据沿垂直轴均匀分布。

（3）柱形图：用于显示一段时间内的数据变化或显示各项之间的比较情况。在柱形图中，通常沿水平轴组织类别，而沿垂直轴组织数值。

（4）条形图：显示各个项目之间的比较情况。

（5）散点图：显示若干数据系列中各数值之间的关系，或者将两组数绘制为 xy 坐标的一个系列。

（6）面积图：强调数量随时间而变化的程度，也可用于引起人们对总值趋势的注意。

（7）曲面图：显示两组数据之间的最佳组合。

（8）股价图：经常用来显示股价的波动。

（9）圆环图：圆环图显示各个部分与整体之间的关系，但是它可以包含多个数据系列。

（10）气泡图：排列在工作表列中的数据可以绘制在气泡图中。

5.5.1　图表的创建

1. 图表工作表的创建

先创建一个如图 5-20 所示的成绩统计表。

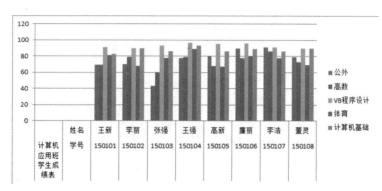

	A	B	C	D	E	F	G
1				计算机应用班学生成绩表			
2	学号	姓名	公外	高数	VB程序设计	体育	计算机基础
3	150101	王新	69	69	91	81	83
4	150102	李丽	70	79	90	68	90
5	150103	张强	43	60	93	78	86
6	150104	王强	78	79	97	89	93
7	150105	高新	80	68	95	67	86
8	150106	廉丽	90	78	96	80	89
9	150107	李浩	91	86	91	78	86
10	150108	董灵	79	73	90	69	90

图 5-20　学生成绩工作表

2. 插入图表

单击"柱状图"按钮，选择"二维柱状图"类型，即可生成如图 5-21 所示的图表。

图 5-21　学生成绩工作表所生成的柱状图表

5.5.2　图表的格式设置

当创建出一个图表后，如果需要对它进行美化，可以作一些图表的编辑操作，如添加颜色、背景、线形等设置。

用鼠标右击设计好的图表，在弹出的快捷菜单中选择"设置图表区域格式"命令，将弹出如图 5-22 所示的对话框，在这里可以对图表的填充、边框颜色、边框样式、阴影、三维格式等进行设置。

图 5-22　"设置图表区格式"对话框

5.6　数据管理

在 Excel 2010 中，数据管理主要是指数据的排序、筛选、合并计算和分类汇总等功能。

5.6.1　数据的排序

数据的排序是指依据数据表格中的有关字段，将数据表格中的记录按照升序或降序的方式进行排列。

【例 5-16】对学生成绩表中的记录按照总分进行降序排序。

具体操作如下。

（1）选择 A3:H10，选择"数据"功能区"排序和筛选"组中的"排序"功能，打开"排序"对话框，如图 5-23 所示。

图 5-23　"排序"对话框

（2）选择主要关键字为"总分"，次序为"降序"，单击"确定"按钮完成操作，结果如图 5-24 所示。

	A	B	C	D	E	F	G	H
1				计算机应用班学生成绩表				
2	学号	姓名	公外	高数	VB程序设计	体育	计算机基础	总分
3	150104	王强	78	79	97	89	93	182
4	150106	廉丽	90	78	96	80	89	169
5	150101	王新	69	69	91	81	83	164
6	150103	张强	43	60	93	78	86	164
7	150107	李浩	91	86	91	78	86	164
8	150108	董灵	79	73	90	69	90	159
9	150102	李丽	70	79	90	68	90	158
10	150105	高新	80	68	95	67	86	153

图 5-24　排序后的结果

5.6.2　数据的筛选

在 Excel 2010 中可以通过数据的筛选操作来快速找到所需的数据，通过筛选数据表，能够只显示满足指定条件的记录。Excel 2010 中的筛选方式分"自动筛选"和"高级筛选"两种。

【例 5-17】筛选学生成绩工作表中高数成绩大于等于 80 分的学生成绩。

具体操作如下。

（1）选择所有数据，调用"数据"功能区"排序和筛选"组中的"筛选"功能，这时，数据表的字段名旁边出现了"筛选"按钮，使数据表处于自动筛选状态，如图 5-25 所示。

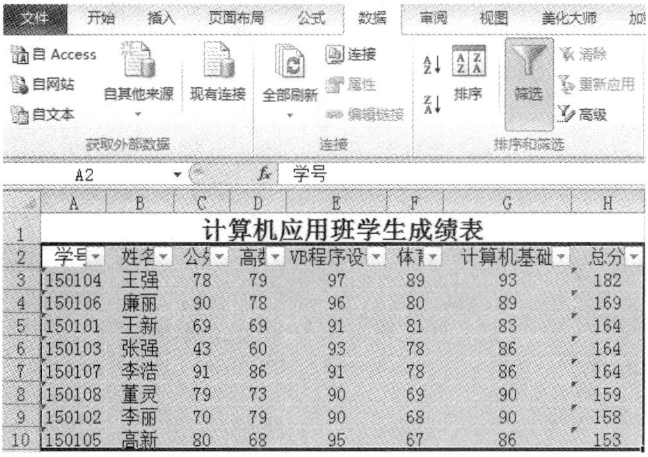

图 5-25　自动筛选状态

（2）单击字段名"高数"旁边的"筛选"按钮，在弹出的交互菜单中将鼠标指向"数字筛选"，此时界面如图 5-26 所示，在展开的级联子菜单中单击最后一项"自定义筛选"，打开如图 5-27 所示的"自定义自动筛选方式"对话框。

图 5-26　自定义筛选命令

（3）在对话框中设置"大于或等于"80，单击"确定"完成筛选操作，结果如图 5-28 所示。

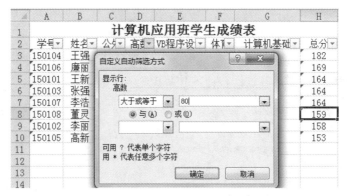

图 5-27 "自定义自动筛选方式"对话框

图 5-28 筛选的结果

5.6.3 数据的分类汇总

数据的分类汇总是指将数据表按某一字段进行数据的汇总，例如求最大值、最小值、平均值、合计等。

【例 5-18】对如图 5-29 所示的员工工作表进行数据的分类汇总的操作。

	A	B	C	D	E	F	G
1	员工表						
2	姓名	性别	年龄	行政级别	基本工资（元）	绩效津贴	实发工资
3	王强	男	43	副处级	4,800.00	1,100.00	5,900.00
4	王新	男	39	副科级	4,500.00	1,000.00	5,500.00
5	高新	男	31	副科级	4,100.00	900.00	5,000.00
6	董灵	女	33	副科级	4,300.00	1,000.00	5,300.00
7	张强	男	51	副厅级	5,000.00	2,600.00	7,600.00
8	李浩	男	46	正处级	4,900.00	1,200.00	6,100.00
9	李丽	女	41	正科级	4,800.00	1,100.00	5,900.00
10	廉丽	女	56	正厅级	6,000.00	3,000.00	9,000.00

图 5-29 员工工作表

（1）首先对"员工表"按照"行政级别"字段进行升序排序。

（2）选择数据表区域 A2:G10。

（3）应用"数据"功能区"分级显示"组中的"分类汇总"功能，调出"分类汇总"对话框，并设置"分类字段"为"行政级别"，"汇总方式"为"求和"，"选定汇总项"为"实发工资"，如图 5-30 所示。单击"确定"后得到如图 5-31 所示的结果，如单击出现在左边的分级数字号 2 和 1，则分别显示图 5-32 和图 5-33 所示的结果。

图 5-30 "分类汇总"对话框

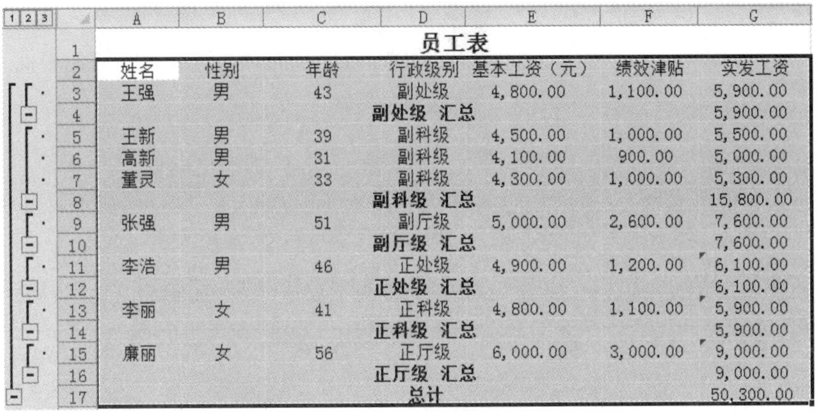

图 5-31　分类汇总后的结果

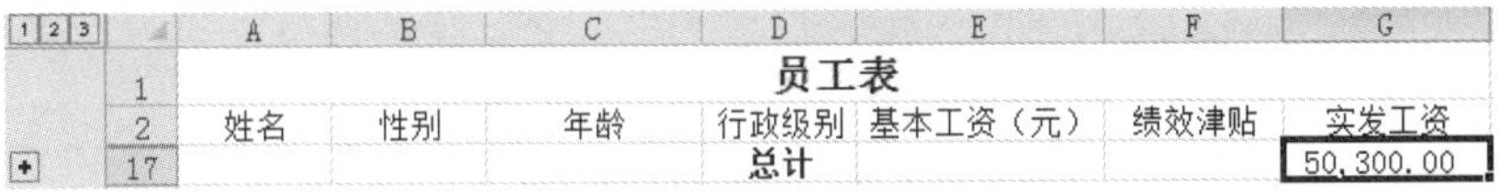

图 5-32　单击分级数字 1 后的结果

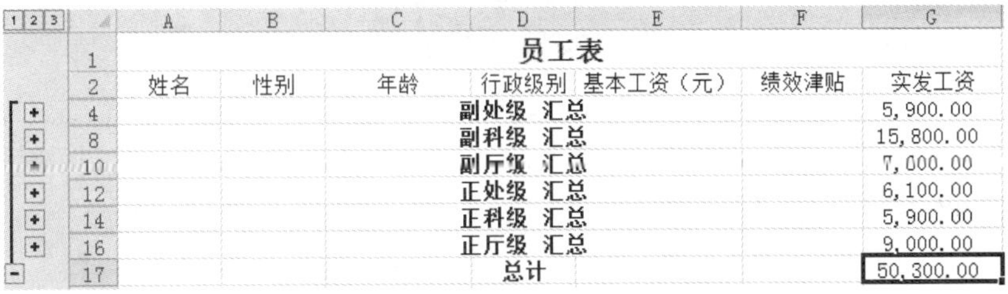

图 5-33　单击分级数字 2 后的结果

5.6.4　数据透视表

在 Excel 中数据透视表是一种对大量数据快速汇总和建立交叉列表的交互式表格，可以旋转其行或列以查看对源数据的不同汇总，还可以通过显示不同的行标签来筛选数据，或者显示所关注区域的明细数据，它是 Excel 强大数据处理能力的具体表现。

同创建普通图表一样，要创建数据透视表，首先要有数据源，这种数据可以是现有的工作表数据或外部数据，然后在工作簿中指定放置数据透视表的位置，最后设置字段布局。

为确保数据可用于数据透视表，在创建数据源时需要做到以下几个方面。

● 删除所有空行或空列。

● 删除所有自动小计。

● 确保第一行包含列标签。

● 确保各列只包含一种类型的数据，而不能是文本与数字的混合。

下面以创建学生成绩数据透视表为例，介绍创建数据透视表的方法，具体操作如下。

（1）打开"学生成绩表"，单击工作表中的任意非空单元格，再单击"插入"功能区"表"组中的"数据透视表"按钮，在展开的列表中选择"数据透视表"选项，如图 5-34 所示。

图 5-34　"数据透视表"命令

（2）在打开的"创建数据透视表"对话框中的"表/区域"编辑框中自动显示工作表名称和单元格区域的引用，并选中"新工作表"单选按钮，如图 5-35 所示。

图 5-35　"创建数据透视表"对话框

（3）单击"确定"按钮后，一个空的数据透视表会添加到新建的工作表中，"数据透视表工具"选项卡自动显示，窗口右侧显示数据透视表字段列表，以便用户添加字段，创建布局和自定义数据透视表，如图 5-36 所示。

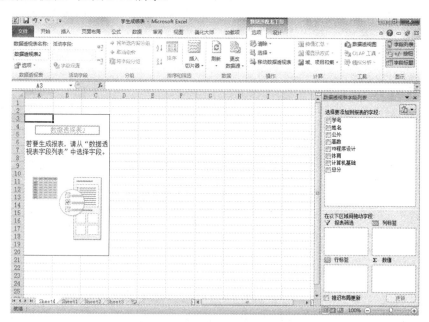

图 5-36　数据透视表字段列表

（4）将所需字段添加到报表区域的相应位置，如图 5-37 所示，最后在数据透视表外单击，数据透视表即创建结束。

图 5-37　创建的数据透视表

5.7　工作表的打印

当工作表的数据输入、编辑、格式化编辑完成后，便可以进行打印输出了。输出报表为了更加美观，在打印输出前还需要对工作表进行相应的处理，例如页面大小、页眉和页脚、打印区域的设置等。

5.7.1　页面的设置

1．非手动设置页边距

单击如图 5-38 所示的"页面布局"功能区。

图 5-38　"页面布局"功能区

然后单击如图 5-39 所示的"页面设置"按钮。

图 5-39　单击"页面设置"按钮

接着会弹出如图 5-40 所示的"页面设置"对话框，单击其中的"页边距"选项卡。

如图 5-41 所示，可以在这个选项卡中改变数值大小来调整页面的左右边距，同样也可以调整页面的上下边距。

图 5-40　"页面设置"对话框

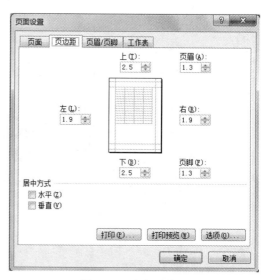

图 5-41　改变页边距

2. 手动设置页边距方法

单击"文件"功能区，然后再单击如图 5-42 所示的"打印"选项。

然后单击界面右下角的"显示边距"按钮，接下来就可以按住鼠标左键拖动表格中的各种边距线来改变页面的各种边距的大小，如图 5-43 所示。

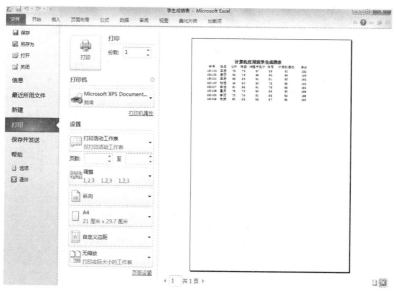

图 5-42　单击"文件"功能区的"打印"选项

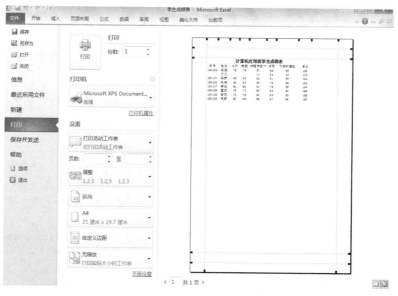

图 5-43　用鼠标拖拽改变页边距的大小

需要说明的是，非手动设置页边距方法是通过数字调整的，准确但不够直观。手动设置页边距方法是通过鼠标左键拖动实现的，直观但不够准确。两种方法各有所长，可以根据实际的使用情况来选择。

5.7.2　打印预览

打印预览是指将工作表在打印机上输出打印之前，可以首先在电脑上显示打印的实际效果，通过"文件"功能区中的"打印"组中的命令来进行，还可以进行各项与打印有关的设置，同时显示"打印预览"效果，如图 5-44 所示。

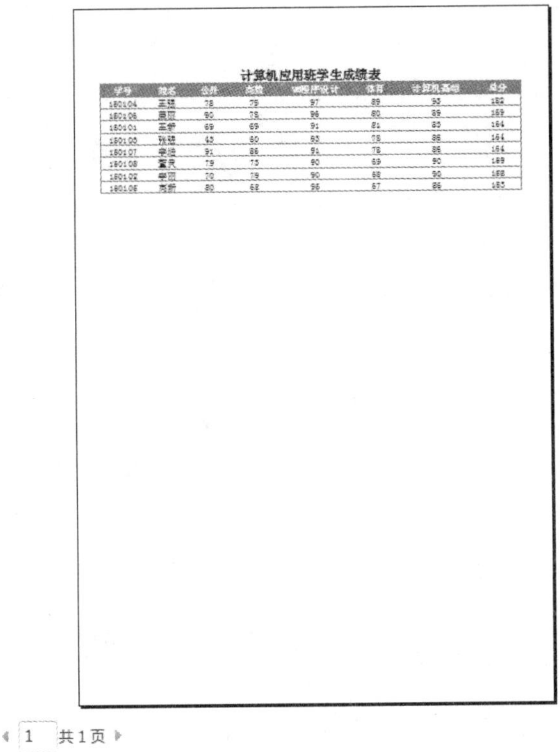

计算机应用班学生成绩表

学号	姓名	总评	高数	C程序设计	体育	计算机基础	总分
180104	王瑶	78	75	97	89	93	182
180106	周丽	90	75	96	80	89	169
180101	王婷	69	69	91	81	85	164
180105	孙雄	65	80	82	75	96	164
180107	李佳	91	86	91	78	86	184
180108	蓝灵	79	73	90	89	90	189
180102	李丽	70	78	90	88	90	188
180108	高婷	80	68	96	87	86	185

◄ 1 共1页 ►

图 5-44 打印效果的预览

习题 5

一、选择题

1. 启动 Excel 2010 后自动建立的工作簿文件的名称为（ ）。

    A．Book1   B．工作簿文件   C．工作簿 1   D．BookFile1

2. 在 Excel 2010 主界面窗口中不包含（ ）。

    A．"输出"功能区   B．"插入"功能区

    C．"开始"功能区   D．"数据"功能区

3. Excel 2010 中的电子工作表具有（ ）。

    A．一维结构   B．二维结构   C．三维结构   D．树结构

4. 下列关于复制操作说法中不正确的是（ ）。

    A．复制的单元格区域不一定与被复制的数据完全相同。

    B．复制的单元格区域数据与被复制的数据，可以不在同一个工作表中。

    C．复制的单元格区域数据与被复制的数据，可能不在同一个工作表中

    D．复制的单元格区域数据一定与被复制的数据完全相同

5. 在 Excel 2010 中关闭其窗口的组合键为（ ）。

    A．Alt+F4   B．Ctrl+X   C．Ctrl+C   D．Shift+F10

6. 启动 Excel 2010 后，在自动建立的工作簿文件中，带有电子工作表的初始个数为（   ）。

    A. 4 个   B. 3 个   C. 2 个   D. 1 个

7. 若一个单元格的地址为 F5，则其右边紧邻的一个单元格的地址为（   ）。

    A. F6   B. G5   C. E5   D. F4

8. 在 Excel 2010 中，日期数据的数据类型属于（   ）。

    A. 数字型   B. 文字型   C. 逻辑型   D. 时间型

9. Excel 2010 的每个工作表中，最小操作单元是（   ）。

    A. 单元格   B. 一行   C. 一列   D. 一张表

10. 在具有常规格式的单元格中输入数值后，其显示方式是（   ）。

    A. 左对齐   B. 右对齐   C. 居中   D. 随机

11. Excel 2010 中，"合并单元格"可在"单元格格式"对话框中的（   ）选项卡设置。

    A. 保存   B. 字体   C. 数字   D. 对齐

12. 在一个单元格引用的行地址或列地址前，若表示为绝对地址则添加的字符是（   ）。

    A. @   B. #   C. $ D. %

13. 假定一个单元格的地址为 $D$25，则此地址的表示方式是（   ）。

    A. 相对地址   B. 绝对地址   C. 混合地址   D. 三维地址

14. 假定单元格 D3 中保存的公式为"=B3+C3"，若把它移动到 E4 中，则 E4 中保存的公式为（   ）。

    A. =B3+C3   B. =C3+D3   C. =B4+C4   D. =C4+D4

15. 在 Excel 2010 中求一组数值中的最大值函数为（   ）。

    A. AVERAGE   B. MAX   C. MIN   D. SUM

16. 在 Excel 2010 的高级筛选中，条件区域中同一行的条件是（   ）。

    A. 或的关系   B. 与的关系   C. 非的关系   D. 异或的关系

17. 在 Excel 2010 中，所包含的图表类型共有（   ）。

    A. 10 种   B. 11 种   C. 20 种   D. 30 种

18. 在 Excel 2010 中，创建图表时要打开（   ）。

    A. "开始"功能区   B. "插入"功能区

    C. "公式"功能区   D. "数据"功能区

19. 在 Excel 2010 中，从工作表中删除所选的一列，则需要使用"开始"功能区中的（   ）。

    A. 删除按钮   B. 清除按钮   C. 剪切按钮   D. 复制按钮

20. 在 Excel 2010 中，如果只需要删除所选区域的内容，则应执行的操作是（   ）。

    A. "清除"→"清除批注"   B. "清除"→"全部清除"

    C. "清除"→"清除内容"   D. "清除"→"清除格式"

21. 在 Excel 2010 中，利用"查找和替换"对话框（   ）。

    A. 只能做替换   B. 只能做查找

    C. 既能做查找又能做替换   D. 只能做一次查找和替换

22. 在 Excel 2010 的工作表中，（   ）。

    A. 行和列都不可以被隐藏   B. 只能隐藏行

    C. 只能隐藏列   D. 行和列都可以被隐藏

23．在 Excel 2010 中，若要选择一个工作表的所有单元格，则应单击（　　）。

A．表标签　　　　　　　　　　B．列标行与行号列相交的单元格

C．左下角单元格　　　　　　　D．右上角单元格

24．在一个 Excel 2010 的工作表中，第 6 列的列标为（　　）。

A．C　　　　　B．D　　　　　C．E　　　　　D．F

25．在 Excel 2010 中，若需要删除一个工作表，右击它的表标签后，从弹出的菜单列表中选择（　　）。

A．"重命名"选项　　　　　　　B．"插入"选项

C．"删除"选项　　　　　　　　D．"工作表标签颜色"选项

26．在 Excel 2010 中，"页眉/页脚"的设置属于（　　）。

A．"单元格格式"对话框　　　　B．"打印"对话框

C．"插入函数"对话框　　　　　D．"页面设置"对话框

27．在 Excel 2010 中，若要表示"数据表 1"上的 B2 到 G8 的整个单元格区域，则应书写为（　　）。

A．数据表 1#B2:G8　　　　　　B．数据表 1$B2:G8

C．数据表 1!B2:G8　　　　　　D．数据表 1:B2:G8

28．在 Excel 2010 的一个工作表上的某一个单元格中，若要输入计算公式"2015-4-27"，则正确的输入为（　　）。

A．2015-4-5　　　B．=2015-4-5　　　C．'2015-4-5　　　D．"2015-4-5"

二、操作题

新建一个工作簿文件，然后建立学生成绩表数据表（图 1），按要求完成如下操作。

1．输入表格内容（其中学号用自动填充方式录入）。

2．用公式计算总分和平均分。用函数求出最高分和最低分。

3．按"总分"降序排序，并用自动填充将名次填上。

4．表头合并单元格，字体为黑体，字号为 30 并设置加粗、居中。

5．表格边框设置：细实线。表格内的文字设置：字体为宋体，字号为 20 号，并设置居中。

7．设置条件格式：0～59 分的分数用红色显示，60～79 分的分数用紫色显示，80～100 分的分数用蓝色显示。

8．纸张大小的设置为 A4 纸，上下边距为 2，左右边距为 2。

9．打印预览此表格，页面如果不合理可调整行间距和列间距。

计算机应用班学生成绩表

学号	姓名	公外	高数	VB程序设计	体育	计算机基础
150101	王新	69	69	91	81	83
150102	廉丽	90	78	96	80	89
150103	王强	78	79	97	89	93
150104	张强	43	60	93	78	86
150105	李浩	91	86	91	78	86
150106	董灵	79	73	90	69	90
150107	李丽	70	79	90	68	90
150108	高新	80	68	95	67	86

图 1

三、简答题

1. Excel 2010 有哪些主要功能？
2. Excel 2010 在哪些方面进行了新增和改进？
3. Excel 2010 的操作界面由哪些部分组成？
4. 什么是 Excel 2010 中的工作簿、工作表、单元格？
5. Excel 2010 中的数据类型有哪些？
6. Excel 2010 中的常用函数有哪些？
7. Excel 2010 中的图表有哪些主要类型？
8. 什么是 Excel 2010 中的数据透视表？
9. Excel 2010 中的公式和函数怎样使用？

第 6 章 演示文稿制作软件 PowerPoint 2010

引言

PowerPoint 2010（以下简称 PowerPoint）与 Excel 2010、Word 2010 一样，是微软公司出品的办公软件系列的重要组件之一。PowerPoint 是一种图形化的应用程序，主要用于演示文稿的创建，即幻灯片的制作，可以有效地辅助演讲、教学演示等。

内容结构图

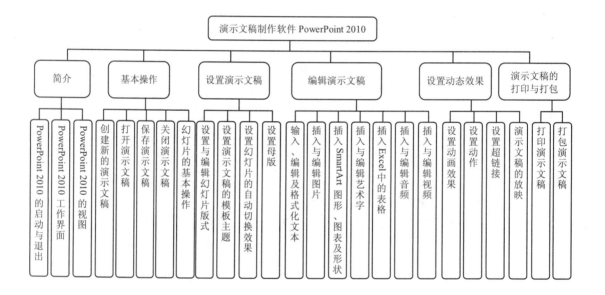

学习目标

通过对本章内容的学习，学生能够做到：

- 了解：PowerPoint 2010 的基础知识。打印和打包演示文稿的方法。演示文稿相关的网络应用。
- 理解：演示文稿设置动态效果的方法。
- 应用：演示文稿的创建、编辑、保存以及放映等方法。

6.1　PowerPoint 2010 简介

6.1.1　PowerPoint 2010 的启动与退出

1. PowerPoint 2010 的启动

启动 PowerPoint 常用的方法有以下几种。

- 单击"开始"按钮，选择"所有程序"→"Microsoft Office"→"Microsoft PowerPoint 2010"命令。如图 6-1 所示。

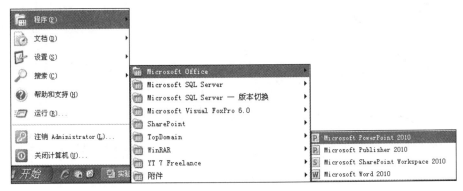

图 6-1　从开始菜单启动 PowerPoint 2010

- 双击桌面上已有的 Microsoft PowerPoint 2010 的快捷方式。如图 6-2 所示。
- 双击已有的 PowerPoint 演示文稿（扩展名为.pptx）。如图 6-3 所示。

图 6-2　双击桌面图标启动 PowerPoint 2010　　　图 6-3　双击应用程序图标启动 PowerPoint 2010

2. PowerPoint 2010 的退出

退出 PowerPoint 常用的方法有以下几种。

- 单击 PowerPoint 窗口标题栏右端的 ⊠ 按钮。
- 单击 PowerPoint 窗口的"文件"菜单，选择"退出"命令。
- 双击标题栏最左侧的 ℗ 图标即可退出 PowerPoint 2010 窗口。
- 单击标题栏最左侧的 ℗ 图标，在弹出的下拉菜单中选择"关闭"命令，即可退出 PowerPoint 2010 窗口。
- 按快捷键 Alt+F4。

6.1.2　PowerPoint 2010 的工作界面

启动 PowerPoint 2010 后，即打开 PowerPoint 的操作界面，PowerPoint 2010 的窗口由标题栏、快速访问工具栏、功能区、文档窗口和状态栏组成。如图 6-4 所示。

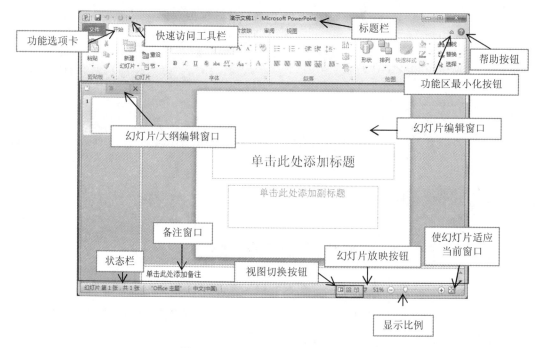

图 6-4　PowerPoint 2010 的操作界面

1. 标题栏和快速访问工具栏

标题栏显示软件名称以及演示文稿名称。快速访问工具栏位于标题栏左边，由一些最常用的工具按钮组成，如"保存"按钮、"撤销"按钮和"恢复"按钮等，如图 6-5 所示。

2. 各功能区及其功能

（1）"文件"功能区。

单击"文件"功能区，即可打开如图 6-6 所示的界面。

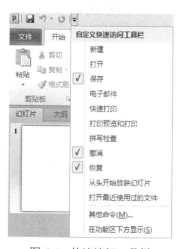

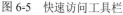

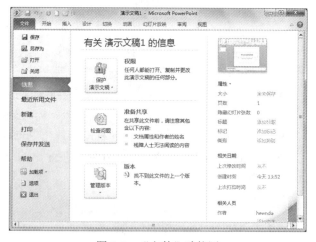

图 6-5　快速访问工具栏　　　　　　　　　图 6-6　"文件"功能区

在"文件"功能区中可以保存、打开、新建、关闭、打印、退出演示文稿，并且可以查看当前演示文稿的基本信息和查看最近使用的所有文件。

在 PowerPoint 2010 中，除"文件"功能区以外，其他功能区统称为功能区，它取代了 PowerPoint 2003 及更早版本中的菜单栏和工具栏上的命令。

（2）"开始"功能区。

"开始"功能区包含常用的"剪贴板""幻灯片""字体""段落""绘图"和"编辑"6 个组。如图 6-7 所示。使用"开始"功能区可以进行插入新幻灯片操作、绘制基本图形以及设置幻灯片上文本的字体格式和段落格式等操作。

图 6-7　"开始"功能区

（3）"插入"功能区。

"插入"功能区主要包括"表格""图像""插图""链接""文本""符号"和"媒体"等组。如图 6-8 所示。通过"插入"功能区可以实现将图表、图像、页眉或页脚等对象插入到演示文稿中。

图 6-8　"插入"功能区

（4）"设计"功能区。

"设计"功能区主要包括"页面设置""主题"和"背景"等组。如图 6-9 所示。通过使用"设计"功能区可以对演示文稿的页面、颜色进行设置以及自定义演示文稿的背景和主题。

图 6-9　"设计"功能区

（5）"切换"功能区。

"切换"功能区主要包括"预览""切换到此幻灯片"和"计时"等组。如图 6-10 所示。通过使用"切换"功能区可以对当前幻灯片进行相应切换设置。

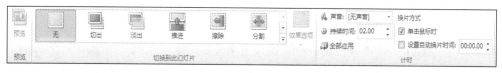

图 6-10　"切换"功能区

（6）"动画"功能区。

"动画"功能区主要包括"预览""动画""高级动画"和"计时"。如图 6-11 所示。通过使用"动画"功能区可以对幻灯片上的对象进行动画设置的相关操作。

图 6-11　"动画"功能区

（7）"幻灯片放映"功能区。

"幻灯片放映"功能区主要包括"开始放映幻灯片""设置"和"监视器"等组。如图 6-12 所示。

图 6-12　"幻灯片放映"功能区

（8）"审阅"功能区。

"审阅"功能区主要包括"校对""语言""中文简繁转换""批注"和"比较"等组。如图 6-13 所示。通过"审阅"功能区可以进行拼写检查、校对文章。

图 6-13　"审阅"功能区

（9）"视图"功能区。

"视图"功能区主要包括"演示文稿视图""母版""显示""显示比例""颜色/灰度""窗口"和"宏"等组。如图 6-14 所示。通过"视图"功能区可以查看幻灯片视图和母版，进行幻灯片浏览，打开或关闭标尺、网格线和参考线，可以对显示比例、对颜色/灰度等进行设置。

图 6-14　"视图"功能区

3. "幻灯片/大纲"编辑窗口

"幻灯片/大纲"编辑窗口位于工作区的左侧，包括"幻灯片"和"大纲"两个功能区，主要用于编辑演示文稿的大纲以及显示当前演示文稿的幻灯片数量和位置。如图 6-15 所示。

4. "幻灯片"编辑窗口

"幻灯片"编辑窗口位于 PowerPoint 2010 工作区的中间，用于完成幻灯片的编辑工作，修改幻灯片的外观，添加图形、影片、声音、创建超链接或者添加动画等。如图 6-15 所示。

5. "备注"窗口

"备注"窗口位于"幻灯片"窗口下方，是在普通视图中显示的用于输入关于当前幻灯片的备注，可以将这些备注打印为备注页或在将演示文稿保存为网页时显示它们。如图 6-15 所示。

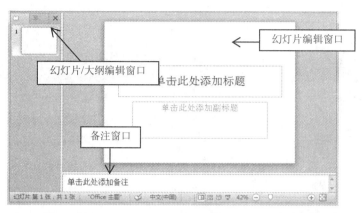

图 6-15　PowerPoint 2010 的工作区

6.1.3　PowerPoint 2010 的视图

PowerPoint 2010 的视图包括普通视图、幻灯片浏览视图、备注页视图、阅读视图和幻灯片放映视图。

在 PowerPoint 2010 中，有两种方法用于设置和选择演示文稿视图。

● 单击状态栏右侧的 4 个"视图切换"按钮进行切换，包括普通视图、幻灯片浏览视图、阅读视图和幻灯片放映视图。如图 6-16 所示。

● 单击"视图"功能区，选择"演示文稿视图"组，在该组中可以选择或切换不同的视图。如图 6-17 所示。

图 6-16　视图切换按钮　　　　图 6-17　"视图"功能区中的"演示文稿视图"组

1. 普通视图

普通视图为系统默认显示方式。普通视图主要包括"幻灯片/大纲"窗格、"幻灯片"窗格和"备注"窗格 3 个工作区域，可以用于编辑演示文稿。如图 6-18 所示。

2. 幻灯片浏览视图

通过幻灯片浏览视图可以在整体上对所有幻灯片进行浏览，而且可以方便地进行幻灯片的复制、移动和删除等基本操作，但不能直接对幻灯片的内容进行编辑或修改。如图 6-19 所示。

3. 备注页视图

在备注页视图下可以对页面上方的幻灯片在页面下方添加备注。如图 6-20 所示。

4. 阅读视图

阅读视图可以在不占用整个屏幕的方式下通过大屏幕放映演示文稿。若要从阅读视图切换到其他视图模式，则需要单击状态栏上的"视图"按钮，或直接按 Esc 键退出阅读视图模式。如图 6-21 所示。

图 6-18　普通视图

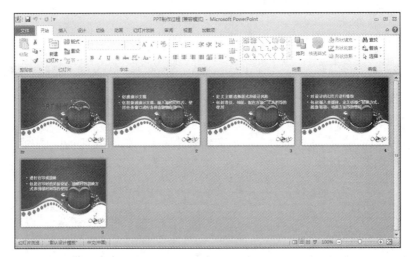

图 6-19　幻灯片浏览视图

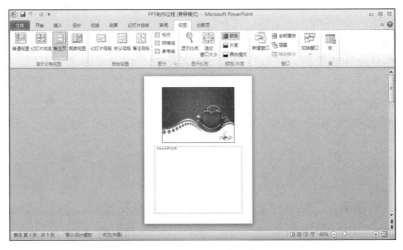

图 6-20　备注页视图

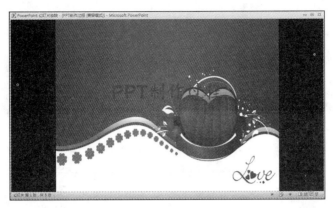

图 6-21　阅读视图

6.2　演示文稿的基本操作

在 PowerPoint 2010 中，幻灯片是最基本的操作对象，一个 PowerPoint 演示文稿由一张或多张幻灯片组成，幻灯片又由多种多媒体元素组成。使用 PowerPoint 2010 创建的演示文稿默认扩展名为.pptx。

6.2.1　创建新的演示文稿

当启动 PowerPoint 2010 应用程序时，系统会默认创建一个新的演示文稿，命名为"演示文稿 1"，若重新创建新的演示文稿，具体操作步骤如下。

（1）启动 PowerPoint 2010，单击"文件"功能区，并在左侧的列表中选择"新建"选项，如图 6-22 所示。

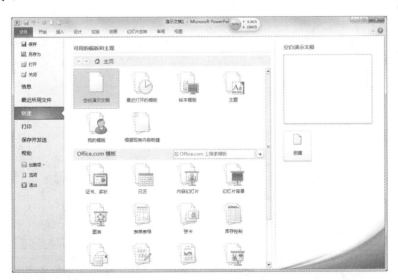

图 6-22　新建界面

（2）在"可用的模板和主题"列表框中选择"空白演示文稿"选项。

（3）单击右侧"创建"按钮，即可创建一个空白的演示文稿。

6.2.2 打开演示文稿

对于在磁盘上已经存在的演示文稿，若需要再次查看或编辑时，则需要先打开该演示文稿，具体打开演示文稿的操作步骤如下。

（1）在 PowerPoint 2010 界面打开状态下，单击"文件"功能区，在左侧的列表中选择"打开"选项，则打开"打开"对话框。如图 6-23 所示。

图 6-23　"打开"对话框

（2）在"打开"对话框中找到需要打开的演示文稿的保存位置，然后选中要打开的演示文稿。

（3）单击"打开"按钮，即可打开选中的演示文稿。

6.2.3 保存演示文稿

保存演示文稿的操作步骤如下。

（1）单击"文件"功能区，在左侧的列表中选择"保存"或"另存为"选项，即可打开"保存"或"另存为"对话框。

（2）选择演示文稿的保存位置，输入文件名以及确定"保存类型"。如图 6-24 所示。

（3）单击"保存"按钮，即完成保存操作。

图 6-24　"另存为"对话框

6.2.4 关闭演示文稿

关闭演示文稿并退出 PowerPoint 2010 的方法非常简单，通常使用以下四种方法之一。

- 直接单击 PowerPoint 2010 窗口中的"关闭"按钮。
- 使用快捷键 Alt+F4。
- 执行"文件"菜单中的"退出"命令。
- 用鼠标双击 PowerPoint 2010 窗口标题栏左上角的控制菜单图标

在普通视图的幻灯片窗格和幻灯片浏览视图中可以进行幻灯片的选定、查找、添加、删除、移动和复制等操作。

6.2.5 幻灯片的基本操作

1. 选择幻灯片

在对幻灯片进行操作之前，需要先要选定幻灯片。选定幻灯片常用的方法有以下几种。

（1）选择单张幻灯片。

单击相应幻灯片，即可选定该幻灯片。

（2）选择多张幻灯片。

- 选定多张不连续的幻灯片可以按住 Ctrl 键的同时单击相应幻灯片。
- 选定多张连续的幻灯片可以单击要选定的第一张幻灯片，在按住 Shift 键的同时单击要选定的最后一张幻灯片。
- 选定全部幻灯片可以按快捷键 Ctrl+A。

2. 新建与删除幻灯片

打开一个演示文稿后，添加新幻灯片的操作步骤如下。

（1）将光标定位在要插入的位置。

（2）单击"开始"功能区，选择"幻灯片"组中的"新建幻灯片"命令。如图 6-25 所示。打开"新建幻灯片"下拉按钮，可以选择不同类型的幻灯片。如图 6-26 所示。

（3）选择一种类型幻灯片，即可输入幻灯片。

图 6-25 新建幻灯片命令

图 6-26 Office 主题列表

3．删除幻灯片

对于幻灯片的删除，具体操作步骤如下。

（1）选定要删除的幻灯片。

（2）按 Del 键，或在幻灯片上右击鼠标，在弹出的快捷菜单中选择"删除幻灯片"命令。

4．移动幻灯片

移动幻灯片的方法如下。

● 在"大纲"编辑窗口中使用鼠标直接拖动幻灯片到指定位置即可。

● 可以使剪切和粘贴的方法移动幻灯片。

5．复制幻灯片

在普通视图中，选择需要复制的幻灯片，然后右击鼠标，在弹出的快捷菜单中选择"复制幻灯片"选项，然后再使用"粘贴"选项，将选中幻灯片粘贴到指定位置。

6.3　设置演示文稿

6.3.1　设置与编辑幻灯片版式

1．设置幻灯片版式

在 PowerPoint 2010 中，幻灯片版式包括 11 种内置的幻灯片版式，如标题幻灯片、标题和内容、节标题等，可以选择需要的版式应用于当前幻灯片中。如图 6-27 所示。

2．插入页眉页脚

在幻灯片中可以通过添加页眉页脚来为幻灯片添加幻灯片编号以及日期时间等。具体方法是：选择"插入"功能区，单击"文本"组中的"幻灯片编号"按钮或者"日期和时间"按钮，则弹出"页眉和页脚"对话框，选中对应的复选框，如图 6-28 所示。然后单击"全部应用"按钮即可。

图 6-27　幻灯片版式

图 6-28　"页眉和页脚"对话框

6.3.2　设置演示文稿的模板主题

在演示文稿设计中除了设计幻灯片版式之外还需要设计模板主题等。

1. 选择主题样式

PowerPoint 2010 比早期版本系统中提供了更多的主题样式。选择幻灯片主题的方法是：选择"设计"功能区，单击"主题"组右下角的按钮，弹出所有主题列表，选择所需主题即可。如图 6-29 所示。

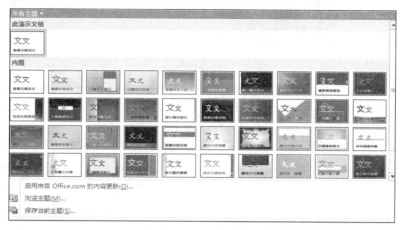

图 6-29　主题列表

2. 更改主题颜色

幻灯片的主题颜色可以根据需要进行更改，更改方法是：单击"颜色"按钮，在弹出的配色方案列表中选择一组颜色方案或编辑颜色。如图 6-30 所示。

3. 更改主题效果

单击"设计"功能区中的"效果"按钮，则弹出"主题效果"列表，如图 6-31 所示。使用主题效果库中的主题，可以快速更改幻灯片中不同对象的外观，使幻灯片效果更好。

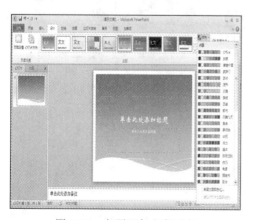

图 6-30　主题配色方案列表

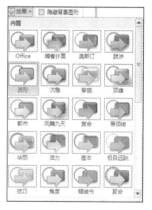

图 6-31　"主题效果"列表

4. 自定义幻灯片背景

在 PowerPoint 2010 中可以根据需要自定义幻灯片背景，具体操作方法是：选择"设计"功能区，单击"背景"组中的"背景样式"按钮，则弹出"背景样式"列表，如图 6-32 所示。

在"背景样式"列表中单击"设置背景格式"命令，则弹出"设置背景格式"对话框，如图 6-33 所示。在该对话框中可以设置背景的填充样式、图片效果和背景的艺术效果。

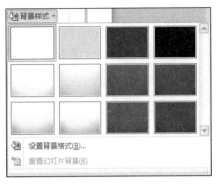

图 6-32　"背景样式"列表

图 6-33　"设置背景格式"对话框

6.3.3　设置幻灯片的自动切换效果

切换效果主要决定以何种效果从一张幻灯片换到另一张幻灯片，使幻灯片的展示效果增强。具体操作步骤如下。

1. 添加切换效果

（1）选定要设置切换效果的幻灯片。

（2）单击"切换"功能区，选择"切换到此幻灯片"组，在弹出的切换效果列表中选择切换效果，如图 6-34 所示。在该列表中切换效果分为 3 类：细微型、华丽型和动态内容。

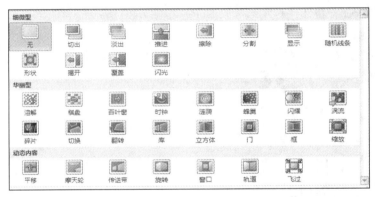

图 6-34　"切换效果"列表

2. 设置"效果选项"

单击"效果选项"按钮，则弹出"效果"列表，如图 6-35 所示，在这里可以为每种切换效果设置更丰富的动态效果。

3. 设置"计时"组选项

在"切换"功能区的"计时"组中包含 4 项操作，如图 6-35 所示。

（1）"声音"列表：在该列表中可以选择 PowerPoint 2010 内置的或来自磁盘的声音文件为幻灯片切换效果设置声音。

（2）"持续时间"选项：用来调整幻灯片的切换速度。

（3）"全部应用"按钮：单击该按钮，可以将设置好的切换效果应用到整个演示文稿中的所有幻灯片。

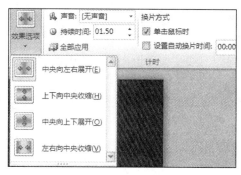

图 6-35　"效果选项"及"计时"组

（4）"换片方式"选项：用来设置触发幻灯片切换的方式。

1）"单击鼠标时"复选框：选中该项表示单击鼠标左键时幻灯片切换。

2）"设置自动换片时间"复选框：选中该项并设置一个时间，则表示等待相应时间后，幻灯片自动切换。

4. 预览切换效果

预览切换效果的方法是：单击"切换"功能区中的"预览"按钮，则可以预览当前一张幻灯片的切换效果。

6.3.4　设置母版

母版视图位于"视图"功能区中，包括幻灯片母版视图、讲义母版视图和备注母版视图 3 种。

1. 幻灯片母版视图

幻灯片母版视图可以快速统一制作出多张具有同一特色的幻灯片，包括设计母版的占位符大小，背景颜色以及字体大小等。

设计幻灯片母版的具体操作步骤如下。

（1）单击"视图"功能区中的"母版视图"组中的"幻灯片母版"按钮，即进入幻灯片母版编辑状态，如图 6-36 所示。

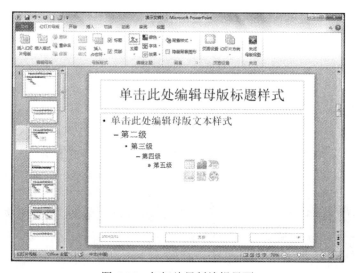

图 6-36　幻灯片母版编辑界面

（2）在幻灯片母版编辑界面中，可以设置占位符的位置，占位符中文字的字体格式，段落格式或插入图片，设计背景等。

（3）单击"关闭母版视图"按钮即可退出幻灯片母版视图。

2．讲义母版视图

讲义母版视图可以将多张幻灯片显示在一张幻灯片中，用于打印输出。

具体操作方法如下。

（1）单击"视图"功能区中的"母版视图"组中的"讲义母版"按钮，即可进入讲义母版视图编辑界面。如图 6-37 所示。

（2）单击功能区中的"页面设置"按钮，则弹出"页面设置"对话框。

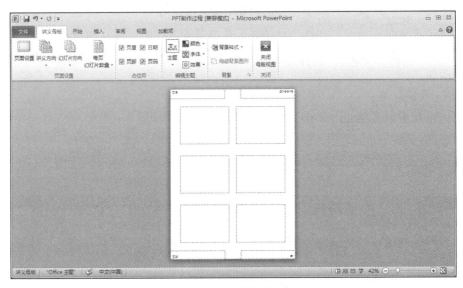

图 6-37　讲义母版编辑界面

（3）单击功能区中的"讲义方向"下面的下拉按钮，则弹出设置讲义方向的下拉列表，包括纵向和横向。

（4）单击功能区中的"幻灯片方向"下面的下拉按钮，则弹出设置幻灯片方向的下拉列表，包括纵向和横向。

（5）单击功能区中的"每页幻灯片数量"右侧的下拉按钮，则弹出设置幻灯片页数的下拉列表。

（6）单击"关闭母版视图"按钮即可退出。

3．备注母版视图

备注母版视图主要用于显示幻灯片的备注信息。设置备注母版的具体操作步骤如下。

（1）单击"视图"功能区中的"母版视图"组中的"备注母版"按钮，即可进入备注母版视图编辑界面。如图 6-38 所示。

（2）选择备注文本区中的文本，单击"开始"功能区，在此设置选中文本的大小、字体、颜色等。

（3）设置完成后，单击"备注母版"功能区，并在其中单击"关闭母版视图"按钮即可退出。

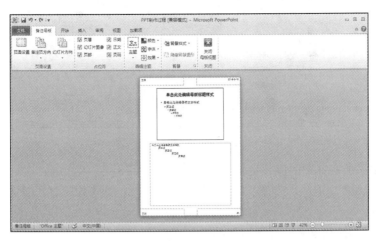

图 6-38　备注母版编辑界面

6.4　编辑演示文稿

6.4.1　输入、编辑及格式化文本

在 PowerPoint 2010 中，编辑演示文稿的第一步就是向演示文稿中输入文本，其中包括文字、符号以及公式等。

1. 文本的输入

在 PowerPoint 2010 中输入文本的方法如下。

（1）在"文本占位符"中输入文本。

"文本占位符"在普通视图中由虚线围成，它们会显示一些提示内容。在"文本占位符"上单击鼠标即可输入文字，同时输入的文字会自动替换"文本占位符"中的提示文字。幻灯片中"文字占位符"的位置是固定的。如图 6-39 所示。

图 6-39　在"文本占位符"中输入文本

（2）在新建文本框中输入文本。

若需要在幻灯片的其他位置输入文本，则可以通过插入文本框来实现。如图 6-40 所示。

图 6-40　插入文本框选项

在幻灯片中添加文本框的操作步骤如下。

1）单击"插入"功能区，选择"文本框"按钮，在下拉列表中选择"横排文本框"→"垂直文本框"命令。

2）在幻灯片上拖动鼠标即可添加文本框。

3）单击文本框，输入文本即可。

（3）输入符号和公式。

在"文本占位符"和"文本框"中除了可以输入文字，还可以输入专业用的符号和公式。输入符号和公式的方法是单击"插入"功能区，然后选择"符号"按钮和"公式"按钮来完成符号和公式的输入。

2. 文本的编辑

与 Word 2010 操作方法类似，在 PowerPoint 2010 中对文本进行删除、插入、复制、移动等基本操作。

3. 文本的格式化

文本格式化包括字体、字形、字号、颜色及效果等设置。

选择需要设置的文本，单击"开始"功能区，选择"字体"组，并在其中单击"字体""字形""字号""颜色"等按钮进行设置，也可以单击"字体"组右下方的 按钮，打开"字体"对话框。如图 6-41 所示。

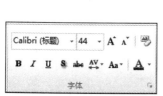

图 6-41　"字体"组及"字体"对话框

4. 段落的格式化

在 PowerPoint 2010 中单击"开始"功能区，选择"段落"组，在此处可以设置段落的对齐方式、缩进、行间距等，也可以单击"段落"组右下方的 按钮，打开"段落"对话框，如图 6-42 所示。

图 6-42　"段落"组及"段落"对话框

5．增加或删除项目符号和编号

在默认情况下，在幻灯片上各层次小标题的开头位置上会显示项目符号（如"•"），以突出小标题层次。

"项目符号"和"编号"命令分别对应于"段落"组中的第 1、2 个按钮。单击"项目符号"按钮▤ ▾或"编号"按钮▤ ▾右侧下拉按钮，则展开项目符号、编号下拉列表，可以根据需要选择合适的项目符号或编号。若需要对编号进行编辑或需要将一个图片设置为项目符号，可以单击列表下方的"项目符号和编号"按钮，在其中完成设置。如图 6-43 所示。

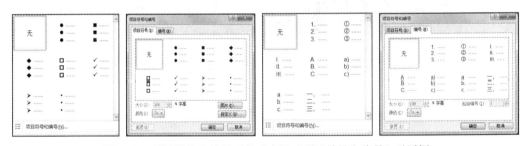

图 6-43　项目符号和编号下拉列表及"项目符号和编号"对话框

6.4.2　插入与编辑图片

1．插入图片

选择"插入"功能区，单击"图像"组中的"图片"按钮，如图 6-44 所示。

图 6-44　插入图片

2．调整图片的大小

调整图片大小的操作方法如下。

（1）选中需要调整大小的图片，将鼠标放置在图片四周的尺寸控制点上，拖动鼠标即可调整图片大小。

（2）选中需要调整大小的图片，选择"图片工具/格式"功能区，在"大小"组中设置图片的"高度"或"宽度"即可调整图片大小。如图 6-45 所示。

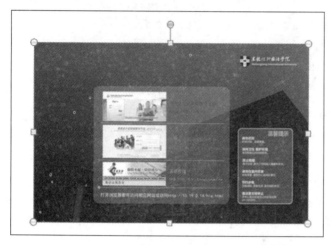

图 6-45　调整图片大小的两种方法

3．裁剪图片

（1）直接进行裁剪。

选中需要裁剪的图片，选择"图片工具/格式"功能区，在"大小"组中单击"裁剪"按钮，则打开裁剪下拉列表，如图 6-45 所示。选择"裁剪"命令。

● 裁剪某一侧：将某侧的中心裁剪控制点向里拖动。

● 同时均匀裁剪两侧：按住 Ctrl 键的同时，拖动任一侧裁剪控制点。

● 同时均匀裁剪四边：按住 Ctrl 键的同时，将一个角的裁剪控制点向里拖动。

● 放置裁剪：裁剪完成后，按 Esc 键或在幻灯片空白处单击即可退出裁剪操作。

（2）裁剪为特定形状。

裁剪为特定形状可以快速更改图片的形状，具体操作步骤如下。

1）选中需要裁剪的图片。

2）单击"裁剪"按钮，在其下拉列表中单击"裁剪为形状"选项，此时弹出"形状"列表。

3）选择"心形"选项，如图 6-46 所示。

（3）裁剪为通用纵横比。

将图片裁剪为通用的照片或纵横比，可以使其轻松适合图片框。具体操作步骤如下。

1）选中需要裁剪的图片。

2）单击"裁剪"按钮，在其下拉列表中单击"纵横比"选项，此时弹出"纵横比"列表。

3）选择"3:5"选项，如图 6-47 所示。

图 6-46 裁剪图片形状为心形

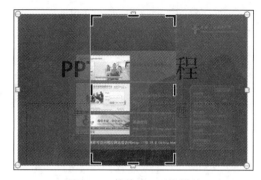

图 6-47 剪裁为 3:5 纵横比

4. 旋转图片

旋转图片的操作步骤如下。

（1）选择需要旋转的图片。

（2）选择"图片工具/格式"功能区，在"排列"组中单击"旋转"按钮，则打开旋转下拉列表，设置旋转图片的角度，单击"其他旋转选项"，打开的"设置图片格式"对话框如图 6-48 所示。

图 6-48 "设置图片格式"对话框

5. 为图片设置艺术效果

为图片设置艺术效果，用来更加美化幻灯片。

（1）为图片设置样式。

为图片设置样式的操作步骤如下。

1）选择图片。

2）在"图片工具/格式"功能区选择"图片样式"组，如图 6-49 所示，单击 按钮，则打开图片样式列表，如图 6-50 所示。选择所需图片样式即可设置图片样式。还可以通过"图片样式"组右侧的"图片边框""图片效果""图片版式"对图片样式进一步编辑。

（2）为图片设置颜色效果。

为图片设置颜色效果的操作步骤如下。

1）选择图片。

图 6-49　"图片样式"组　　　　　　　　　图 6-50　图片样式列表

2）在"图片工具/格式"功能区选择"调整"组，单击"颜色"按钮，则弹出图片颜色下拉列表，如图 6-51 所示。选择所需颜色即可完成设置。

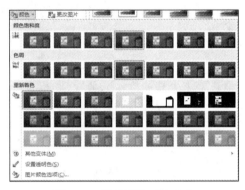

图 6-51　图片颜色下拉列表

6.4.3　插入 SmartArt 图形、图表及形状

1．插入 SmartArt 图形

SmartArt 图形是数据的可视化表示形式，使用 SmartArt 图形可以有效地传达信息或观点。在 PowerPoint 中插入 SmartArt 图形的具体操作步骤如下。

（1）选择需要插入 SmartArt 图形的幻灯片。

（2）选择"插入"功能区，单击"插入"组中的"SmartArt"按钮，则打开"选择 SmartArt 图形"对话框，如图 6-52 所示。

（3）在"选择 SmartArt 图形"对话框中单击"层次结构"中的"组织结构图"，单击"确定"按钮即可。

（4）创建组织结构图后，可以直接单击幻灯片组织结构图中的"文本"输入文字内容，也可以单击"文本"窗格中的"文本"来添加文字内容。

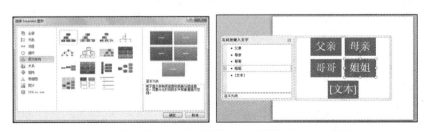

图 6-52　"选择 SmartArt 图形"对话框及插入文本效果

2. 编辑 SmartArt 图形

（1）在已有的图形中添加形状。

具体操作步骤如下。

1）在幻灯片中选中 SmartArt 图形。

2）选择"SmartArt 工具"中的"设计"功能区，单击"创建图形"组中的"现有形状"按钮，在弹出的下拉列表中选择"在后面添加形状"选项即可完成添加操作。

（2）在已有的图形中删除形状。

1）若要从 SmartArt 图形中删除形状，首先选择要删除的形状，然后单击 Del 键即可。

2）若要删除整个 SmartArt 图形，则需要单击 SmartArt 图形的边框后，再单击 Del 键即可。

3. 插入图表

在 PowerPoint 中插入图表的具体操作步骤如下。

（1）选择需要插入图表的幻灯片。

（2）选择"插入"功能区，单击"插入"组中的"图表"按钮，则打开"插入图表"对话框，如图 6-53 所示。

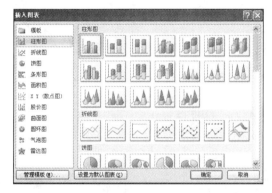

图 6-53 "插入图表"对话框

（3）选择相应的图表类型，单击"确定"按钮。

（4）最后在打开的 Excel 工作表中编辑数据即可。如图 6-54 所示。

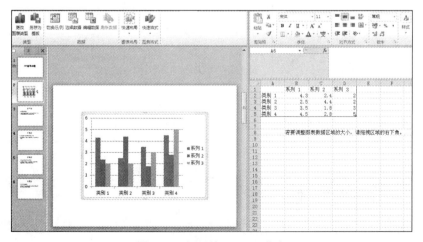

图 6-54 打开的 Excel 工作表

4．插入形状

在 PowerPoint 中插入形状的具体操作步骤如下。

（1）选择需要插入形状的幻灯片。

（2）选择"插入"功能区，单击"插入"组中的"形状"按钮，则打开"形状"样式的选择列表，如图 6-55 所示。

（3）选择相应的形状类型，单击"确定"按钮。

（4）如果想在形状中插入文本或设置形状格式可选中插入的形状后右击鼠标进行相应操作。

6.4.4　插入与编辑艺术字

1．插入艺术字

插入艺术字的操作步骤如下。

（1）选择"插入"功能区"文本"组中的"艺术字"按钮，在弹出艺术字下拉列表中选择一种艺术字样式，如图 6-56 所示。

（2）输入艺术字文本内容。

2．编辑艺术字的样式

编辑艺术字的操作步骤如下。

（1）选择艺术字文本框。

（2）选择"绘图工具/格式"功能区，在该功能区中单击

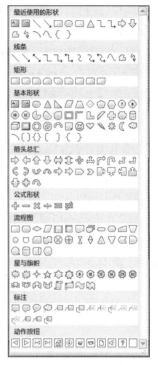

图 6-55　形状样式的选择列表

"艺术字样式"对话框启动器按钮，打开如图 6-57 所示的对话框，这里可以设置艺术字的填充效果、文本轮廓和文本效果。

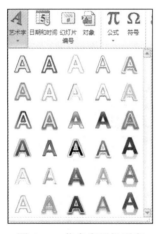

图 6-56　艺术字下拉列表

图 6-57　艺术字的格式设置

6.4.5　插入 Excel 中的表格

PowerPoint 与 Excel 之间存在的共享与调用关系可以使用户在 PPT 放映讲解过程中直接将 Excel 工作表调用到 PowerPoint 软件中进行展示。具体操作步骤如下。

（1）打开已制作好的 Excel 工作表文件。

（2）在 Excel 工作表中选择需要的数据，在选定数据区域中右击鼠标，在快捷菜单中选择"复制"。

（3）切换到 PowerPoint 操作界面，选择"开始"功能区，单击"剪贴板"中的"粘贴"按钮，即可将 Excel 工作表中选择的数据粘贴到幻灯片中。

6.4.6　插入与编辑音频

1．插入音频

插入音频的具体方法如下。

选择"插入"功能区，单击"媒体"组中的"音频"按钮，将弹出下拉列表，如图 6-58 所示。

- "文件中的音频"：单击该项打开"插入音频"对话框，可以将磁盘上存放的音频插入幻灯片中。
- "剪贴画音频"：单击该项打开"剪贴画"对话框，可以搜索剪贴画中的音频并插入当关幻灯片中。
- "录制音频"：单击该项打开"录音"对话框，在该对话框中单击 ● 按钮，开始录音。

图 6-58　音频窗格选项列表

2．设置播放选项

在幻灯片中插入音频文件之后，用户可以自己的需求对音频进行设置。具体操作方法如下。

（1）在幻灯片中选择已经插入的音频文件的图标 ◀ 。

（2）选择"音频工具/播放"功能区中的"音频选项"组，如图 6-59 所示。

图 6-59　"音频选项"组

- "音量"按钮：单击该按钮，弹出音量下拉列表，用来设置音量。
- "开始"选项：单击该选项则弹出开始下拉列表。用来设置音频文件如何开始播放。
- "放映时隐藏"复选框：选中该项表示放映演示文稿时不显示音频图标。
- "循环播放，直到停止"复选框：选中该项表示直到演示文稿放映结束时，音频播放结束，否则循环播放。
- "播完返回开头"复选框：选中该项表示音频播放结束返回到开头，与"循环播放，直到停止"复选框同时选中可以设置音频文件循环播放。

3. 剪裁音频

在 PowerPoint 2010 中用户可以对音频文件进行剪辑，使用音频更符合幻灯片。剪裁音频的操作方法如下。

（1）选择幻灯片中要进行剪裁的音频文件图标。

（2）选择"音频工具/播放"功能区，单击"编辑"组中的"剪裁音频"按钮，即打开"剪裁音频"对话框，如图 6-60 所示。在该对话框中移动绿色（左侧）和红色（右侧）滑块，用来设定音频开始和结束的位置，也可以直接输入精确的值。

（3）单击播放按钮▶进行试听，效果满意，单击"确定"按钮即可。

图 6-60 "剪裁音频"对话框

4. 删除音频

在幻灯片中删除不需要的或不满足要求的音频文件，具体操作方法如下。

（1）在普通视图状态下，选中幻灯片中的音频文件图标◀。

（2）单击 Del 键即可将其删除。

6.4.7 插入与编辑视频

1. 插入视频

在 PowerPoint 中插入视频的具体操作步骤如下。

（1）创建或选择一个幻灯片。

（2）选择"插入"功能区，单击"媒体"组中的"视频"按钮，则弹出插入视频下拉列表，如图 6-61 所示。

图 6-61 插入视频下拉列表

（3）选择"文件中的视频"项，则打开"插入视频文件"对话框。

（4）选择所需要的视频文件后，单击"插入"按钮即可插入。

2. 设置播放选项

用户可以对插入的视频文件进行设置，具体操作步骤如下。

（1）选中幻灯片中已经插入的视频文件图标。

（2）选择"视频工具/播放"功能区中的"视频选项"组，如图 6-62 所示。

● "音量"按钮：用来设置视频的音量。

● "开始"选项：用来设置音频文件如何开始播放。

● "全屏播放"复选框：用来设置视频文件全屏播放。

● "未播放时隐藏"复选框：表示未播放视频文件时隐藏视频图标。

● "循环播放，直到停止"复选框：表示循环播放视频，直到视频播放结束。

● "播完返回开头"复选框：表示播放结束返回到开头。

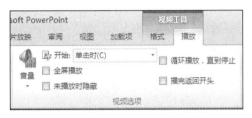

图 6-62　"视频选项"组

3．设置视频样式

设置视频样式主要包括对插入到演示文稿中的视频形状、视频边框及视频效果等进行设置，具体设置方法如下。

（1）选中幻灯片中已经插入的视频文件图标。

（2）选择"视频工具/播放"功能区中的"视频样式"组。

（3）单击"视频样式"组中的 按钮，则弹出视频样式列表，如图 6-63 所示，根据需要具体设置即可。

图 6-63　视频样式列表

4．删除视频

删除幻灯片视频文件的方法如下。

（1）在普通视图状态下，选中幻灯片中的视频文件图标。

（2）单击 Del 键即可删除。

6.5　设置演示文稿动态效果

6.5.1　设置动画效果

在演示文稿中使用动画效果可以使演示文稿在放映时更加生动、有趣味，提高展示性。

1.　添加动画效果

为幻灯片中对象添加动画效果的操作步骤如下。

（1）选择需要添加动画的对象，如图片、文本框等。

（2）选择"动画"功能区，单击"动画"组中的其他选项按钮，则弹出动画样式列表，如图 6-64 所示，在该列表中存在以下几类动画效果。

- "无"：用来取消已经设置的动画效果。
- "进入"：用来设置对象进入幻灯片的动画效果。
- "强调"：用来设置强调对象的动画效果。
- "退出"：用来设置退出幻灯片的动画效果。
- "动作路径"：用来设置对象按某个路径进行运动的动画效果。

图 6-64　动画样式列表

（3）若列表中没有用户所需要的动画样式，则可以单击列表下方的选项，打开所对应的对话框进行设置。如图 6-65 所示。

- 单击"更改进入效果"，则打开"更改进入效果"对话框。
- 单击"更改强调效果"，则打开"更改强调效果"对话框。

- 单击"更改退出效果"，则打开"更改退出效果"对话框。
- 单击"更改动作路径"，则打开"更改动作路径"对话框。

图 6-65　更改效果对话框

2. 设置动画效果

（1）设置效果选项。

首先选择已经添加的动画效果，然后单击"动画"功能区中"高级动画"组中的"效果选项"按钮，则弹出效果选项下拉列表，如图 6-66 所示，该列表中可以选择动画运动的方向和运动对象的序列。

（2）调整动画排序。

调整动画顺序的方法有以下两种。

- 单击"动画"功能区"高级动画"组中的"动画窗格"按钮，打开动画窗格，在动画窗格中通过单击向上按钮 和向下按钮 调整动画的播放顺序。
- 单击"动画"功能区"计时"组中"对动画重新排序"区域的"向前移动"或"向后移动"按钮。

（3）设置动画时间。

- 添加动画后，用户可以在"动画"功能区中为动画效果指定开始时间、持续时间和延迟时间，具体操作方法可以在"动画"功能区"计时"组中完成。如图 6-67 所示。

图 6-66　开始下拉列表

图 6-67　"计时"组

- "开始"：用来设置动画效果何时开始运行。单击该选项，则弹出下拉列表。
- "持续时间"：用来设置动画效果持续的时间。
- "延迟"：用来设置动画效果的延迟的时间。

（4）复制动画效果。

在 PowerPoint 2010 中，可以使用动画刷复制一个对象的动画效果，并将其应用到其他对象中。使用动画格式刷的操作步骤如下。

1）选择一个动画效果。

2）单击"动画"功能区"高级动画"组中的"动画刷"按钮，则可将选中的动画效果进行复制。此时鼠标形状变为 ▷▲。

3）在幻灯片中选择一个对象，然后用动画刷单击一下即可将复制的动画效果应用到该对象上。

（5）删除动画效果。

删除动画效果的方法有以下几种。

● 单击"动画"功能区"动画"组中的其他选项按钮 ，在动画样式列表中选择"无"即可。

● 单击"动画"功能区"高级动画"组中的"动画窗格"按钮，打开动画窗格，选择要删除动画选项，单击该项右侧按钮 ，则弹出下拉列表，在该列表中选择"删除"命令即可。

● 在幻灯片中，选择对象的动画编号按钮，然后单击 Del 键即可。

6.5.2 设置动作

在 PowerPoint 2010 中，除了可以为幻灯片中的对象设置动画效果，也可以在幻灯片中添加动作。

1. 绘制动作按钮

在幻灯片中绘制动作按钮的操作步骤如下。

（1）新建一个演示文稿，选择幻灯片。

（2）单击"插入"功能区"插图"组中的"形状"按钮，弹出形状下拉列表，在"动作按钮"区域选择一动作图标，如图 6-68 所示。

（3）在幻灯片的适当位置处拖曳出所选择的对应图标，即弹出"动作设置"对话框，如图 6-69 所示。

图 6-68　形状列表

图 6-69　"动作设置"对话框

（4）在"动作设置"对话框的"单击鼠标"选项卡中选择"超链接到"单选按钮，并在下拉列表中选择要连接到的位置。

（5）单击"确定"按钮，即可完成动作按钮的创建。

2．为文本或图形添加鼠标单击动作

在演示文稿中，可以为文本或图形添加动作按钮，具体操作步骤如下。

（1）在幻灯片中选择要添加动作的文本或图形。

（2）单击"插入"功能区"链接"组中的"动作"按钮，也可以弹出如图 6-69 所示的"动作设置"对话框。

（3）在"动作设置"对话框"单击鼠标"选项卡中选择"超链接到"单选按钮，并在下拉列表中选择所需要的设置即可。

（4）单击"确定"按钮，完成动作设置。

● "无动作"单选按钮：表示在幻灯片中不添加任何动作。

● "超链接到"单选按钮：可以从下拉列表中选择要链接到的对象。

● "运行程序"单选按钮：用于设置要运行的程序。

● "播放声音"复选框：可以为创建的鼠标单击动作添加播放声音。

3．为文本或图形添加鼠标经过动作

在"动作设置"对话框中除了可以创建鼠标单击动作以外，还可以设置鼠标经过时的动作。具体创建方法是：在"动作设置"对话框中选择"鼠标经过"选项卡，其中的设置方法同上。

6.5.3　设置超链接

在演示文稿中还可以给文本对象或图形、图片等对象添加链接，从而链接到演示文稿中的其他位置。

1．插入超链接

插入超链接的操作步骤如下。

（1）在普通视图下选择需要设置超链接的文本或图形等对象。

（2）单击"插入"功能区"链接"组中的"超链接"按钮，则打开"插入超链接"对话框，如图 6-70 所示。

图 6-70　"插入超链接"对话框

（3）选择"链接到"列表中相应的链接位置。

（4）单击"确定"按钮即可。

注意：放映演示文稿时，当鼠标经过超链接的文本或图形、图片时，鼠标的形状变为小手形状🖑。

2．更改超链接地址

创建超链接后，用户可以根据需要重新设置超链接，具体操作步骤如下。

（1）选择需要更改超链接的对象。

（2）在该对象上右击鼠标，在弹出的快捷菜单中选择"编辑超链接"菜单项，打开"编辑超链接"对话框，在该对话框中完成更改操作。

3．删除超链接

选择要删除的超链接对象，并在其上右击鼠标，在弹出的快捷菜单中选择"删除超链接"菜单项即可。

6.5.4　演示文稿的放映

在 PowerPoint 2010 中放映演示文稿的方式有下面几种。

1．从头开始放映

从头开始放映演示文稿就是从第一页幻灯片开始放映，具体操作步骤如下。

（1）打开演示文稿。

（2）单击"幻灯片放映"功能区"开始放映幻灯片"组中的"从头开始"按钮即可。

2．从当前幻灯片开始放映

放映演示文稿时也可以从任意一页幻灯片开始，首先选择一页幻灯片为当前幻灯片，然后单击"幻灯片放映"功能区"开始放映幻灯片"组中的"开始放映幻灯片"按钮即可。

3．自定义多种放映方式

利用 PowerPoint 2010 的"自定义幻灯片放映"功能，可以为演示文稿设置多种自定义放映方式。具体操作步骤如下。

（1）打开演示文稿。

（2）单击"幻灯片放映"功能区"开始放映幻灯片"组中的"自定义幻灯片放映"按钮，在弹出的下拉菜单中选择"自定义放映"项，则打开"自定义放映"对话框，如图 6-71 所示。

图 6-71　"自定义放映"对话框

（3）在"自定义放映"对话框中单击"新建"按钮，则打开"定义自定义放映"对话框。

（4）在"定义自定义放映"对话框中将需要放映的幻灯片添加到右侧列表框中，如图 6-72 所示。

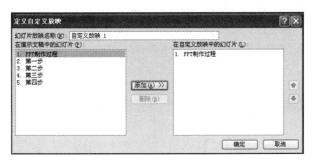

图 6-72 "定义自定义放映"对话框

（5）单击"确定"按钮，返回到"自定义放映"对话框，此时该对话框中出现一个"自定义放映 1"，单击"放映"按钮预览自定义放映效果。

（6）单击"关闭"按钮即完成设置。

4. 放映时隐藏指定幻灯片

在 PowerPoint 2010 中，用户可以将一张或多张幻灯片隐藏，当全屏放映演示文稿时，这些被隐藏的幻灯片将不被放映。具体操作方法如下。

（1）打开要放映的演示文稿，并选择要隐藏的幻灯片。

（2）单击"幻灯片放映"功能区"设置"组中的"隐藏幻灯片"按钮。此时被隐藏的幻灯片编号显示为隐藏状态🔳。

5. 设置显示分辨率

在 PowerPoint 2010 中，用户可以通过"幻灯片放映"功能区"监视器"组中的"分辨率"选项设置新的分辨率。这样可以保证演示文稿在不同计算机上不会发生演示内容不在预定的屏幕中央显示或显示不清晰等状况。

6.6 演示文稿的打印与打包

6.6.1 打印演示文稿

演示文稿也可以打印成讲义。为了获得良好的打印效果，打印之前需要设置好被打印文稿的大小和打印方向。

改变幻灯片页面设置的具体操作步骤如下。

（1）打开要打印的演示文稿。

（2）单击"文件"功能区，在左侧窗格中选择"打印"命令，则在窗口右侧列出打印设置与预览效果。如图 6-73 所示。

（3）设置"打印"区域，输入"份数"。

（4）单击"设置"区域中的"打印全部幻灯片"选项，则弹出下拉列表，如图 6-74 所示。在此列表中可以设置打印幻灯片的范围，若选择"自定义范围"选项，则需要在"幻灯片"后的文本框中输入打印的页码范围。

（5）单击"设置"区域中的"整页幻灯片"选项，则弹出下拉列表，如图 6-75 所示。在该列表中可以设置幻灯片的"打印版式"和打印讲义的版式等。

图 6-73 打印设置窗口

图 6-74 "打印全部幻灯片"列表

图 6-75 "整页幻灯片"列表

6.6.2 打包演示文稿

在 PowerPoint 2010 中，可以将制作好的演示文稿打包，打包后的演示文稿可以在没有安装 PowerPoint 软件的计算机上播放。

演示文稿打包的操作步骤如下。

（1）打开要打包的演示文稿。

（2）选择"文件"功能区，在左侧窗格中单击"保存并发送"选项，在右侧窗格中选择"将演示文稿打包成 CD"选项。

（3）单击"打包成 CD"按钮，打开"打包成 CD"对话框，如图 6-76 所示。

● "添加文件"按钮：用于打开"添加文件"对话框，添加所需的文件。

● "选项"按钮：用于打开"选项"对话框，可更改设置，还可设置密码保护，单击"确定"按钮返回。

● "复制到文件夹"按钮：用于打开"复制到文件夹"对话框，可设置打包文件的"文件夹名称"和"位置"。

● "复制到 CD"按钮：将打包文件复制到 CD 上。

（4）单击"复制到文件夹"按钮，输入文件夹名称和选择位置。

（5）单击"确定"按钮。

图 6-76　"打包成 CD"对话框

习题 6

一、选择题

1. 幻灯片间的动画效果，通过（　　）功能区来设置。
   A. 设计
   B. 动画
   C. 切换
   D. 幻灯片放映

2. 要在选定的幻灯片中输入文字，应（　　）。
   A. 直接输入文字
   B. 先单击占位符，然后输入文字
   C. 先删除占位符中系统显示的文字，然后才可输入文字
   D. 先删除占位符，然后再输入文字

3. 要在当前演示文稿中新增一张幻灯片，可采用（　　）方式。
   A. 选择"文件"功能区中的"新建"命令
   B. 通过"复制"和"粘贴"命令
   C. 选择"开始"功能区中的"新幻灯片"命令
   D. 选择"插入"功能区中的"新幻灯片"命令

4. 下列各项中（　　）不是控制幻灯片外观一致的方法。
   A. 母版
   B. 模板
   C. 背景
   D. 幻灯片视图

5. 在 PowerPoint 2010 中，可以进行幻灯片文字编辑的视图是（　　）视图。
   A. 备注页
   B. 大纲
   C. 幻灯片
   D. 幻灯片浏览

二、填空题

1. 保存演示文稿时，默认的扩展名是_____。

2. 幻灯片内的动画效果，通过_____来设置。

3. 在 PowerPoint 2010 中，打印幻灯片时，一张 A4 纸最多可打印_____张幻灯片。

三、操作题

1．假设一演示文稿中有 5 张幻灯片，每张幻灯片上均有一文本框。

（1）在第一张幻灯片中插入动作按钮"第一张幻灯片"，链接到第四张幻灯片。

（2）在新插入的动作按钮旁添加文本框，内容为"第二课时"。

（3）将第二张幻灯片中的文本字体设为"隶书""60"，动画效果设为"右侧飞入"。

（4）将第三张幻灯片的切换效果设为"溶解"，速度为"慢速"。

2．假设一演示文稿中已有 3 张幻灯片。

（1）在第一张幻灯片前插入一张空白版式的幻灯片。将新插入的幻灯片的背景设为"单色：红色"，底纹式样设为"横向"。

（2）在新幻灯片的中间插入任意一种形式的艺术字，内容为"中学地理"。

（3）将所有幻灯片的页面大小改为：宽度 28 厘米，高度 20 厘米。

（4）将这两张幻灯片的切换效果设置为"水平百叶窗"，速度为"慢速"，切换声音为"打字机"。

3．假设一演示文稿中已有 3 张幻灯片。

（1）调换 3 张幻灯片的次序，将第一张和第三张位置对调。

（2）插入第四张幻灯片，在上面插入剪贴画"狮子"，并加上一文本框"狮子"。

（3）设置图片"狮子"的动画效果为"从右方缓慢进入"，文本框的动画效果为"打字机"。

（4）给文稿设置"绿色大理石"模板，但刚创建的第四张新幻灯片不应用模板。

第7章 计算机多媒体技术

引言

多媒体技术从不同的角度有着不同的定义。本章通过对多媒体技术的介绍，让学生了解到多媒体技术的发展和特点，以及多媒体技术的应用方向，通过对图像、音频和视频的介绍，让学生能够在掌握多媒体技术理论知识的同时，简单地对多媒体的编辑软件有初步的认识。

内容结构图

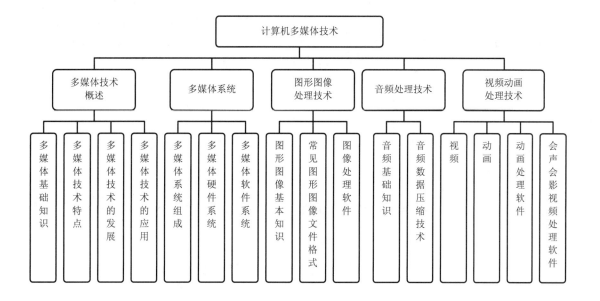

学习目标

通过对本章内容的学习，学生应该能够做到：

- 了解：多媒体技术的特点、发展和应用，多媒体系统的组成，多媒体硬件系统和多媒体软件系统。
- 理解：图形图像的基本知识，图形图像处理软件的基本操作；音频的处理技术；视频动画处理技术。
- 应用：掌握 Photoshop 处理图像的基本实例；掌握 Flash 制作动画的技巧；掌握会声会影制作电子相册的方法。

7.1　多媒体技术概述

多媒体技术是通过多种媒体的融合，形成更具吸引力的一种展现方式。从过去的 VCD、DVD 到现在的 3D 影像，从以往的普通打印机到现在的三维打印，这些前所未有的体验都可以通过多媒体技术展现在人们面前。

7.1.1　多媒体基础知识

1．多媒体的基本概念

在计算机领域，媒体可以包含两方面的含义：一方面是指用以存储信息的实体，如磁带、磁盘、光盘和半导体存储器等；另一方面是指传递信息的载体，如数字、文字、声音、图形和图像等。多媒体技术中的媒体一般是指后者。

多媒体是指多种媒体信息，如数字、文字、声音、图形、图像、视频和动画等。通常，人们将文本、音频、图形、图像和动画的综合体统称为多媒体。

多媒体技术是指把文字、音频、视频、图形、图像、动画等多种媒体信息通过计算机进行数字化采集、获取、压缩/解压缩、编辑、存储等加工处理，再以单独或合成形式表现出来的一体化技术。简单地说，多媒体技术就是计算机综合处理声、文、图信息。

2．媒体类型

根据媒体的表现形式可以将媒体分为感觉媒体、表示媒体、显示媒体、存储媒体和传输媒体。

（1）感觉媒体。

感觉媒体是能直接作用于人的感觉器官，使人产生直接感觉的媒体。如图像、文字、动画、音乐等均属于感觉媒体。

（2）显示媒体。

在通信中使电信号和感觉媒体之间产生转换用的媒体。如键盘、鼠标、显示器、打印机等均属于显示媒体。

（3）表示媒体。

为了传送感觉媒体而研究出来的媒体。如电报码、语言编码等均属于表示媒体。

（4）存储媒体。

用于存储信号的媒体。如磁盘、光盘、磁带等均属于存储媒体。

（5）传输媒体。

用于传输信号的媒体。如光缆电缆等均属于传输媒体。

7.1.2　多媒体技术特点

与传统媒体（如报刊、杂志、无线电和电视等）相比，多媒体具有下列 5 个基本特征。

（1）集成性。

传统的信息处理设备具有封闭、独立和不完整性。而多媒体技术综合利用了多种设备（如计算机、照相机、录像机、扫描仪、光盘刻录机、网络等）对各种信息进行表现和集成。

（2）多维性。

传统的信息传播媒体只能传播文字、声音、图像等一种或两种媒体信息，给人的感官刺激是单一的。而多媒体综合利用了视频处理技术、音频处理技术、图形处理技术、图像处理技术、网络通信技术，扩大了人类处理信息的自由度，多媒体作品带给人的感官刺激是多维的。

（3）交互性。

人们在与传统的信息传播媒体打交道时，总是处于被动状态。多媒体是以计算机为中心的，它具有很强的交互性。借助于键盘、鼠标、声音、触摸屏等，通过计算机程序人们就可以控制各种媒体的播放。因此，在信息处理和应用过程中，人具有很大的主动性，这样可以增强人对信息的理解力和注意力，延长信息在人脑中的保留时间，并从根本上改变了以往人类所处的被动状态。

（4）数字化。

与传统的信息传播媒体相比，多媒体系统对各种媒体信息的处理、存储过程是全数字化的。数字技术的优越性使多媒体系统可以高质量地实现图像与声音的再现、编辑和特技处理，使真实的图像和声音、三维动画以及特技处理实现完美的结合。

（5）实时性。

以往对多媒体信息的处理需要后期完成，现在的计算机多媒体系统中对声音及活动的视频图像是实时同步的。

7.1.3　多媒体技术的发展

多媒体技术兴起于 20 世纪 80 年代末期，是近几年来计算机领域中最热门的技术之一。它集计算机、声像和通信技术于一体，采用先进的数字记录和传送方式，可代替目前的多种家用电器。因此，美国、日本、欧洲等发达国家和地区都十分关注多媒体技术的开发和应用，相继成立了一些组织，专门从事多媒体技术的开发及有关标准的制定工作。全球多媒体计算机市场呈现迅速增长的趋势。尤其随着家庭 PC 的迅猛发展，多媒体日益受到用户的青睐，正逐渐成为电脑的必备功能。目前，很多科学家预测，对多媒体产品的需求在今后 10 年内将增加 10 倍。

如果从硬件上来印证多媒体技术全面发展的时间的话，准确地说应该是在 PC 上第一块声卡出现后。早在没有声卡之前，显卡就已经出现了，至少显示芯片已经出现了。显示芯片的出现自然标志着电脑已经初具处理图像的能力，但是这不能说明当时的电脑可以发展多媒体技术，20 世纪 80 年代声卡的出现，不仅标志着电脑具备了音频处理能力，也标志着电脑的发展终于开始进入了一个崭新的阶段——多媒体技术发展阶段。1988 年 MPEG（Moving Picture Expert Group，运动图像专家小组）的建立又对多媒体技术的发展起到了推波助澜的作用。进入 20 世纪 90 年代，随着硬件技术的提高，多媒体时代终于到来。

不过，无论在技术上多么复杂，在发展上多么混乱，似乎有两条主线可循：一条是视频技术的发展，一条是音频技术的发展。从 AVI 出现开始，视频技术进入蓬勃发展时期。这个时期内的三次高潮主导者分别是 AVI、Stream（流格式）以及 MPEG。AVI 的出现无异于为计算机视频存储形定了一个标准，而 Stream 使得网络传播视频成为了非常轻松的事情，那么 MPEG 则是将计算机视频应用进行了最大化的普及。而音频技术的发展大致经历了两个阶段，一个是以单机为主的 WAV 和 MIDI，一个就是随后出现的形形色色的网络音乐压缩技术的发展。

7.1.4 多媒体技术的应用

随着多媒体技术的发展，现在各行各业中都涉及到了多媒体技术的应用，包括教育、咨询服务、军事、通信、金融等行业。

1. 教育领域

（1）多媒体教学系统。

多媒体教学系统采用了超文本结构，克服了传统教学知识结构的缺陷，具有呈现信息的多种形式非线性网状结构的特点，符合教育认知规律。从教学模式上，多媒体教学系统既可以进行个别化自由学习，又能形成相互协作学习；从教学手段上，多媒体教学系统强调以计算机为中心的多媒体群的作用，从根本上改变了传统教学中教师、学生、教材三点一线的格局。在多媒体网络教学环境下，学校的功能和结构将发生了相应的改变。

（2）虚拟现实和仿真教学系统。

虚拟现实技术是利用计算机生成一个具有逼真视觉、听觉及嗅觉的模拟现实的环境，学生可以与这一虚拟的现实环境进行交互，交互作用的结果与学生在相应的真实环境中所体验的结果相似或相同。

（3）远程教育。

远程教育是利用广播电视和计算机网络等进行教学活动的。以计算机网络为形式的远程教育主要有两种类型，一种是由教育部批准的部分高校，通过专线双向 CATV 系统及因特网系统，以远程教育学院的形式向社会招生，对于修业期满并成绩合格者将发给该校的（远程教育）毕业文凭。另一种则是遍及全国的各种类型网校，主要是利用因特网进行教学活动。

前一种类型的远程教育授课主要通过双向视频会议系统，由广播电讯部门提供一条 DDN数字数据网络信道，并在各地选择一些学校作为远程教育站点，负责组织当地学生的教学活动并且进行学籍管理。

（4）校园网

校园网是在校园内专门用于学校教育活动的局域网，它为学校提供教学、科研、管理和通信四大功能。

2. 生活领域

（1）视频会议系统。

多媒体技术的突破，广域网的成熟以及台式操作系统的支持使视频会议系统成为多媒体技术应用的新热点。它是一种重要的多媒体通信系统，它将计算机的交互性、通信的分布性和电视的真实性融为一体。现在视频会议系统已经有了比较成熟的产品。

（2）虚拟现实。

虚拟现实是一项与多媒体技术密切相关的边缘技术，它通过综合应用计算机图像处理、模拟与仿真、传感技术、显示系统等技术和设备，以模拟仿真的方式，给用户提供一个真实反映操作对象变化与相互作用的三维图像环境，从而构成的虚拟世界，并通过特殊设备（如头盔和数据手套）提供给用户一个与该虚拟世界相互作用的三维交互式用户界面。

（3）超文本（Hypertext）。

超文本是随着多媒体计算机发展而发展起来的文本处理技术，它提供了将"声、文、图"结合在一起，综合表达信息的强有力的手段，是多媒体应用的有效工具。目前超文本方式在

Internet 上得到了广泛的应用。

（4）家庭视听。

其实多媒体技术看得见的应用，就是数字化的音乐和影像进入了家庭。由于数字化的多媒体传输存储方便，保真度非常高，在个人电脑用户中广泛受到青睐，而专门的数字视听产品也大量进入了家庭，如 CD、VCD、DVD 等设备。

3．医疗领域

医疗诊断经常采用的实时动态视频扫描、声影处理技术都是多媒体技术成功应用的例证，多媒体数据库技术从根本上解决了医疗影像的另一个关键问题——影像存储管理问题，多媒体和网络技术的应用使远程医疗从理想变成现实。

7.2 多媒体系统

7.2.1 多媒体系统组成

从狭义上分，多媒体系统就是拥有多媒体功能的计算机系统。

从广义上分，多媒体系统就是集电话、电视、媒体、计算机网络等于一体的信息综合化系统。

多媒体系统由两部分组成：多媒体硬件系统和多媒体软件系统。其中硬件系统主要包括计算机主要配置和各种外部设备以及与各种外部设备的控制接口卡（其中包括多媒体实时压缩和解压缩电路），软件系统包括多媒体驱动软件、多媒体操作系统、多媒体数据处理软件、多媒体创作工具软件和多媒体应用软件。

7.2.2 多媒体硬件系统

1．计算机

多媒体计算机可以是 MPC，也可以是工作站或其他中、大型机。

MPC 是目前市场上最流行的多媒体计算机系统，通常可以通过两种途径获取 MPC：一是直接购买厂家生产的 MPC；二是在原有的 PC 基础上增加多媒体套件升级为 MPC，升级套件主要有声卡、CD-ROM 驱动器等，再安装其驱动程序和软件支撑环境即可使用。由于多媒体计算机要求有较高的处理速度和较大的主存空间，因此 MPC 既要有功能强、运算速度高的CPU，又要有较大的内存空间。另外，高分辨率的显示接口也是必不可少的。

多媒体工作站采用已形成的工业标准 POSIX 和 XPG3，其特点是整体运算速度高、存储容量大、具有较强的图形处理能力、支持 TCP/IP 网络传输协议以及拥有大量科学计算或工程设计软件包等。如美国 SGI 公司研制的 SGI Indigo 多媒体工作站，它能够同步进行三维图形、静止图像、动画、视频和音频等多媒体操作和应用。它与 MPC 的区别在于不是采用在主机上增加多媒体板卡的办法来获得视频和音频功能，而是从总体设计上采用先进的均衡体系结构，使系统的硬件和软件相互协调工作，各自发挥最大效能，满足较高层次的多媒体应用要求。

2．多媒体板卡

多媒体板卡是根据多媒体系统获取或处理各种媒体信息的需要插接在计算机上，以解决输入和输出问题。多媒体板卡是建立多媒体应用程序工作环境必不可少的硬件设备。常用的多媒体板卡有显示卡、声音卡和视频卡等。

显示卡又称显示适配器，它是计算机主机与显示器之间的接口，用于将主机中的数字信号转换成图像信号并在显示器上显示出来。

声音卡可以用来录制、编辑和回放数字音频文件，控制各声源的音量并加以混合，在记录和回放数字音频文件时进行压缩和解压缩，采用语音合成技术让计算机朗读文本，具有初步的语音识别功能，另外还有 MIDI 接口以及输出功率放大等功能。

视频卡是一种基于 PC 的多媒体视频信号处理平台，它可以汇集视频源和音频源的信号，经过捕获、压缩、存储、编辑和特技制作等处理，产生非常亮丽的视频图像画面。

3. 多媒体设备

多媒体设备十分丰富，工作方式一般为输入或输出。常用的多媒体设备有显示器、光盘存储器、音箱、摄像机、扫描仪、数字相机、触摸屏和投影机等。

显示器是一种计算机输出显示设备，它由显示器件（如 CRT、LCD）、扫描电路、视放电路和接口转换电路组成，为了能清晰地显示出字符、汉字、图形，其分辨率和视放带宽比电视机要高出许多。

光盘存储器是利用激光的单色性和相干性，通过调制激光，把数据聚焦到记录介质上，使介质的光照区发生物理和化学变化，以实现写入。读出时，利用低功率密度的激光，扫描信息轨道，其反射光通过光电探测器检测和解调，从而获得所需要的信息。

音箱是一个能将模拟脉冲信号转换为机械性的振动，并通过空气的振动再形成人耳可以听到的声音的输出设备。

扫描仪是一种静态图像采集设备。它内部有一套光电转换系统，可以把各种图片信息转换成数字图像数据，并传送给计算机。如果再配上文字识别 OCR 软件，则扫描仪可以快速地把各种文稿录入到计算机中。

数字相机是利用电荷耦合器件（Charge Coupled Device，简称 CCD）进行图像传感，将光信号转变为电信号记录在存储器或存储卡上，然后借助于计算机对图像进行加工处理，以达到对图像制作的需要。

触摸屏是一种定位设备。当用户用手指或者其他设备触摸安装在计算机显示器前面的触摸屏时，所摸到的位置（以坐标形式）被触摸屏控制器检测到，并通过接口送到 CPU，从而确定用户所输入的信息。

7.2.3　多媒体软件系统

构建一个多媒体系统，硬件是基础，软件是灵魂。多媒体软件的主要任务是将硬件有机地组织在一起，使用户能够方便地使用多媒体信息。多媒体软件系统按功能可分为多媒体系统软件和多媒体应用软件。

1. 多媒体系统软件

多媒体系统软件除了具有一般系统软件的特点外，还反映了多媒体技术的特点，如数据压缩、媒体硬件接口的驱动、新型交互方式等。多媒体系统软件主要包括多媒体驱动软件、多媒体操作系统和多媒体开发工具等三种。

多媒体开发工具是多媒体开发人员用于获取、编辑和处理多媒体信息，编制多媒体应用程序的一系列工具软件的统称。它可以对文本、图形、图像、动画、音频和视频等多媒体信息进行控制和管理，并把它们按要求连接成完整的多媒体应用软件。多媒体开发工具大致可分为多媒体素材制作工具、多媒体著作工具和多媒体编程语言等三类。

多媒体素材制作工具是为多媒体应用软件进行数据准备的软件，其中包括文字特效制作软件 Word（艺术字）、COOL 3D，图形图像编辑与制作软件 CorelDRAW、Photoshop，二维和三维动画制作软件 Animator Studio、3D Studio MAX，音频编辑与制作软件 Wave Studio、Cakewalk，以及视频编辑软件 Adobe Premiere 等。

多媒体著作工具又称多媒体创作工具，它是利用编程语言调用多媒体硬件开发工具或函数库来实现的，并能被用户方便地编制程序，组合各种媒体，最终生成多媒体应用程序的工具软件。常用的多媒体创作工具有 PowerPoint、Authorware、ToolBook 等。

多媒体编程语言可用来直接开发多媒体应用软件，不过对开发人员的编程能力要求较高。但它有较大的灵活性，适用于开发各种类型的多媒体应用软件。常用的多媒体编程语言有Visual Basic、Visual C++、Delphi 等。

2. 多媒体应用软件

多媒体应用软件又称多媒体应用系统或多媒体产品，它是由各种应用领域的专家或开发人员利用多媒体编程语言或多媒体创作工具编制的最终多媒体产品，是直接面向用户的。多媒体系统是通过多媒体应用软件向用户展现其强大的、丰富多彩的视听功能。例如，各种多媒体教学软件、培训软件、声像俱全的电子图书等，这些产品都可以光盘形式面世。

7.3　图形图像处理技术

多媒体应用系统中最常用的媒体就是图形图像，图形图像处理技术可以改变图像的信息表示方式，改善可视化效果，便于存储、传输和计算机识别。

7.3.1　图形图像基本知识

1. 像素和分辨率

像素是位图图像的基本单位，在位图中，每一个小方块都被填充了颜色信息，表示图像信息，其中每个小方块称为像素。

分辨率是组成一幅图像的像素密度的度量方法。图像分辨率的单位是 dpi（display pixels/inch）。如果一幅图像的分辨率是 800dpi，表示该图像的像素点密度为每英寸 800 个，像素点密度越高，图像对细节的表现力越强，清晰度越高。

2. 位图和矢量图

位图是由像素点构成的一幅图像，每个像素具有颜色属性和位置属性，可以将位图看做是由多个像素点组成的点阵。

矢量图是通过数学公式对物体进行描述建立的图像。在矢量图形中，将一些形状简单的点、线、面等作为图元，矢量图形用一组命令和数学公式来描述这些图元，包括它们的形状、位置、颜色等信息，用这些简单的图元来构成复杂的图形。

3. 颜色模式

颜色模式是平面设计中最基本的知识，不同的颜色模式使用不同的使用范围，常见的颜色模式包括以下几种。

（1）RGB 颜色模式。

计算机中表示颜色时使用若干二进制位来记录颜色。使用 24 位二进制数来表示一种颜色，每 8 位二进制数表示 RGB 三种基色中的一种，取值范围在 0～255 之间，不同的三个基色组合在一起形成不同的颜色。在图形图像编辑中 RGB 颜色模式是最佳的色彩模式，可以提供全屏幕的 24 位颜色。

（2）CMYK 颜色模式。

CMYK 颜色模式是基于相减混色法的颜色系统。把 CMY 三基色相混合，理论上可以得到光谱中的任何颜色，但是在实际打印或者印刷过程中，由于墨水或者油墨的某些限制，将三基色等量混合后只能得到深棕色，为了得到黑色，在 CMY 三基色的基础上又加上了黑色，从而形成了 CMYK 颜色模式。

（3）HSB 颜色模式。

HSB 颜色模式的三基色是色度（Hue）、饱和度（Saturation）和亮度（Brightness）。HSB 颜色模式比其他颜色模式的优点突出，但是在实际应用中很难实现。

（4）Lab 颜色模式。

Lab 颜色是由 RGB 颜色模式转换而来，它是一种具有独立于设备的颜色模式，使用任何显示器和打印机，Lab 颜色不变。

（5）HIS 颜色模式。

HIS 颜色模式中 H 表示色调，I 表示光的强度，S 表示颜色的饱和度。

7.3.2　常见图形图像文件格式

在对图形图像进行处理的时候，由于存储方式和技术上的差异，图形图像的存储格式也是多种多样的，常见的存储格式有以下几种。

1. JPEG

JPEG 图片以 24 位颜色存储单个光栅图像。JPEG 是与平台无关的格式，支持最高级别的压缩，不过，这种压缩是有损耗的。渐近式 JPEG 文件支持交错。可以提高或降低 JPEG 文件压缩的级别。但是，文件大小是以图像质量为代价的。压缩比率可以高达 100:1。（JPEG 格式可在 10:1 到 20:1 的比率下轻松地压缩文件，而图片质量不会下降。）JPEG 压缩可以很好地处理写实摄影作品。但是，对于颜色较少、对比级别强烈、实心边框或纯色区域大的较简单的作品，JPEG 压缩无法提供理想的结果。有时，压缩比率会低到 5:1，严重损失了图片完整性。这一损失产生的原因是，JPEG 压缩方案可以很好地压缩类似的色调，但是 JPEG 压缩方案不能很好地处理亮度的强烈差异或处理纯色区域。

优点：摄影作品或写实作品支持高级压缩，利用可变的压缩比可以控制文件大小。支持交错（对于渐近式 JPEG 文件）。JPEG 广泛支持 Internet 标准。

缺点：有损耗压缩会使原始图片数据质量下降。当用户编辑和重新保存 JPEG 文件时，JPEG 会混合原始图片数据的质量下降，这种下降是累积性的，不适用于所含颜色很少，具有大块颜色相近的区域或亮度差异十分明显的较简单的图片。JPEG 是最常见的格式之一。

2. BMP

Windows 位图可以用任何颜色深度（从黑白到 24 位颜色）存储单个光栅图像。Windows 位图文件格式与其他 Microsoft Windows 程序兼容。它不支持文件压缩，也不适用于 Web 页。

从总体上看，Windows 位图文件格式的缺点超过了它的优点。为了保证照片图像的质量，需使用 PNG 文件、JPEG 文件或 TIFF 文件。BMP 文件适用于 Windows 中的墙纸。

优点：BMP 支持 1 位到 24 位颜色深度。BMP 格式与现有 Windows 程序（尤其是较旧的程序）广泛兼容。

缺点：BMP 不支持压缩，这会出现文件非常大的情况，所以 Web 浏览器不支持 BMP 格式文件。

3. RAW 位图

RAW 位图又称光栅图、点阵图，一般用于照片品质的图像处理，是由许多像小方块一样的像素组成的图形。由像素的位置与颜色值表示，能表现出颜色阴影的变化。简单说，位图就是以无数的色彩点组成的图案，当无限放大时会看到一块一块的像素色块，效果会失真。常用于图片处理、影视婚纱效果图等，如常用的照片、扫描、数码照片等，常用的工具软件有 Photoshop，Painter 等。位图像一般占空间较大。

4. PNG

PNG 图片以任何颜色深度存储单个光栅图像。PNG 是与平台无关的格式。

优点：PNG 支持高级别无损耗压缩。支持 Alpha 通道透明度。PNG 支持伽玛校正。PNG 支持交错。PNG 受最新的 Web 浏览器支持。

缺点：较旧的浏览器和程序可能不支持 PNG 文件。作为 Internet 文件格式，与 JPEG 的有损耗压缩相比，PNG 提供的压缩量较少。作为 Internet 文件格式，PNG 对多图像文件或动画文件不提供任何支持。

5. GIF

GIF 图片以 8 位颜色或 256 色存储单个光栅图像数据或多个光栅图像数据。GIF 图片支持透明度、压缩、交错和多图像图片（动画 GIF）。

优点：GIF 广泛支持 Internet 标准。支持无损耗压缩和透明度。动画 GIF 很流行，很多 QQ 表情都是 GIF 的图片格式。

缺点：GIF 只支持 256 色调色板，因此，详细的图片和写实摄影图像会丢失颜色信息。

6. PSD

Photoshop 的专用图像格式，可以保存图片的完整信息，如图层、通道、文字都可以被保存，图像文件一般较大。

7. TIFF

它的特点是图像格式复杂、存储信息多。在 Mac 中广泛使用的图像格式，正因为它存储的图像细微层次的信息非常多，图像的质量也得以提高，故而非常有利于原稿的复制。很多地方将 TIFF 格式用于印刷。

7.3.3　Photoshop 图像处理软件

Adobe Photoshop CS6 是 Adobe Photoshop 的第 13 代，是一个较为重大的版本更新。Photoshop 在前几代加入了 GPU OpenGL 加速、内容填充等新特性，此代会加强 3D 图像编辑，采用新的暗色调用户界面，其他改进还有整合 Adobe 云服务，改进文件搜索等。

Photoshop CS6 相比前几个版本，不再支持 32 位的 Mac OS 平台，Mac 用户需要升级到 64 位环境。2012 年 3 月 23 日发布了 Photoshop CS6 测试版。2012 年 4 月 24 日发布了 Photoshop

CS6 正式版。

1. Photoshop CS6 的窗口

Photoshop CS6 的窗口界面如图 7-1 所示，主要包括标题栏、菜单栏、图像编辑窗口、工具箱、工具属性栏和浮动命令窗口以及状态栏等部分组成。

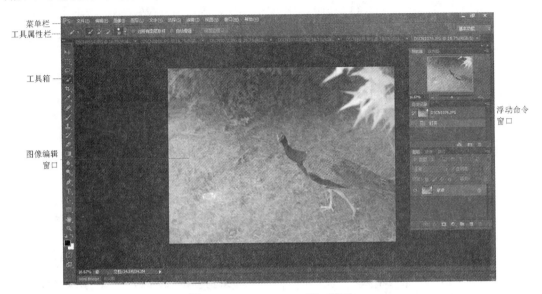

图 7-1　Photoshop CS6 窗口界面

（1）菜单栏：主要包括 Photoshop CS6 中所有图像编辑的命令。

（2）工具箱：包含了绘图工具、选区工具、路径工具、文字工具等主要常用的图像处理工具。

（3）工具选项栏：设置工具的相关属性。

（4）浮动命令窗口：主要通过窗口菜单调用相应的面板。

（5）图像编辑窗口：Photoshop 的主要工作区，用来对图像进行相关的操作。

2. Photoshop CS6 的基本操作

（1）新建。

单击“文件”菜单，选择“新建”命令，在弹出的对话框中设置图像的名称、宽度和高度、分辨率、颜色模式和背景色，如图 7-2 所示。设置完成后，生成一个白色的新图像文件。

图 7-2　“新建”对话框

注意： 宽度和高度设置的单位有像素、厘米、英寸、毫米、点、列和派卡，可以根据需要选择不同的大小单位。在背景内容中包括白色、透明色和背景色三种选择。

（2）打开。

单击"文件"菜单中的"打开"命令，在"打开"对话框中选择图片文件，然后单击"打开"按钮即可。如果要一次打开多张图片，可以按住 Ctrl 键，选择多张图片后单击"打开"按钮。

（3）保存。

单击"文件"菜单中的"存储"或"存储为"命令，打开"存储为"对话框，注意保存编辑后图片的存储类型。一般情况下，保存为.psd 格式的为 Photoshop 图像源文件格式，这种格式可以保存图像编辑的每个图层。保存为.jpg 格式的为 Photoshop 图像图片格式，这种格式是最后编辑后生成的效果图片，不包含编辑的图层信息。

3．Photoshop CS6 的图片编辑

母亲节卡片主要通过 Photoshop 中的文字工具、画笔工具、填充工具、选取工具，形状工具和图层样式完成，属于 Photoshop 中的基本操作，贺卡效果如图 7-3 所示，制作步骤如下。

图 7-3　母亲节效果图

（1）新建文件。单击"文件"菜单，选择"新建"命令，在弹出的"新建"对话框中设置相关参数如图 7-4 所示。

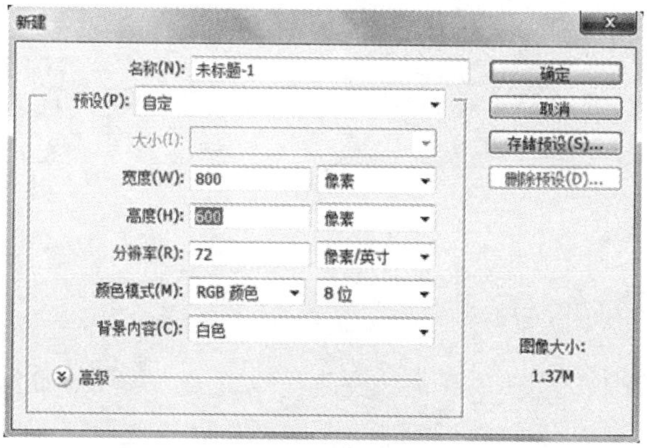

图 7-4　新建文件

（2）选择工具箱中的渐变工具，单击工具选项栏上的渐变工具编辑器按钮，在弹出的对话框中设置渐变的色标颜色，分别为#aa010e 和#f43957，如图 7-5 所示。选择"径向渐变"，在窗口中拖拽，效果如图 7-6 所示。

图 7-5 渐变编辑器

图 7-6 填充渐变后效果

（3）选择"文字"工具，设置字体为"华文新魏"，大小为"100"，加粗，颜色为"白色"，在屏幕上输入文字"母亲节快乐"，如图 7-7 所示。

（4）设置字体的图层样式。双击文字图层，弹出"图层样式"对话框，选择"斜面和浮雕"选项，设置相关参数如图 7-8 所示。

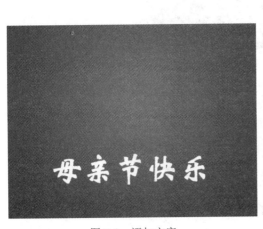

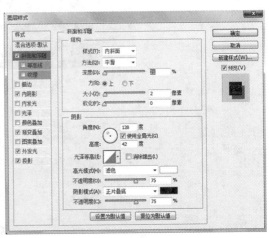

图 7-7 添加文字

图 7-8 "斜面和浮雕"选项

（5）选择"内阴影"选项，设置相关参数，其中混合模式的颜色为#fa2525，其他参数如图 7-9 所示。

（6）选择"渐变叠加"选项，其中渐变颜色设置为"透明彩虹渐变"，其他参数设置如图 7-10 所示。

（7）选择"外发光"选项，设置参数如图 7-11 所示。

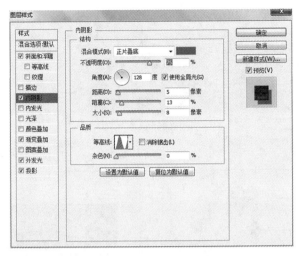

图 7-9 "内阴影"选项

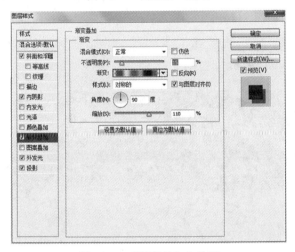

图 7-10 "渐变叠加"选项

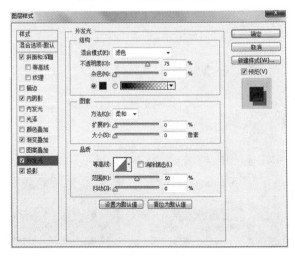

图 7-11 "外发光"选项

（8）选择"投影"选项，相关参数设置如图 7-12 所示，文字效果如图 7-13 所示。

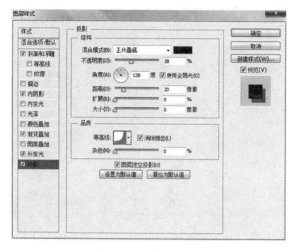

图 7-12　"投影"选项

图 7-13　文字效果图

（9）选择文字工具，输入文字"happy mother's day"，设置文字字体为"vivaldi"，大小为 67，颜色为白色，效果如图 7-14 所示。

图 7-14　英文文字

（10）在文字图层上新建一个空白图层，命名为"母子"，然后选择自定义形状工具，单击工具选项栏中的"自定义形状工具选择"按钮，选择"载入形状"命令，如图 7-15 所示。然后在"素材"文件夹下选择"母子"形状载入，选择该形状，设置前景色为"黑色"，在窗口中拖拽鼠标绘制形状，效果如图 7-16 所示。

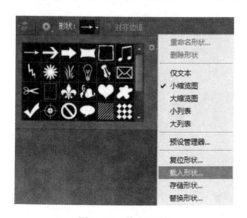

图 7-15　载入形状

图 7-16　绘制形状

（11）单击"文件"菜单，选择"打开"命令，选择"素材"文件夹下的"花篮.png"图片，然后按组合键 Ctrl+A 全选，按组合键 Ctrl+C 复制，回到贺卡编辑窗口按组合键 Ctrl+V 粘贴，调整位置，效果如图 7-17 所示。

图 7-17　添加花篮效果

（12）新建一个空白图层，命名为"星光"。选择画笔工具，然后单击工具选项栏中的笔触面板中的"设置"按钮，选择"载入画笔"命令，如图 7-18 所示。在弹出的对话框中选择素材文件夹下的"星光"画笔，设置前景色为"白色"，画笔大小为 800，利用新画笔在"星光"图层上添加星光效果，如图 7-19 所示。

图 7-18　载入画笔　　　　　　　　　　　　　　图 7-19　星光效果

（13）选择文字工具，设置前景色为"黑色"，字体为"方正姚体"，大小为 57，输入文字"献给妈妈的爱"，摆放到花篮中间，效果如图 7-20 所示。实例中所用图层，如图 7-21 所示。

图 7-20　最终效果图

图 7-21　所有图层

7.4　音频处理技术

7.4.1　音频基本知识

音频，指人耳可以听到的声音频率在 20Hz～20kHz 之间的声波。自然界中的声音非常复杂，波形极其复杂，通常采用的是脉冲代码调制编码，即 PCM 编码。PCM 通过采样、量化、编码三个步骤将连续变化的模拟信号转换为数字编码。

1. 比特率

比特率也称为码率，表示经过压缩（编码）后的音频数据每秒钟需要用多少个比特来表示。比特率越高音质越好，压缩后的文件越大。

（1）VBR（Variable Bitrate，动态比特率）。

动态比特率即没有固定的比特率，压缩软件在压缩时根据音频数据确定使用什么比特率，这是以质量为前提兼顾文件大小的方式，该压缩方式是推荐的压缩方法。

（2）ABR（Average Bitrate，平均比特率）。

平均比特率是 VBR 的一种插值参数。LAME 针对 CBR 不佳的文件体积比和 VBR 生成文件大小不定的特点独创了这种编码模式。ABR 在指定的文件大小内，以每 50 帧（30 帧约 1 秒）为一段，低频和不敏感频率使用相对低的流量，高频和大动态表现时使用高流量，可以做为 VBR 和 CBR 的一种折衷选择。

（3）CBR（Constant Bitrate，常数比特率）。

常数比特率是指文件从头到尾都是一种位速率。相对于 VBR 和 ABR 来讲，它压缩出来的文件体积很大，而且音质相对于 VBR 和 ABR 不会有明显的提高。

2. 采样率

采样率是指在数字录音时，单位时间内对音频信号进行采样的次数。它以赫兹（Hz）或千赫兹（kHz）为单位。通常来说，采样率越高，单位时间内对声音采样的次数就越多，这样音质就越好。MP3 音乐的采样率一般是 44.1kHz，即每秒要对声音进行 44100 次分析，记录下每次分析之间的差别。采样越高，获得的声音信息也就越完整。如果要对频率范围在 20Hz～20000Hz 之间的声音信息进行正确采样，声音必须按不低于 40000Hz 的采样频率进行采样。降低声音文件的采样率，文件的体积会减小，但声音的失真现象也会越明显。因此，采样率涉及到如何协调声音文件的体积与声音的比例关系。采样率的质量级别与用途如表 7-1 所示。

表 7-1　采样率的质量级别与用途

采样率	质量级别	用途
48kHz	演播质量	数字媒体上的声音或音乐
44.1kHz	CD 质量	高保真声音或音乐
32kHz	接近 CD 质量	字摄像机音频
22.05kHz	FM 收音质量	短的高质量音乐片断
11kHz	可接受的音乐	长音乐片断
5kHz	可接受的话音	简单的声音、电话

3. 常见的音频格式

（1）PCM 编码的 WAV

PCM 编码的 WAV 文件是音质最好的格式，Windows 平台下，所有音频软件都能够提供对它的支持。Windows 提供的 Win API 中有不少函数可以直接播放 WAV。因此，在开发多媒体软件时，往往大量采用 WAV 用作事件声效和背景音乐。PCM 编码的 WAV 可以达到相同采样率和采样大小条件下的最好音质，因此，也被大量用于音频编辑、非线性编辑等领域。WAV 的音质非常好，被大量软件所支持，适用于多媒体开发、保存音乐和音效素材。

（2）MP3

MP3 具有不错的压缩比，使用 LAME 编码的中高码率的 MP3，听感上已经非常接近源 WAV 文件。使用合适的参数，LAME 编码的 MP3 很适合于音乐欣赏。由于 MP3 推出年代已久，不错的音质及压缩比，不少游戏也使用 MP3 做事件音效和背景音乐。几乎所有著名的音频编辑软件也提供了对 MP3 的支持，可以将 MP3 像 WAV 一样使用，但由于 MP3 编码是有损的，因此多次编辑后，音质会急剧下降，MP3 并不适合保存素材，但作为作品的 demo 确实是相当优秀的。

（3）OGG

OGG 是一种非常有潜力的编码，在各种码率下都有比较惊人的表现，尤其中低码率下。OGG 除了音质好之外，它还是一个完全免费的编码。OGG 有着非常出色的算法，可以用更小的码率达到更好的音质，128kb/s 的 OGG 比 192kb/s 甚至更高码率的 MP3 还要出色。OGG 的高音具有一定的金属味道，因此在编码一些高频，要求很高的乐器独奏时，OGG 的这个缺陷会暴露出来。OGG 具有流媒体的基本特征，但现在还没有媒体服务软件支持，因此基于 OGG 的数字广播还无法实现。OGG 目前被支持的情况还不够好，无论是软件的还是硬件的，都无法和 MP3 相提并论。OGG 可以用比 MP3 更小的码率实现比 MP3 更好的音质，高中低码率下均具有良好的表现。

（4）MPC

和 OGG 一样，MPC 的竞争对手也是 MP3，在中高码率下，MPC 可以做到比竞争对手更好音质，在中等码率下，MPC 的表现不逊色于 OGG。MPC 的音质优势主要表现在高频部分，MPC 的高频要比 MP3 细腻不少，也没有 OGG 那种金属味道，是目前最适合用于音乐欣赏的有损编码。由于都是新生的编码，和 OGG 际遇相似，也缺乏广泛的软件和硬件支持。MPC 有不错的编码效率，编码时间要比 OGG 和 LAME 短不少。在中高码率下，具有有损编码中最佳的音质表现，高码率下，高频表现极佳，在节省大量空间的前提下获得最佳音质的音乐欣赏。

（5）WMA

微软开发的 WMA 在低码率下，比 MP3 有更好的音质表现。有微软背景的 WMA 获得了很好的软件及硬件支持，Windows Media Player 就能够播放 WMA，也能够收听基于 WMA 编码技术的数字电台。因为播放器几乎存在于每一台 PC 上，越来越多的音乐网站都乐意使用 WMA 作为在线试听的首选。除了支持环境好之外，WMA 在 64～128kb/s 码率下也具有相当出色的表现。WMA 在低码率下的音质表现难有对手，适用于数字电台架设、在线试听、低要求下的音乐欣赏。

7.4.2　音频数据压缩技术

1. 为什么要使用音频数据压缩技术

要算一个 PCM 音频流的码率是一件很轻松的事情，采样率值×采样大小值×声道数。一个采样率为 44.1kHz，采样大小为 16bit，双声道的 PCM 编码的 WAV 文件，它的数据速率则为 $44.1k×16×2=1411.2kb/s$。我们常说 128KB 的 MP3，对应的 WAV 的参数，就是这个 1411.2kb/s，这个参数也被称为数据带宽，它和 ADSL 中的带宽是一个概念。将码率除以 8，就可以得到这个 WAV 的数据速率，即 176.4KB/s。这表示存储一秒钟采样率为 44.1kHz，采样大小为 16bit，双声道的 PCM 编码的音频信号，需要 176.4KB 的空间，1 分钟则约为 10.34M，这对大部分用户是不可接受的，尤其是喜欢在电脑上听音乐的朋友，要降低磁盘占用，只有两种方法，降低采样指标或者压缩。降低指标是不可取的，因此专家们研发了各种压缩方案。由于用途和针对的目标市场不一样，各种音频压缩编码所达到的音质和压缩比都不一样，有一点是可以肯定的，它们都压缩过。

2. 有损压缩和无损压缩

未压缩音频是一种没经过任何压缩的简单音频。未压缩音频通常用于影音文件的的 PCM 或 WAV 音轨。

无损压缩音频是对未压缩音频进行没有任何信息/质量损失的压缩机制。无损压缩音频一般不使用于影音世界，但是存在的格式有无损 WMA 或 Matroska 里的 FLAC。

有损压缩音频尝试尽可能多得从原文件删除没有多大影响的数据，有目的地制成比原文件小多的但音质却基本一样。有损压缩音频普遍流行于影音文件，包括 AC3、DTS、AAC、

MPEG-1/2/3、Vorbis 和 Real Audio。

3．无损压缩的优劣

（1）无损压缩的优势。

● 100%的保存、没有任何信号丢失。

无损压缩格式就如同用 ZIP 压缩文件一样，能 100%地保存 WAV 文件的全部数据。

● 音质高，不受信号源的影响。

无损压缩 100%地保存了原始音频信号，无损压缩格式的音质毫无疑问和原始 CD 是一样的！同样，实际聆听也不可能有任何的不同。而有损压缩格式由于其先天的设计（需要丢失一部分信号），所以音质再好，也只能是无限接近于原声 CD，要想真正达到 CD 的水准是不可能。而且由于有损压缩格式算法的局限性，在压缩交响乐等类型动态范围大的音乐时，其音质表现差强人意。而无损压缩格式则不存在这样的问题，任何音乐类型都通吃不误。

● 转换方便。

无损压缩格式可以很方便地还原成 WAV，还能直接转压缩成 MP3、OGG 等有损压缩格式，甚至可以在不同无损压缩格式之间互相转换，而不会丢失任何数据。这一点比起有损格式可要强得多。

（2）无损压缩的不足。

● 占用空间大，压缩比不高。

比起有损压缩格式来，无损压缩格式的压缩能力要差得多，一般都在 60%左右。而 192kb/s 的有损格式只有原文件的 14%左右，两者在压缩率上的差异相当悬殊。

● 缺乏硬件支持。

支持无损压缩的播放硬件很少。

7.5　视频动画处理技术

7.5.1　视频

1．什么是视频

视频是一组连续画面的集合，与加载的同步声音共同呈现动态的视觉和听觉效果。视频可以由文本、图像、声音和动画相互组合而成。通常，将连续地随着时间变化的一组图像称为视频图像，其中每一幅图像称为一帧，其中，电影采用 24 帧/s 的播放速度，电视采用 23 帧/s 的播放速度。

2．视频的发展

视频技术最早是从阴极射线管的电视系统的创建而发展起来的，但是之后新的显示技术的发明，使视频技术所包括的范畴更大。基于电视的标准和基于计算机的标准，被试图从两个不同的方面来发展视讯技术。得益于计算机性能的提升，并且伴随着数字电视的播出和记录，这两个领域又有了新的交叉和集中。电脑能显示电视信号，能显示基于电影标准的视频文件和流媒体，和快到暮年的电视系统相比，电脑伴随着其运算器速度的提高，存储容量的提高，和宽带的逐渐普及，通用的计算机都具备了采集、存储、编辑和发送电视、视频文件的能力。

3. 常见的视频文件格式

（1）MP4

计算机上以.mp4 为扩展名的多媒体文件，很容易与 MPEG-4 混淆。该文件实际上是采用 MPEG-4 Part 14 标准的多媒体计算机文件格式，以存储数字音频及数字视频为主。MP4 至今仍是各大影音分享网站所使用主流，即使他们是在网站上多加一层 Flash 的影音播放接口。因为 MP4 可以在每分钟约 4MB 的压缩率下提供接近 DVD 质量的影音效果。

（2）AVI

AVI，音频视频交错（Audio Video Interleaved）的英文缩写。AVI 是由 Microsoft 发表的视频格式，在视频领域是最悠久的格式之一。AVI 格式调用方便、图像质量好，压缩标准可任意选择，是应用最广泛、也是应用时间最长的格式之一。

（3）WMV

一种独立于编码方式的在 Internet 上实时传播多媒体的技术标准，Microsoft 公司希望用其取代 QuickTime 之类的技术标准以及 WAV、AVI 之类的文件扩展名。WMV 的主要优点在于可扩充的媒体类型、本地或网络回放、可伸缩的媒体类型、一流的优先级化、多语言支持、扩展性等。

（4）MKV

一种后缀为 MKV 的视频文件频频出现在网络上，它可在一个文件中集成多条不同类型的音轨和字幕轨，而且其视频编码的自由度也非常大，可以是常见的 DivX、XviD、3IVX，甚至可以是 RealVideo、QuickTime、WMV 这类流式视频。实际上，它是一种全称为 Matroska 的新型多媒体封装格式，这种先进的、开放的封装格式已经给我们展示出非常好的应用前景。

（5）MOV

使用过 Mac 机的朋友应该多少接触过 QuickTime。QuickTime 原本是 Apple 公司用于 Mac 计算机上的一种图像视频处理软件。QuickTime 提供了两种标准图像和数字视频格式，即可以支持静态的*.pic 和*.jpg 图像格式，动态的基于 Indeo 压缩法的*.mov 和基于 MPEG 压缩法的*.mpg 视频格式。

（6）FLV

FLV 是 Flash Video 的简称，FLV 流媒体格式是一种新的视频格式。由于它形成的文件极小，加载速度极快，使得网络观看视频文件成为可能，它的出现有效地解决了视频文件导入 Flash 后，使导出的 SWF 文件体积庞大，不能在网络上很好地使用等缺点。

（7）RMVB

RMVB 的前身为 RM 格式，它们是 Real Networks 公司所制定的音频视频压缩规范，根据不同的网络传输速率，而制定出不同的压缩比率，从而实现在低速率的网络上进行影像数据实时传送和播放，具有体积小，画质也还不错的优点。

早期的 RM 格式是为了能够实现在有限带宽的情况下，进行视频在线播放而被研发出来，并一度红遍整个互联网。而为了实现更优化的体积与画面质量，Real Networks 公司不久又在 RM 的基础上推出了可变比特率编码的 RMVB 格式。RMVB 的诞生，打破了原先 RM 格式那种平均压缩采样的方式，在保证平均压缩比的基础上，采用浮动比特率编码的方式，将较高的比特率用于复杂的动态画面（如歌舞、飞车、战争等），而在静态画面中则灵活地转为较低的采样率，从而合理地利用了比特率资源，使 RMVB 最大限度地压缩了影片的大小，最终拥有了近乎完美的接近于 DVD 品质的视听效果。我们可以做个简单对比，一般而言一部 120 分钟的 DVD 体积为 4GB，而 RMVB 格式来压缩，仅 400MB 左右，而且清晰度流畅度并不比原 DVD 差太远。

人们为了缩短视频文件在网络进行传播的下载时间，为了节约用户电脑硬盘宝贵的空间容量，在早些年，硬盘容量比较吃紧，网络带宽也不够理想的情况下，RMVB 文件获得了广泛地应用。

RMVB 由于本身的优势，成为目前 PC 中广泛存在的视频格式，但在 MP4 播放器中，RMVB 格式却长期得不到重视。MP4 发展的整整七个年头里，虽然早就可以做到完美支持 AVI 格式，但却久久未有能够完全兼容 RMVB 格式的机型诞生。

（8）3GP

3GP 是一种 3G 流媒体的视频编码格式，主要是为了配合 3G 网络的高传输速度而开发的，也是目前手机中最为常见的一种视频格式。

简单地说，该格式是"第三代合作伙伴项目"（3GPP）制定的一种多媒体标准，使用户能使用手机享受高质量的视频、音频等多媒体内容。其核心由包括高级音频编码（AAC）、自适应多速率（AMR）和 MPEG-4 和 H.263 视频编码解码器等组成，目前大部分支持视频拍摄的手机都支持 3GPP 格式的视频播放。其特点是网速占用较少，但画质较差。

7.5.2　动画

动画是利用人类眼睛视觉效果滞留的特点产生的动态效果。人在看物体时，物体在大脑视觉神经中的停留时间约为 1/24s。如果每秒更替 24 个画面或者更多的画面，那么在前一幅画面消失之前下一个画面就进入了人脑，从而形成连续的影像。

1. 动画的分类

大致上可以将动画分为平面动画、立体动画和电脑动画。

（1）平面动画。

平面动画是相对于立体动画而言的，是在二维空间中进行制作的动画。包括：

- 传统的手绘动画，比较有代表性的是中国的《大闹天空》和日本的《千与千寻》等。
- 剪影片，源于剪影和影画，流行于 18 世纪、19 世纪。
- 剪纸片，源于皮影戏，中国最早的剪纸片是《猪八戒吃西瓜》。
- 水墨动画以中国水墨画技法作为人物造型和环境空间造型的表现手段，运用动画拍摄的特殊处理技术把水墨画形象和构图逐一拍摄下来，通过连续放映形成浓淡虚实活动的水墨画影像的动画片，代表作是《小蝌蚪找妈妈》。

（2）立体动画。

立体动画是在三维空间中制作的动画，包括木偶动画、粘土动画、纸偶动画等。

- 木偶动画片是将整个木偶各个活动部分（包括眼睛和嘴巴）都用银丝或金属制成关节，而后由人操纵，按照动作的顺序，扳动关节，逐格拍摄，代表作品是《阿凡提》。
- 粘土动画是以特制的粘土、橡皮泥或者其他具有可塑性的类似材料制作的动画片，代表作是《小鸡快跑》。
- 纸偶动画又称为折纸片，是一种不用剪裁、粘贴而将纸张折叠成物件的艺术，代表作是《聪明的鸭子》。

（3）电脑动画。

电脑动画是依靠电脑技术和现代高科技技术生成的虚拟动画片，分为三维动画、网络动画和合成动画。

- 三维动画（Computer Graphics，简称CG），是以计算机图形学为基础的电脑动画，在三维空间中建立虚拟的立体模型并赋予时间运动的动态影像，代表作是《怪物史莱克》。
- 网络动画实在互联网上传播的互动式的电脑动画片。
- 合成动画是将真人和动画结合拍摄或者各种技术间组合的动画片。

2．动画的基本参数

（1）帧速度：是指一秒钟播放的画面数量，一般帧速度为每秒30帧或者每秒25帧。

（2）图像质量：图像质量和压缩比有关，如果压缩比过大，图像质量明显下降。

（3）数据量：在不计压缩比的情况下，数据量是指帧速度与每幅图像的数据量乘积。

3．动画文件格式

（1）FLIC FLI/FLC格式。

FLIC是Autodesk公司在其出品的Autodesk Animator/Animator Pro/3D Studio等2D/3D动画制作软件中采用的彩色动画文件格式，FLIC是FLC和FLI的统称，其中，FLI是最初的基于320×200像素的动画文件格式，而FLC则是FLI的扩展格式，采用了更高效的数据压缩技术，其分辨率也不再局限于320×200像素。

（2）SWF格式。

SWF是Macromedia公司的产品Flash的矢量动画格式，它采用曲线方程描述其内容，不是由点阵组成内容，因此这种格式的动画在缩放时不会失真，非常适合描述由几何图形组成的动画，如教学演示等。由于这种格式的动画可以与HTML文件充分结合，并能添加MP3音乐，因此被广泛地应用于网页上，成为一种"准"流式媒体文件。

（3）AVI格式。

AVI是对视频、音频文件采用的一种有损压缩方式，该方式的压缩率较高，并可将音频和视频混合到一起，因此尽管画面质量不是太好，但其应用范围仍然非常广泛。AVI文件目前主要应用在多媒体光盘上，用来保存电影、电视等各种影像信息，有时也出现在Internet上，供用户下载、欣赏新影片的精彩片段。

（4）MOV、QT格式。

MOV、QT都是QuickTime的文件格式。该格式支持256位色彩，支持RLE、JPEG等领先的集成压缩技术，提供了150多种视频效果和200多种MIDI兼容音响和设备的声音效果，能够通过Internet提供实时的数字化信息流、工作流与文件回放，国际标准化组织（ISO）最近选择QuickTime文件格式作为开发MPEG4规范的统一数字媒体存储格式。

（5）虚拟现实动画（VR）。

图像格式即图像文件存放的格式，通常有JPEG、TIFF、RAW、BMP、GIF、PNG等。由于数码相机拍下的图像文件很大，存储容量却有限，因此图像通常都会经过压缩再存储。

7.5.3　Flash动画处理软件

Adobe Flash CS6是用于创建动画和多媒体内容的强大的创作平台。Adobe Flash CS6设计身临其境，而且在台式计算机和平板电脑、智能手机和电视等多种设备都能呈现一致效果的互动体验。新版 Flash Professional CS6 附带了可生成 sprite 表单和访问专用设备的本地扩展。可以锁定最新的 Adobe Flash Player 和 air 运行时以及 Android 和 iOS 设备平台。

1. Flash CS6 的窗口界面

Flash CS6 的窗口界面包括菜单栏、工具箱、时间轴、舞台和功能面板，如图 7-22 所示。

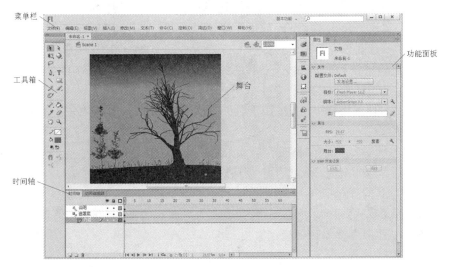

图 7-22　Flash CS6 窗口界面

（1）菜单栏：菜单栏包括文件、编辑、视图、插入、修改、文本、命令、控制、调整、窗口和帮助等一系列菜单，根据不同的功能类型，可以快速地找到所要使用的各项功能选项。

（2）工具箱：工具箱中的工具可绘制、选择和修改，给图形填充颜色，改变场景的显示，或者设置工具选项等。

（3）时间轴：时间轴面板以图层和时间轴方式组织文档内容，与电影胶片类似。Flash 动画的基本单位为帧，多个帧上的画面连续播放，便形成了动画。图层就像堆叠在一起的多张幻灯片，每个图层都有独立的时间轴。这样，多个图层的综合运用，便能形成复杂的动画。

（4）舞台：舞台是 Flash 创作的工作区域，舞台是绘制和编辑动画内容的区域，这些内容包括矢量插图、文本框、按钮、导入的位图图形或视频剪辑等。动画在播放时仅显示舞台上的内容，对于舞台之外的内容是不显示的。

（5）功能面板：面板的内容取决于当前选定的内容，可以显示当前文档、文本、元件、形状、位图、视频、帧或工具的信息和设置。

2. Flash CS6 的新功能

（1）HTML 的新支持。

以 Flash Professional 的核心动画和绘图功能为基础，利用新的扩展功能（单独提供）创建交互式 HTML 内容。导出 JavaScript 来针对 CreateJS 开源架构进行开发。

（2）生成 Sprite 表单。

导出元件和动画序列，以快速生成 Sprite 表单，协助改善游戏体验、工作流程和性能。

（3）锁定 3D 场景。

使用直接模式作用于针对硬件加速的 2D 内容的开源 Starling Framework，从而增强渲染效果。

（4）高级绘制工具。

借助智能形状和强大的设计工具，更精确有效地设计图稿。

（5）行业领先的动画工具。

使用时间轴和动画编辑器创建和编辑补间动画，使用反向运动为人物动画创建自然的动画。

（6）专业视频工具。

借助随附的 Adobe Media Encoder 应用程序，将视频轻松并入项目中并高效转换视频剪辑。

（7）滤镜和混合效果。

为文本、按钮和影片剪辑添加有趣的视觉效果，创建出具有表现力的内容。

（8）基于对象的动画。

控制个别动画属性，将补间直接应用于对象而不是关键帧。使用贝赛尔手柄轻松更改动画。

（9）3D 转换。

借助激动人心的 3D 转换和旋转工具，让 2D 对象在 3D 空间中转换为动画，让对象沿 x、y 和 z 轴运动。将本地或全局转换应用于任何对象。

（10）骨骼工具的弹起属性。

借助骨骼工具的动画属性，创建出具有表现力、逼真的弹起和跳跃等动画属性。强大的反向运动引擎可制作出真实的物理运动效果。

（11）装饰绘图画笔。

借助装饰工具的一整套画笔添加高级动画效果。制作颗粒现象的移动（如云彩或雨水），并且绘出特殊样式的线条或多种对象图案。

（12）轻松实现视频集成。

可在舞台上拖动视频并使用提示点属性检查器，简化视频嵌入和编码流程。在舞台上直接观赏和回放 FLV 组件。

（13）Adobe AIR 移动设备模拟。

模拟屏幕方向、触控手势和加速计等常用的移动设备应用互动来加速测试流程。锁定最新的 Adobe Flash Player 和 AIR 运行时，能针对 Android 和 iOS 平台进行设计。

3. Flash CS6 的应用方向

目前 Flash 被广泛应用于网页设计、网页广告、网络动画、多媒体教学软件、游戏设计、企业介绍、产品展示和电子相册等领域。

（1）网页设计。

为达到一定的视觉冲击力，很多企业网站往往在进入主页前播放一段使用 Flash 制作的欢迎页（也称为引导页）。此外，很多网站的 Logo（站标，网站的标志）和 Banner（网页横幅广告）都是 Flash 动画。当需要制作一些交互功能较强的网站时，例如制作某些调查类网站，可以使用 Flash 制作整个网站，这样互动性更强。

（2）网页广告。

因为传输的关系，网页上的广告需要具有短小精干，表现力强的特点，而 Flash 动画正好可以满足这些要求。现在打开任何一个网站的网页，都会发现一些动感时尚的 Flash 网页广告。

（3）多媒体教学课件。

相对于其他软件制作的课件，Flash 课件具有体积小，表现力强的特点。在制作实验演示或多媒体教学光盘时，Flash 动画得到大量的引用。

（4）游戏。

使用 Flash 的动作脚本功能可以制作一些有趣的在线小游戏，如看图识字游戏、贪吃蛇游戏、棋牌类游戏等。

（5）应用程序开发的界面。

传统的应用程序的界面都是静止的图片，由于任何支持 ActiveX 的程序设计系统都可以使用 Flash 动画，所以越来越多的应用程序界面应用了 Flash 动画。

（6）开发网络应用程序。

Flash 可以直接通过 XML 读取数据，又加强与 ColdFusion、ASP、JSP 和 Generator 的整合，所以可以用 Flash 开发网络应用程序。

4. Flash CS6 的动画编辑

（1）实例效果如图 7-23 所示，首先新建一个 Flash 文件（Action Script 2.0），设置舞台大小为 200×100，如图 7-24 所示。

图 7-23　效果图

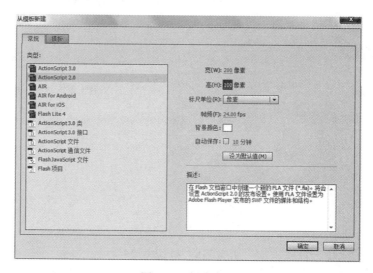

图 7-24　新建窗口

（2）在"属性"面板中的舞台背景区域单击，在弹出的颜色面板中将颜色设置为浅灰色"#666666"，如图 7-25 所示。

（3）新建一个图层，使用文字工具，在"属性"面板中设置字体为 Arial Black，字号为100，颜色为白色。在舞台中输入大写字母"OK"，如图 7-26 所示。

图 7-25　"属性"面板

图 7-26　文字编辑

（4）选择"修改"菜单下的"分离"命令两次或按快捷键 Ctrl+B，将文本转换为图形，如图 7-27 所示。

图 7-27　分离文字

（5）在工具箱中选择墨水瓶工具，笔触颜色为红色，笔触高度为"5"，笔触样式为点状。单击图形"OK"，为图形添加红色的边线，如图 7-28 所示。

图 7-28　添加圆点

（6）选择"选择工具"，然后双击选中"O"上的红色点状线，按住 Shift 键，再双击选中"K"上的红色点状线，如图 7-29 所示。选择"修改"菜单上的"形状"命令下的"将线条转换为填充"命令。使被选中的线变成了由若干小圆点组成的一个圆，现在这些圆点已经不再具有线的性质，而是一个个独立的形状了。

（7）分别在图层 1 和图层 2 的第 2 帧处按 F6 键插入关键帧，即可将第 1 帧的内容复制到当前帧，使用选择工具单击场景中的空白处，放弃当前帧内容的选定状态，然后使用颜料桶工具，选择黄色作为灯泡被点亮的颜色，单击形状上的圆点，改变其颜色，表示该灯泡在第 2 帧被点亮了，如图 7-30 所示。

图 7-29 点状线

图 7-30 改变圆点颜色

（8）以后的每一帧都按 F6 键变成关键帧，在每一帧都改变若干个圆点的颜色，直到所有的圆点都被改变了颜色，这也就意味着所有的灯都被点亮了，如图 7-31 所示。

图 7-31 添加帧与改变颜色

（9）按组合键 Ctrl+Enter 测试动画，就可以看到灯泡被逐一点亮的效果。

（10）按组合键 Ctrl+S 保存文件，将其命名为"霓虹灯"。

7.5.4 会声会影视频处理软件

会声会影是一款一体化视频编辑软件，是一个功能强大的"视频编辑"软件，具有图像抓取和编修功能，可以抓取、转换 MV、DV、V8、TV 和实时记录抓取画面文件，并提供超过 100 多种的编制功能与效果，可导出多种常见的视频格式，甚至可以直接制作成 DVD 和

VCD 光盘。支持各类编码，包括音频和视频编码，是最简单好用的 DV、影片剪辑软件。

1. Corel VideoStudio X7 窗口界面

Corel VideoStudio X7 主要包含三个工作区：捕获、编辑和共享。三个工作区分别用于编辑视频的不同步骤，窗口界面如图 7-32 所示。

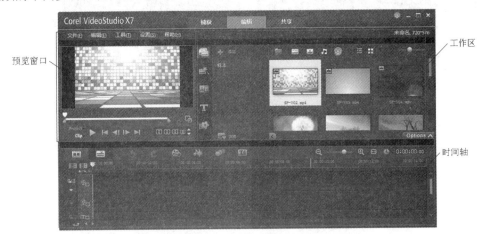

图 7-32 会声会影窗口界面

（1）捕获：在捕获工作区中可以将媒体素材直接录制或导入到电脑的硬盘。此工作区可让用户捕获和导入视频、相片和音频素材。

（2）编辑：编辑工作区包括时间轴，可在此处排列、编辑、修剪和添加特效到视频素材。

（3）共享：输出工作区可保存并输出影片，并可保存视频文件，刻录到光盘，或者上传至网站。

2. Corel VideoStudio X7 实例

通过绘声绘影编辑生活相册，利用图片、字幕和声音编辑动态相册。

（1）打开 Corel VideoStudio X7，选择"文件"菜单中"将媒体文件插入到素材库"命令下的"插入照片"命令，在弹出的窗口中选择"校园秋色"文件夹中的所有图片，然后单击"确定"按钮。

（2）将"背景.jpg"选中然后直接拖拽到视频轨上，如图 7-33 所示。

图 7-33 拖拽图片到视频轨

（3）将"1.jpg""2.jpg"和"3.jpg"同时选中，直接拖拽到覆叠轨上，如图 7-34 所示。

图 7-34　拖拽多张图片到覆叠轨

（4）单击"轨道管理器"按钮，在弹出的"轨道管理器"窗口中的"覆叠轨"下拉列表中选择数字 3，然后单击"确定"按钮。此时轨道上多出两个覆叠轨道，如图 7-35 所示。

（5）将"皇冠.png"图片拖拽到"覆叠轨 2"，将"四叶草.png"图片拖拽到"覆叠轨 3"，选中轨道中的"皇冠"图片，在播放器窗口调整图片的位置，选中轨道中的"四叶草"图片，在播放器窗口调整图片位置，如图 7-36 所示。

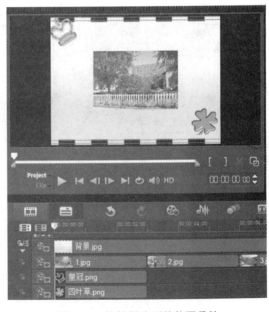

图 7-35　添加覆叠轨　　　　　　　　　图 7-36　拖拽图片到其他覆叠轨

（6）单击"标题"选项，在标题面板中选择"LOREM IPSUM DOLOR SIT AMET"，将该字幕拖拽到字幕轨，然后选中轨道中的字幕，并且双击，让播放器中的字幕变成编辑状态，编辑字幕文字，并在右侧字体属性面板中设置字体颜色为"蓝色"，对字幕中其他文本框中的文字录入并设置颜色，如图 7-37 所示。

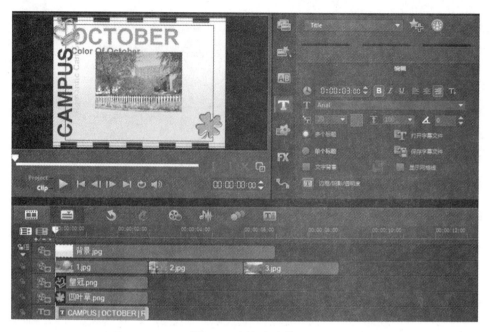

图 7-37　添加文字轨

（7）单击"媒体"选项卡，在提供的素材音乐中选择"SP-M02.mpa"，将其拖拽到音频轨，如图 7-38 所示。

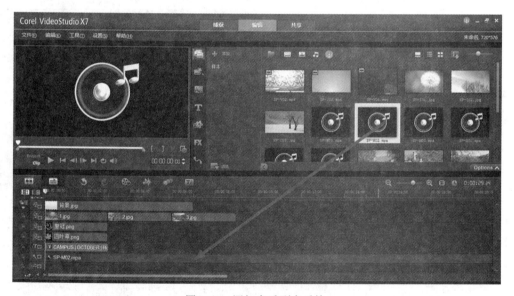

图 7-38　添加音乐到音乐轨

（8）调整各轨道的时间长度与"覆叠轨 1"长度相同，如图 7-39 所示。

（9）选择"覆叠轨 1"中的图片"1.jpg"，在播放器窗口调整图片的大小和位置，如图 7-40 所示。

（10）在轨道中选择"1.jpg"，然后右击，在弹出的菜单中选择"复制属性"的命令，如图 7-41 所示。选中"覆叠轨 1"中的"2.jpg"，右击该图片，在弹出的菜单中选择"粘贴可选属性"命令，如图 7-41 所示。在弹出的对话框中只选择"大小和变形"选项，然后单击"确定"按钮，将图片"2.jpg"设置成与图片"1.jpg"相同大小。

图 7-39 各轨道情况

图 7-40 调整图片大小

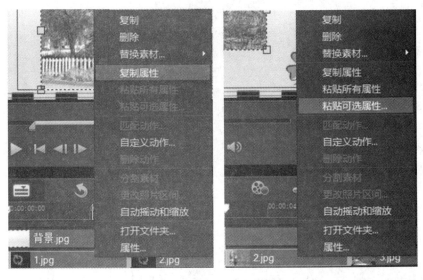

图 7-41 复制粘贴属性

（11）选中"覆叠轨 1"中的图片"1.jpg"，在工作区中"编辑"面板下选中"应用摇动和缩放"复选框，在其下拉列表中选择第一个效果，如图 7-42 所示。图片"2.jpg"和"3.jpg"

均采用这种方法设置特效为第 5 个效果和第 13 个特效。

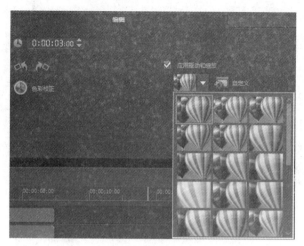

图 7-42　添加特效

（12）选择"覆叠轨 2"中的"皇冠.png"，然后选择"滤镜"选项卡中的"special"效果下的"lightning"，并将该滤镜效果拖拽到"覆叠轨 2"上的"皇冠.png"图片上，如图 7-43 所示。

图 7-43　添加滤镜

（13）选择"覆叠轨 3"中的"四叶草.png"，然后选择"滤镜"选项卡中的"special"效果下的"Bubble"，并将该滤镜效果拖拽到"覆叠轨 3"上的"四叶草.png"图片上。

（14）选择"音频轨"中的音乐，然后单击工作区中的 Options 按钮 Options ∧，打开音乐的属性面板，设置音乐为"淡入" 和"淡出" ，如图 7-44 所示。

（15）单击"文件"菜单，选择"保存"命令，命名为"校园秋色.vsp"，选择"共享"菜单，在共享菜单的工作区中，选择要生成的视频格式"mp4"，选择视频存储的位置，然后单击"开始"按钮，生成视频，如图 7-45 所示。

图 7-44　设置声音效果

图 7-45　导出视频

习题 7

一、选择题

1. 多媒体是（　　）的组合。
   A. 多个媒体
   B. 单个媒体
   C. 多种媒体
   D. 一种媒体

2. 多媒体技术中，媒体一般指（　　）。
   A. 传递媒体的载体
   B. 传递信息的载体
   C. 存储信息的实体
   D. 存储媒体的实体

3. 多媒体信息采集到计算机中，以（　　）形式进行加工、编辑、合成和存储。
   A. 数字化
   B. 媒体
   C. 字符
   D. 图形

4. 用户可以根据自己的需要进行跳跃式阅读，是多媒体的（　　）特征。
   A. 实时性
   B. 交互性
   C. 非线性
   D. 数字化

5. 多媒体的关键技术不包含（　　）。
   A. 信息的同步处理
   B. 信息的存储
   C. 信息的压缩
   D. 信息的检验

6. 常见的声音、图像、视频的压缩方法是（　　）。

    A. 缺损压缩   B. 有损压缩

    C. 无损压缩   D. 不压缩

7. 在多媒体中，常用的标准采样频率为（　　）。

    A. 44.1kHz   B. 88.2kHz

    C. 20kHz   D. 10kHz

8. MP3（　　）。

    A. 是具有最高的压缩比的图形文件的压缩标准

    B. 采用的是无损压缩技术

    C. 是目前很流行的音乐文件压缩格式

    D. 为具有最高的压缩比的视频文件的压缩标准

9. 以下（　　）文件是波形音频文件格式。

    A. WAV   B. JPG   C. BMP   D. MIDI

10. 以下属于常用的视频制作软件的是（　　）。

    A. 录音机   B. Photoshop   C. Movie Maker   D. Flash

11. Photoshop 图像处理软件的专用文件格式扩展名是（　　）。

    A. PNG   B. PSD   C. EPS   D. JPEG

12. Photoshop 中变换选区命令不可以对选择范围进行（　　）编辑。

    A. 缩放   B. 变形   C. 不规则变形   D. 旋转

13. Photoshop 中按住下列哪个键可保证椭圆选框工具绘出的是正圆形？（　　）

    A. Shift   B. Alt   C. Ctrl   D. Caps Lock

14. Flash 中，我们可以创建（　　）种类型的元件。

    A. 2   B. 3   C. 4   D. 5

15. Flash 插入帧的作用是（　　）。

    A. 完整的复制前一个关键帧的所有内容

    B. 起延时作用

    C. 等于插入了一张白纸

    D. 以上都不对

16. Flash 中，在文件菜单中选择保存命令，保存的文件格式是（　　）。

    A. *.fla   B. *.exe

    C. *.swf   D. *.gif

17. ⊠按钮在绘声绘影中的作用是（　　）。

    A. 复制素材   B. 删除素材

    C. 剪辑素材   D. 粘贴素材

18. 下列叙述正确的是（　　）。

    A. 图片素材只能在视频轨上面使用

    B. 色彩素材不可以在覆叠轨上面使用

    C. 视频素材可以在覆叠轨和视频轨使用

    D. 声音轨不能放置使用一首音乐

19. 下列叙述错误的是（　　）。

    A．在会声会影中，可以导入视频、图片、音乐

    B．在会声会影中，可以导入新的转场效果

    C．在会声会影中，不能录音

    D．在会声会影中，不能同时在视频轨上的两个素材间使用两个转场

二、简答题

1. 什么是多媒体技术？媒体的类型有哪些？

2. 简述会声会影视频制作的过程。

第 8 章　计算机网络与应用

引言

计算机网络是指将地理位置不同的具有独立功能的多台计算机及其外部设备，通过通信线路连接起来，在网络操作系统、网络管理软件及网络通信协议的管理和协调下，实现资源共享和信息传递的计算机系统。

内容结构图

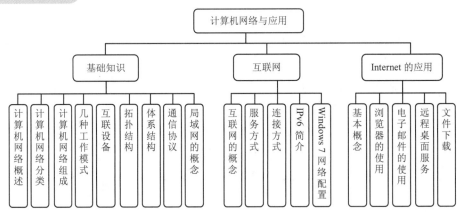

学习目标

通过对本章的学习，我们能够做到：

- 了解：计算机网络的各种概念。
- 理解：计算机网络的类型和网络协议的相关知识。
- 应用：TCP/IP 协议的设置，Windows 7 下网络的设置方法。

8.1　计算机网络基础知识

8.1.1　计算机网络概述

对"计算机网络"这个概念的理解和定义，随着计算机网络本身的发展，人们提出了各种不同的观点。

早期的计算机系统是高度集中的，所有的设备安装在单独的大房间中，后来出现了批处理和分时系统，分时系统所连接的多个终端必须紧接着主计算机。20 世纪 50 年代中后期，许多系统都将地理上分散的多个终端通过通信线路连接到一台中心计算机上,这样就出现了第一代计算机网络。

第一代计算机网络是以单个计算机为中心的远程联机系统。

终端是一台计算机的外部设备,包括显示器和键盘,无 CPU 和内存。

随着远程终端的增多,人们把计算机网络定义为"以传输信息为目的而连接起来,实现远程信息处理或近一步达到资源共享的系统",但这样的通信系统已具备了通信的雏形。

第二代计算机网络是以多个主机通过通信线路互联起来,为用户提供服务,兴起于 20 世纪 60 年代后期,典型代表是美国国防部高级研究计划局协助开发的 ARPAnet。

主机之间不是直接用线路相连,而是接口报文处理机 IMP 转接后互联的。IMP 和它们之间互联的通信线路一起负责主机间的通信任务,构成了通信子网。通信子网互联的主机负责运行程序,提供资源共享,组成了资源子网。

两个主机间通信时对传送信息内容的理解,信息表示形式以及各种情况下的应答信号都必须遵守一个共同的约定,称为协议。

在 ARPA 网中,将协议按功能分成了若干层次,如何分层,以及各层中具体采用的协议的总和,称为网络体系结构,体系结构是个抽象的概念,其具体实现是通过特定的硬件和软件来完成的。

20 世纪 70 年代至 80 年代中第二代网络得到迅猛的发展。

第二代网络以通信子网为中心。这个时期,网络概念为"以能够相互共享资源为目的互联起来的具有独立功能的计算机之集合体",形成了计算机网络的基本概念。

第三代计算机网络是具有统一的网络体系结构并遵循国际标准的开放式和标准化的网络。

ISO 在 1984 年颁布了 OSI/RM,该模型分为七个层次,也称为 OSI 七层模型,公认为新一代计算机网络体系结构的基础,为普及局域网奠定了基础。

20 世纪 70 年代后,随着大规模集成电路的出现,局域网因具有投资少、方便灵活的特点得到了广泛的应用和迅猛的发展。它与广域网都具有分层的体系结构等共性,但也有不同的特性,如局域网为节省费用而不采用存储转发的方式,而是由单个的广播信道来连接网上的计算机。

第四代计算机网络从 20 世纪 80 年代末开始,局域网技术发展成熟,出现光纤及高速网络技术、多媒体、智能网络,整个网络就像一个对用户透明的大的计算机系统,发展为以 Internet 为代表的互联网。将多个具有独立工作能力的计算机系统通过通信设备和线路由功能完善的网络软件实现资源共享和数据通信的系统。

8.1.2 计算机网络分类

用于计算机网络分类的标准很多,如拓扑结构、应用协议等。但是这些标准只能反映网络某方面的特征,最能反映网络技术本质特征的分类标准是分布距离,按分布距离分为 LAN、MAN、WAN、Internet。

- 局域网。几米至 10 千米,小型机、微机大量推广后发展起来的,配置容易,速率高,4Mb/s～2Gb/s。位于一个建筑物或一个单位内。
- 城域网。10 千米至 100 千米,对一个城市的 LAN 互联,采用 IEEE802.6 标准,50Kb/s～100Kb/s,位于一座城市中。
- 广域网。也称为远程网,几百千米至几千千米。发展较早,租用专线,通过 IMP 和线路连接起来，构成网状结构，解决循径问题，速率为 9.6Kb/s～45Mb/s。

- 互联网。并不是一种具体的网络技术，它是将不同的物理网络技术按某种协议。统一起来的一种高层技术。

按交换方式进行分类，可以分为三类：电路交换、报文交换、分组交换。

- 电路交换。最早出现在电话系统中，早期的计算机网络就是采用此方式来传输数据的，数字信号经过变换成为模拟信号后才能在线路上传输。
- 报文交换。是一种数字化网络。当通信开始时，源机发出的一个报文被存储在交换器里，交换器根据报文的目的地址选择合适的路径发送报文，这种方式称做存储转发方式。
- 分组交换。采用报文传输，但它不是以不定长的报文作为传输的基本单位，而是将一个长的报文划分为许多定长的报文分组，以分组作为传输的基本单位，灵活性高且传输效率高。

这不仅大大简化了对计算机存储器的管理，而且也加速了信息在网络中的传播速度。由于分组交换优于线路交换和报文交换，具有许多优点，因此它已成为计算机网络的主流。

按网络拓扑结构进行分类，我们可以分为五类：星型网络、树型网络、总线型网络、环型网络、网状网络。

8.1.3　计算机网络组成

1. 特征

局域网分布范围小、投资少、配置简单，具有如下特征。

（1）传输速率高：一般为 1Mb/s～20Mb/s，光纤高速网可达 100Mb/s、1000Mb/s。

（2）支持传输介质种类多。

（3）通信处理一般由网卡完成。

（4）传输质量好，误码率低。

（5）有规则的拓扑结构。

2. 组成

计算机网络一般由服务器，工作站，传输介质等部分组成。

（1）服务器

运行网络操作系统，提供硬盘、文件数据及打印机共享等服务功能，是网络控制的核心。

从应用来说较高配置的普通兼容机都可以用于文件服务器，但从提高网络的整体性能，尤其是从网络的系统稳定性来说，还是选用专用服务器为宜，如图 8-1 所示。

图 8-1　服务器

目前常见的网络操作系统主要有 Netware、UNIX 和 Windows Server 2012 等。

1）Netware。流行版本为 V3.12、V4.11、V5.0，对硬件要求低，应用环境与 DOS 相似，技术完善，可靠，支持多种工作站和协议，适于局域网操作系统，作为文件服务器，打印服务器性能好。

2）UNIX。一种典型的 32 位多用户的操作系统，主要应用于超级小型机、大型机上，目前常用版本有 UNIX SUR4.0。支持网络文件系统服务，提供数据等应用，功能强大。

3）Windows Server 2012。一种面向分布式图形应用程序的完整平台系统，易于安装和管理，且集成了 Internet 网络管理工具，前景广阔。

服务器分为文件服务器、打印服务器、数据库服务器，在 Internet 上还有 Web、FTP、E-mail 等服务器。

（2）工作站。

可以有自己的操作系统，独立工作；通过运行工作站网络软件、访问 Server 共享资源。

（3）网卡。

将工作站式服务器连到网络上，实现资源共享和相互通信、数据转换和电信号匹配。

网卡的分类：

1）速率：10Mb/s，100Mb/s，1000Mb/s

2）总线类型：ISA/PCI/PCIe

3）传输介质接口：

单口：BNC（细缆）或 RJ-45（双绞线）

（4）传输介质。

目前常用的传输介质有双绞线、同轴电缆、光纤等。

1）双绞线：将一对以上的双绞线封装在一个绝缘外套中，为了降低干扰，每对相互扭绕而成。分为非屏蔽双绞线（UTP）和屏蔽双绞线（STP）。局域网中 UTP 分为 3 类、4 类、5 类和超 5 类四种。

以 AMP 公司为例：

3 类：10Mb/s，皮薄，皮上注"cat3"。

4 类：网络中用的不多。

5 类：（超 5 类）100Mb/s，10Mb/s，皮厚，匝密，皮上注"cat5"，箱上注 5 类。

STP：内部与 UTP 相同，外包铝箔，Apple、IBM 公司网络产品要求使用 STP 双绞线，速率高。

2）同轴电缆：由一根空心的外圆柱导体和一根位于中心轴线的内导线组成，两导体间用绝缘材料隔开。

按直径分为粗缆和细缆。

粗缆：传输距离长，性能高但成本高，使用于大型局域网干线，连接时两端需终接器。

粗缆与外部收发器相连；收发器与网卡之间用 AUI 电缆相连；网卡必须有 AUI 接口，每段 500 米，100 个用户，4 个中继器可达 2500 米，收发器之间最小 2.5 米，收发器电缆最大 50 米。

细缆：传输距离短，相对便宜，用 T 型头，与 BNC 网卡相连，两端安 50 欧终端电阻。

每段 185 米，4 个中继器，最大 925 米，每段 30 个用户，T 型头之间最小 0.5 米。按传输频带分为基带和宽带传输。

基带：数字信号，信号占整个信道，同一时间内能传送一种信号。

宽带：传送的是不同频率的信号。

3）光纤：应用光学原理，由光发送机产生光束，将电信号变为光信号，再把光信号导入光纤，在另一端由光接收机接收光纤上传来的光信号，并把它变为电信号，经解码后再处理。分为单模光纤和多模光纤。绝缘保密性好。

单模光纤：由激光作光源，仅有一条光通路，传输距离长，2千米以上。

多模光纤：由二极管发光，低速短距离，2千米以内。

8.1.4　计算机网络工作模式

1.　专用服务器结构

又称为"工作站/服务器"结构，由若干台微机工作站与一台或多台文件服务器通过通信线路连接起来组成工作站存取服务器文件，共享存储设备。

文件服务器自然以共享磁盘文件为主要目的。对于一般的数据传递来说已经够用了，但是当数据库系统和其他复杂而被不断增加的用户使用的应用系统到来的时候,服务器已经不能承担这样的任务了，因为随着用户的增多，为每个用户服务的程序也增多，每个程序都是独立运行的大文件，给用户感觉极慢，因此产生了客户机/服务器模式。

2.　客户机/服务器模式（Client/Server，C/S）

其中一台或几台较大的计算机集中进行共享数据库的管理和存取，称为服务器，而将其他的应用处理工作分散到网络中其他微机上去做，构成分布式的处理系统，服务器控制管理数据的能力已由文件管理方式上升为数据库管理方式，因此，C/S结构的服务器也称为数据库服务器，注重于数据定义及存取安全后备及还原，并发控制及事务管理，执行诸如选择检索和索引排序等数据库管理功能,它有足够的能力做到把通过其处理后用户所需的那一部分数据而不是整个文件通过网络传送到客户机，减轻了网络的传输负荷。C/S结构是数据库技术的发展和普遍应用与局域网技术发展相结合的结果。

3.　对等网络

在拓扑结构上与专用服务器和客户机/服务器模式相同。在对等网络结构中没有专用服务器，每一个工作站既可以起客户机作用也可以起服务器作用。

8.1.5　计算机网络互联设备

如果说由于微型计算机的普及，导致了若干台微机相互连接，从而产生了计算机网络的话，那么由于网络的普遍应用，为了满足在更大范围内实现相互通信和资源共享，因而，导致了网络之间的互联。

网络互联时，必须解决如下问题：在物理上如何把两种网络连接起来。一种网络如何与另一种网络实现互访与通信，如何解决它们之间协议方面的差别,如何处理速率与带宽的差别，解决这些问题，协调、转换机制的部件就是中继器、网桥、路由器和网关等。

1.　中继器

传输介质超过了网段长度后，可用中继器延伸网络的距离，对弱信号予以再生放大,IEEE 802标准规定最多允许四个中继器接五个网段。中继器工作在物理层，不提供网段隔离功能。

2.　集线器与交换器

（1）集线器。

是一种以星型拓扑结构将通信线路集中在一起的设备，相当于总线，工作在物理层，是局域网中应用最广的连接设备，按配置形式分为独立型 Hub、模块化 Hub 和堆叠式 Hub 三种。

智能型 Hub 改进了一般 Hub 的缺点，增加了桥接能力，可滤掉不属于自己网段的帧，增大网段的频宽，且具有网管能力和自动检测端口所连接的 PC 网卡速度的能力。

市场上常见有 10Mb/s、100Mb/s 等速率的 Hub。

（2）交换机。

交换式以太网数据包的目的地址将以太包从原端口送至目的端，向不同的目的端口发送以太包时，就可以同时传送这些以太包，达到提高网络实际吞吐量的效果。交换器可以同时建立多个传输路径，所以在应用连接多台服务器的网段上可以收到明显的效果。主要用于连接 Hub，Server 或分散式主干网，如图 8-2 所示为交换机。

图 8-2　交换机

按采用技术对交换器进行分类。

- 直通交换：一旦收到信息包中的目标地址，在收到全帧之前便开始转发。适用于同速率端口和碰撞误码率低的环境。
- 存储转发：确认收到的帧，过滤处理坏帧。适用于不同速率端口和碰撞，误码串高的环境。

3. 网桥

主要功能如下。

（1）过滤和转发。

（2）学习功能。

（3）连接不同的传输介质，无路径选择能力。

4. 路由器（Router）

在多个网络和介质之间实现网络互联的一种设备，是一种比网桥更复杂的网络互联设备。主要功能如下。

（1）分组转发，提供最佳路径，将不同硬件技术的网络互联起来。必要时进行分组格式和分组长度的转换。

（2）提供隔离，划分子网，路由器的每一端口都是一个单独的子网。

（3）提供经济合理的 WAN 接入。

（4）支持备用网络路径，支持网状网络拓扑，交换机，网桥要求，无环路拓扑。互联各种局域网和广域网。适用于大型交换网络。可以认为使用 Router 后，形形色色的通信子网融为一体，形成了一个更大范围的网络，从宏观的角度出发，可以认为通信子网实际上是由路由器组成的网络，路由器之间的通信则通过各种通信子网的通信能力予以实现。

5. 网关

用来互联完全不同的网络，主要功能是把一种协议变成另一种协议，把一种数据格式变成另一种数据格式，把一种速率变成另一种速率，以求两者的统一。提供中转中间接口。在Internet中，网关是一台计算机设备，它能根据用户通信用的计算机的IP地址，界定是否将用户发出的信息送出本地网络，同时，它还将外界发送给本地网络计算机的信息接收。

8.1.6　计算机网络拓扑结构

网络的拓扑结构是抛开网络物理连接来讨论网络系统的连接形式，网络中各站点相互连接的方法和形式称为网络拓扑。拓扑图给出网络服务器、工作站的网络配置和相互间的连接，它的结构主要有星型结构、总线型结构、树型结构、网状结构、蜂窝状结构、分布式结构等，如图8-3所示。

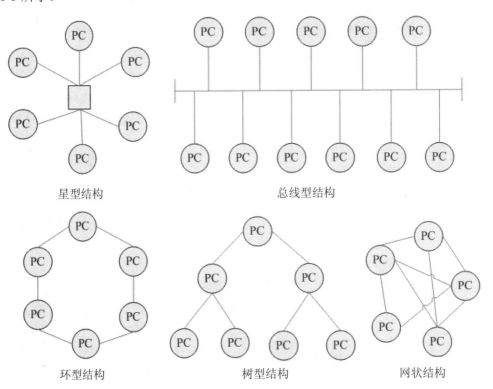

图8-3　典型的网络拓扑结构示意图

1. 星型结构

星型结构是指各工作站以星型方式连接成网。网络有中央结点，其他结点（工作站、服务器）都与中央结点直接相连，这种结构以中央结点为中心，因此又称为集中式网络。它具有如下特点：结构简单，便于管理；控制简单，便于建网；网络延迟时间较小，传输误差较低。但缺点也是明显的：成本高，可靠性较低，资源共享能力也较差。

2. 环型结构

环型结构由网络中若干结点通过点到点的链路首尾相连形成一个闭合的环，这种结构使公共传输电缆组成环型连接，数据在环路中沿着一个方向在各个结点间传输，信息从一个结点传到另一个结点。

环型结构具有如下特点：信息流在网中是沿着固定方向流动的，两个结点仅有一条道路，故简化了路径选择的控制；环路上各结点都是自举控制，故控制软件简单；由于信息源在环路中是串行地穿过各个结点，当环中结点过多时，势必影响信息传输速率，使网络的响应时间延长；环路是封闭的，不便于扩充；可靠性低，一个结点故障，将会造成全网瘫痪；维护难，对分支结点故障定位较难。

3. 总线型结构

总线结构是指各工作站和服务器均挂在一条总线上，各工作站地位平等，无中心结点控制，公用总线上的信息多以基带形式串行传递，其传递方向总是从发送信息的结点开始向两端扩散，如同广播电台发射的信息一样，因此又称广播式计算机网络。各结点在接受信息时都进行地址检查，看是否与自己的工作站地址相符，相符则接收网上的信息。

总线型结构的网络特点如下：结构简单，可扩充性好。当需要增加结点时，只需要在总线上增加一个分支接口便可与分支结点相连，当总线负载不允许时还可以扩充总线；使用的电缆少，且安装容易；使用的设备相对简单，可靠性高；维护难，分支结点故障查找难。

4. 分布式结构

分布式结构的网络是将分布在不同地点的计算机通过线路互连起来的一种网络形式，分布式结构的网络具有如下特点：由于采用分散控制，即使整个网络中的某个局部出现故障，也不会影响全网的操作，因而具有很高的可靠性；网中的路径选择最短路径算法，故网上延迟时间少，传输速率高，但控制复杂；各个结点间均可以直接建立数据链路，信息流程最短；便于全网范围内的资源共享。缺点为连接线路用电缆长，造价高；网络管理软件复杂；报文分组交换、路径选择、流向控制复杂；在一般局域网中不采用这种结构。

5. 树型结构

树型结构是分级的集中控制式网络，与星型相比，它的通信线路总长度短，成本较低，结点易于扩充，寻找路径比较方便，但除了叶结点及其相连的线路外，任一结点或其相连的线路故障都会使系统受到影响。

6. 网状结构

在网状结构中，网络的每台设备之间均有点到点的链路连接，这种连接不经济，只有每个站点都要频繁发送信息时才使用这种方法。它的安装也复杂，但系统可靠性高，容错能力强。有时也称为分布式结构。

7. 蜂窝状结构

蜂窝状结构是无线局域网中常用的结构。它以无线传输介质点到点和多点传输为特征，是一种无线网，适用于城市网、校园网、企业网。

8.1.7 计算机网络体系结构

国际标准化组织 ISO（International Standards Organization）在 20 世纪 80 年代提出的开放系统互联参考模型 OSI（Open System Interconnection），这个模型将计算机网络通信协议分为七层。

在 OSI 网络体系结构中，除了物理层之外，网络中数据的实际传输方向是垂直的。数据由用户发送进程发送给应用层，向下经表示层、会话层等到达物理层，再经传输媒体传到接收端，由接收端物理层接收，向上经数据链路层等到达应用层，再由用户获取。数据在由发送进程交给应用层时，由应用层加上该层有关控制和识别信息，再向下传送，这一过程一直重复到物理层。在接收端信息向上传递时，各层的有关控制和识别信息被逐层剥去，最后数据送到接收进程。

1. 物理层

物理层建立在物理通信介质的基础上，作为系统和通信介质的接口，用来实现数据链路实体间透明的比特（bit）流传输。只有该层为真实物理通信，其他各层为虚拟通信。物理层实际上是设备之间的物理接口，物理层传输协议主要用于控制传输媒体。

2. 数据链路层

数据链路层为网络层相邻实体间提供传送数据的功能和过程；提供数据流链路控制；检测和校正物理链路的差错。物理层不考虑位流传输的结构，而数据链路层主要职责是控制相邻系统之间的物理链路，传送数据以帧为单位，规定字符编码、信息格式，约定接收和发送过程，在一帧数据开头和结尾附加特殊二进制编码作为帧界识别符，以及发送端处理接收端送回的确认帧，保证数据帧传输和接收的正确性，以及发送和接收速度的匹配，流量控制等。

3. 网络层

网络层是通信子网的最高层，完成对通信子网的运行控制。网络层和传输层的界面，既是层间的接口，又是通信子网和用户主机组成的资源子网的界限，网络层利用本层和数据链路层、物理层两层的功能向传输层提供服务。

网络层控制分组传送操作，即路由选择、拥塞控制、网络互连等功能，根据传输层的要求来选择服务质量，向传输层报告未恢复的差错。网络层传输的信息以报文分组为单位，它将来自源的报文转换成包，并经路径选择算法确定路径送往目的地。网络层协议用于实现这种传送中涉及的中继结点路由选择、子网内的信息流量控制以及差错处理等。

4. 传输层

传输层是网络体系结构中最核心的一层，传输层将实际使用的通信子网与高层应用分开。从这层开始，各层通信全部是在源与目标主机上的各进程间进行的，通信双方可能经过多个中间结点。传输层为源主机和目标主机之间提供性能可靠、价格合理的数据传输。具体实现上是在网络层的基础上再增添一层软件，使之能屏蔽掉各类通信子网的差异，向用户提供一个通用接口，使用户进程通过该接口，方便地使用网络资源并进行通信。

5. 会话层

会话是指两个用户进程之间的一次完整通信。会话层提供不同系统间两个进程建立、维护和结束会话连接的功能；提供交叉会话的管理功能，有一路交叉、两路交叉和两路同时会话的 3 种数据流方向控制模式。会话层是用户连接到网络的接口。

6. 表示层

表示层的主要功能是完成被传输数据表示的解释工作，包括数据转换、数据加密和数据压缩等。表示层协议主要功能有：为用户提供执行会话层服务原语的手段；提供描述负载数据结构的方法；管理当前所需的数据结构集和完成数据的内部与外部格式之间的转换。

7. 应用层

应用层作为用户访问网络的接口层，给应用进程提供了访问 OSI 环境的手段。

8.1.8　通信协议

组建网络时，必须选择一种网络通信协议，使得用户之间能够相互进行"交流"。协议（Protocol）是网络设备用来通信的一套规则，这套规则可以理解为一种彼此都能听得懂的公用语言。

计算机网络中常用的三种通信协议。

1. NetBEUI 协议

NetBEUI 由 IBM 于 1985 年开发完成，它是一种体积小、效率高、速度快的通信协议。NetBEUI 也是微软最钟爱的一种通信协议，所以它被称为微软所有产品中通信协议的"母语"。NetBEUI 是专门为几台到百余台 PC 所组成的单网段部门级小型局域网而设计的，它不具有跨网段工作的功能，即 NetBEUI 不具备路由功能。如果你在一个服务器上安装了多块网卡，或要采用路由器等设备进行两个局域网的互联时，将不能使用 NetBEUI 通信协议。否则，与不同网卡相连的设备之间，以及不同的局域网之间将无法进行通信。

2. IPX/SPX 及其兼容协议

IPX/SPX 是 Novell 公司的通信协议集。与 NetBEUI 的明显区别是，IPX/SPX 显得比较庞大，在复杂环境下具有很强的适应性。因为，IPX/SPX 在设计一开始就考虑了多网段的问题，具有强大的路由功能，适合于大型网络使用。

在 IPX/SPX 协议中，IPX 是 NetWare 最底层的协议，它只负责数据在网络中的移动，并不保证数据是否传输成功，也不提供纠错服务。IPX 在负责数据传送时，如果接收结点在同一网段内，就直接按该结点的 ID 将数据传给它；如果接收结点是远程的，数据将交给 NetWare 服务器或路由器中的网络 ID，继续数据的下一步传输。SPX 在整个协议中负责对所传输的数据进行无差错处理，所以将 IPX/SPX 也叫做"Novell 的协议集"。

3. TCP/IP 协议

TCP/IP 是目前最常用到的一种通信协议，它是计算机世界里的一个通用协议。TCP/IP 也是 Internet 的基础协议。

8.1.9　局域网

1. 局域网的概念

局域网（LAN）是在一个局部的地理范围内（如一个学校），一般是方圆几千米以内，将各种计算机，外部设备和数据库等互相联接起来组成的计算机通信网。其主要特点如下。

（1）覆盖的地理范围较小，只在一个相对独立的局部范围内联网，如一座或集中的建筑群内。

（2）使用专门铺设的传输介质进行联网，数据传输速率高（10Mb/s～10Gb/s）。

（3）通信延迟时间短，可靠性较高。

（4）局域网可以支持多种传输介质。

2. 局域网的构成

局域网由网络硬件（包括网络服务器、网络工作站、网络打印机、网卡、网络互联设备等）和网络传输介质，以及网络软件所组成。

3. 局域网拓扑结构

局域网拓扑结构主要有总线型、环型、星型、树型结构等，还有专门用于无线网络的蜂窝状物理拓扑。

4. 无线局域网

无线网络是采用无线通信技术实现的网络。无线网络既包括允许用户建立远距离无线连接的全球语音和数据网络，也包括为近距离无线连接进行优化的红外线技术及射频技术，与有线网络的用途十分类似，最大的不同在于传输媒介的不同，利用无线电技术取代网线，可以和有线网络互为备份。

主流应用的无线网络分为通过公众移动通信网实现的无线网络（如 4G、3G 或 GPRS）和无线局域网（WiFi）两种方式。

常见标准有以下几种。

IEEE802.11a：使用 5GHz 频段，传输速度 54Mb/s，与 802.11b 不兼容。

IEEE802.11b：使用 2.4GHz 频段，传输速度 11Mb/s。

IEEE802.11g：使用 2.4GHz 频段，传输速度主要有 54Mb/s、108Mb/s，可向下兼容 802.11b。

IEEE802.11n 草案：使用 2.4GHz 频段，传输速度可达 300Mb/s，标准尚为草案，但产品已层出不穷。

目前 IEEE802.11b 最常用，但 IEEE802.11g 更具下一代标准的实力，802.11n 也在快速发展中。

IEEE802.11b 标准含有确保访问控制和加密的两个部分，这两个部分必须在无线 LAN 中的每个设备上配置。拥有成百上千台无线 LAN 用户的公司需要可靠的安全解决方案，可以从一个控制中心进行有效的管理。缺乏集中的安全控制是无线 LAN 只在一些相对较的小公司和特定应用中得到使用的根本原因。

IEEE802.11b 标准定义了两种机理来提供无线 LAN 的访问控制和保密：服务配置标识符（SSID）和有线等效保密。还有一种加密的机制是通过透明运行在无线 LAN 上的虚拟专网来进行的。

SSID，无线 LAN 中经常用到的一个特性是称为 SSID 的命名编号，它提供低级别上的访问控制。SSID 通常是无线 LAN 子系统中设备的网络名称，它用于在本地分割子系统。

WEP，IEEE802.11b 标准规定了一种称为有线等效保密的可选加密方案，提供了确保无线 LAN 数据流的机制。WEP 利用一个对称的方案，在数据的加密和解密过程中使用相同的密钥和算法。

8.2　互联网

8.2.1　互联网（Internet）的概念

1. Internet 的发展

Internet 起源于 1969 年美国国防部高级研究计划局协助开发的 4 个结点组成的 ARPA 网。

1987 年，NSF（美国国家科学基金会）采用招标的形式，由 IBM 等三家公司合作建立了一个新的广域网，美国其他部门的计算机网络相继并入此网，形成了目前的 Internet 主干网

ANSnet。

1994 年 4 月，中科院计算机网络信息中心（CNIC）正式接入 Internet，初步建成四个骨干广域网，即邮电部的 CHINANET，教委的 CERNET，科学院的 CSTNET，电子部的 CHINAGBN，这四个网均与 Internet 直接相连。

1997 年 4 月，CHINAGBN、CERNET、CSTNET 网之间已实现了互联。

2. Internet 与 Intranet

（1）Internet。

把世界各地的计算机网、数据通信网以及公用电话网，通过路由器和各种通信线路在物理上连接起来，再利用 TCP/IP 协议实现不同类型的网络之间相互通信，是一个"网络的网络"，Internet 的基础是现存的各种计算机网络和通信网络。

Internet 要解决的问题如下。

- 两个网络之间要通过中间设备实现物理连接，这台设备属于两个网络，解决低层物理的硬件"互连"，即路由器或 IP 网关。
- 中间设备要实现网络之间的分组交换及寻径、协议转换等，解决高层的逻辑的软件"互连"，即 TCP/IP 协议。Internet 可抽象为应用 TCP/IP 技术由路由器连接起来的网络。

（2）TCP/IP。

一组协议集的总称，TCP/IP 是这组协议的核心。这组协议的功能是利用已有的物理网络互连起来，屏蔽或隔离具体网络技术的硬件差异，建立为一个虚拟的逻辑网络，实现不同物理网络的主机之间的通信。

（3）Intranet。

在一个单位或企业内为实现（TCP/IP 协议）建立的网络。它可以是一个局域网也可以是一个广域网。

3. IP 地址与子网掩码

（1）IP 地址。

Internet 是由不同物理网络互连而成，不同网络之间实现计算机的相互通信必须有相应的地址标识，这个地址标识称为 IP 地址。IP 地址提供统一的地址格式即由 32Bit 位组成，由于二进制使用起来不方便，用户使用"点分十进制"方式表示。IP 地址唯一的标识出主机所在的网络和网络中位置的编号，按照网络规模的大小，常用 IP 地址分为以下三类。

A：这类地址的特点是以 0 开头，第一字节表示网络号，第二、三、四字节表示网络中的主机号，网络数量少，最多可以表示 126 个网络号，每一网络中最多可以有 16777214 个主机号。

B：这类地址的特点是以 10 开头，第一、二字节表示网络号，第二、三字节表示网络中的主机号，最多可以表示 16384 个网络号，每一网络中最多可以有 66534 个主机号。

C：这类地址的特点是以 110 开头，第一、二、三字节表示网络号，第四字节表示网络中的主机号，网络数量比较多，可以有 2097152 个网络号，每一网络中最多可以有 254 个主机号。

IP 地址规定如下。

- 网络号不能以 127 开头，第一字节不能全为 0，也不能全为 1。
- 主机号不能全为 0，也不能全为 1。

（2）子网掩码。

为了快速确定 IP 地址的哪部分代表网络号，哪部分代表主机号，判断两个 IP 地址是否属于同一网络，就产生的子网掩码的概念，子网掩码按 IP 地址的格式给出。 A、B、C 类 IP 地址的默认子网掩码如下。

A 类：255.0.0.0

B 类：255.255.0.0

C 类：255.255.255.0

用子网掩码判断 IP 地址的网络号与主机号的方法是用 IP 地址与相应的子网掩码进行与运算，可以区分出网络号部分和主机号部分。

子网掩码的另一功能是用来划分子网。在实际应用中，经常遇到网络号不够的问题，需要把某类网络划分出多个子网,采用的方法就是将主机号标识部分的一些二进制位划分出来用来标识子网。

4. 域名与 DNS 服务器

（1）域名。

与 IP 地址相比，人们更喜欢使用具有一定含义的字符串来标识 Internet 上的计算机，因此，在 Internet 中，用户可以用各种各样的方式来命名自己的计算机，这样就可能在 Internet 上出现重名的机会，如提供 WWW 服务的主机都命名为 WWW，提供 E-mail 服务的主机都命名为 MAIL 等，这样就不能唯一地标识 Internet 的主机位置。为了避免重名，Internet 网协会采取了在主机名后加上后缀名的方法，这个后缀名称为域名，用来标识主机的区域位置，域名是通过申请合法得到的。这样，在 Internet 上的主机就可以用"主机名.域名"的方式唯一的标识。如："WWW.SINA.COM.CN"名字中的 WWW 为主机名，由服务器管理员命名，"SINA.COM.CN"为域名。域名具有一定的层次隶属关系，一般结构形式为"区域层次名.机构名.国别名"，"SINA"表示"新浪"，COM 表示商业机构，CN 表示中国。

Internet 协会规定机构性域名有七类。

COM：商业机构组织。

EDU：教育机构组织。

INT：国际机构组织。

GOV：政府机构组织。

MIL：军事机构组织。

NET：网络机构组织。

ORG：非赢利机构组织。

地理性国别域名对于不同的国家有不同的名称。

中国为 CN、美国为 US、日本为 JP 、法国 FR、英国为 UK。

（2）DNS 服务器。

提供主机域名与 IP 地址之间相互转换服务的计算机系统成为域名服务器，域名解析的方法有两种：反复转寄查询解析和递归解析。

8.2.2 Internet 提供的服务方式

虽然 Internet 提供的服务越来越多，但这些服务一般都是基于 TCP/IP 协议的，Internet 的信息服务主要有以下 5 种。

1．WWW 浏览

WWW 称为万维网或环球信息网。世界上各大公司、机构在互联网上都有自己的网站，使用 WWW 浏览，可以看到它们内容丰富、图文并茂的主页。WWW 浏览是我们在上网过程中最常用到的。

2．信息查询

互联网上的信息资源非常丰富，借助于互联网上提供的搜索引擎，我们很容易找到需要的信息。

3．文件传输

文件传输是指 Internet 上两台计算机之间进行的文件传递。Internet 上的文件传输有两种：一种是普通的文件传输，需要合法的用户账户和密码才能登录到远程计算机传输文件；另一种是匿名文件传输，Internet 上有大量的匿名 FTP 服务器，我们可以用"anonymous"作为用户名，以自己的 E-mail 地址或"guest"作为密码，就能登录到这些服务器下载其中存储的大量资源。

4．电子邮件

电子邮件也叫 E-mail，是 Internet 提供的最为有用的服务之一。我们可以在互联网上通过电子邮件和世界各地的人们沟通。

5．Telnet

Telnet 即远程登录工具。具有互联网账号的用户可通过自己办公室或实验室的计算机与网络中任何其他计算机用 UNIX 命令 Telnet 来建立一个远程终端连接，这种连接只需在 Telnet 后面注明远处计算机的地址即可。

8.2.3　连接 Internet 的方式

目前常见的连接 Internet 的方式有通过电话线、ISDN、ADSL、光纤、无线上网 5 种，下面进行详细介绍。

1．拨号上网方式

拨号上网是以前使用最广泛的 Internet 接入方式，它通过调制解调器和电话线将电脑连接到 Internet 中，并进一步访问网络资源。拨号上网的优点是安装和配置简单，一次性投入成本低，用户只需从 ISP（网络运营商）处获取一个上网账号，然后将必要的硬件设置连接起来即可；缺点是速度慢和接入质量差，而且用户在上网的同时不能接收电话。这种上网方式适合于上网时间比较少的个人用户。

2．ISDN

接入技术俗称"一线通"，它采用数字传输和数字交换技术，将电话、传真、数据、图像等多种业务综合在一个统一的数字网络中进行传输和处理。用户利用一条 ISDN 用户线路，可以在上网的同时拨打电话、收发传真，就像两条电话线一样。ISDN 基本速率接口有两条 64Kb/s 的信息通路和一条 16Kb/s 的信令通路，简称 2B+D，当有电话拨入时，它会自动释放一个 B 信道来进行电话接听。

3．ADSL

ADSL 即非对称数字用户线。ADSL 技术是一种在普通电话线上高速传输数据的技术，它使用了电话线中一直没有被使用过的频率，所以可以突破调制解调器的 56Kb/s 速度的极限。

ADSL 技术的主要特点是可以充分利用现有的电话网络，在线路两端加装 ADSL 设备即可为用户提供高速宽带服务。另外，ADSL 可以与普通电话共存于一条电话线上，在一条普通电话线上接听和拨打电话的同时进行 ADSL 传输而又互不影响。

ADSL 宽带上网的优点是采用星型结构、保密性好、安全系数高、速度快以及价格低，缺点是不能传输模拟信号。

4. 光纤上网方式

光纤上网是指采用光纤线取代铜芯电话线，通过光纤收发器、路由器和交换机接入 Internet 中。光纤上网的优点是性能稳定、升级改造费用低、不受电磁干扰、损耗小、安全和保密性强以及传输距离长。

5. 无线上网方式

无线上网就是指不需要通过电话线或网络线，而是通过通信信号来连接到 Internet。只要用户所处的地点在无线接入口的无线电波覆盖范围内，再配上一张兼容的无线网卡就可以轻松上网了。

无线上网的优点是不受地点和时间的限制、速度快，缺点是费用高。

8.2.4　IPv6 简介

目前 Internet 中使用的是 IPv4 协议，简称 IP 协议。由于 IP 协议本身导致 IP 地址分配方案不尽合理，比如一个 B 类地址的网络理论上可以用约 65000 个 IP 地址，由于没有这么多主机接入使得部分 IP 地址闲置，并且不能被再分配。其次是 IP 地址没有有效平均分配给需要大量 IP 地址的国家，比如麻省理工学院拥有 1600 多万 IP 地址，而分配给我国的地址量还没有这么多。这样就导致了 IP 地址危机的发生，为了彻底解决 IPv4 存在的上述问题，就必须采用新一代 IP 协议，即 IPv6。

IPv6 是互联网工程任务组（Internet Engineering Task Force，简称 IETF）设计的用于替代现行版本 IP 协议（IPv4）的下一代 IP 协议，IPv6 的地址格式采用 128 位二进制来表示。

IPv6 的特点如下。

（1）IPv6 地址长度为 128 位，地址空间由 2^{32} 增加到 2^{128} 个。

（2）灵活的 IP 报文头部格式。使用一系列固定格式的扩展头部。

（3）IPv6 简化了报文头部格式，字段只有 8 个，加快报文转发，提高了吞吐量。

（4）提高安全性，身份认证和隐私权是 IPv6 的关键特性。

（5）支持更多的服务类型。

（6）允许协议继续演变，增加新的功能，使之适应未来技术的发展。

8.2.5　Windows 7 网络配置

1. 局域网方式的网络配置

局域网方式的特点是网络速度快，误码率低，在进行配置之前，要知道网络服务器的 IP 地址和分配给客户机的 IP 地址，配置方法如下。

（1）安装网卡驱动程序。

现在使用的计算机及附属设备一般都支持"即插即用"功能，所以安装了即插即用的网卡后，第一次启动电脑时，系统会出现"发现新硬件并安装驱动程序"的提示信息，用户只需要按提示安装所需的驱动程序即可。

（2）安装通信协议。

1）选择"开始"→"设置"→"控制面板"命令，双击其中的"网络和 Internet"图标。

2）选中"网络和共享中心"中的"查看网络状态和任务"图标，如图 8-4 所示。

图 8-4　查看基本网络信息并设置连接界面

3）选择"本地连接 属性"，如图 8-5 所示，在该对话框中选中"Internet 协议版本 4（TCP/IPv4）"选项，然后单击"属性"按钮，弹出如图 8-6 所示的对话框。在该对话框中设置 TCP/IP 协议的"IP 地址""子网掩码"和"网关地址"，如"10.112.11.150""255.255.255.0"和"10.112.11.129"。并设置"首选 DNS 服务器"地址，如"202.97.224.68"。

4）单击"确定"按钮，就完成网络参数的配置。

图 8-5　"本地连接 属性"对话框

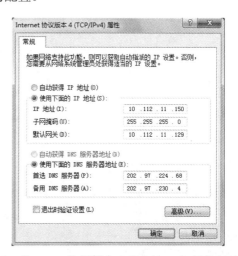

图 8-6　"Internte 协议版本 4（TCP/IPv4）属性"对话框

2. 宽带拨号网络配置

拨号网络是通过调制解调器和电话网建立一个网络连接，它遵循 TCP/IP 协议。拨号网络允许用户访问远程计算机上的资源，同样，也允许远程用户访问本地用户机器上的资源。在配置拨号网络之前，用户应从 Internet 服务商（ISP）处申请账号、密码和 DNS 服务器地址，以及上网所拨的服务器的电话号码。

（1）安装调制解调器。

调制解调器和其他硬件的安装方法类似，但应注意安装的调制解调器是内置的还是外置的。如果是内置的，则将其直接插到主板上即可；如果是外置的，可以使用串口进行连接。

（2）添加拨号网络。

1）选中"网络和共享中心"中的"设置连接或网络"图标，打开"设置连接或网络"对话框，如图 8-7 所示。

2）设置网络连接类型。如图 8-8 所示，选择连接到 Internet 上的方式。

图 8-7　"设置连接或网络"对话框　　　　图 8-8　设置连接到 Internet 的方式

3）如图 8-9 所示，设置连接名称，进行有效用户的设置，输入 ISP 账号与密码，如果设置正确则单击"宽带连接"图标并输入 ISP 账号与密码后就能访问 Internet。

图 8-9　设置 ISP 账号与密码

3. 无线网络配置

（1）打开电脑，在开始面板里找到"控制面板"单击打开，再找到"网络和共享中心"单击打开，如图 8-10 所示。

图 8-10　控制面板

（2）在打开的窗口左侧的窗格中找到"管理无线网络"，再单击打开如图 8-11 所示的界面。

图 8-11　管理使用的无线网络界面

（3）这时可以对已经连接的无线网络进行选择。

（4）同时可以新建一个无线网络连接，单击"添加"按钮，弹出如图 8-12 所示的对话框，在这里输入路由器上设置的网络名、加密密钥，这样就添加了一个无线网络了。

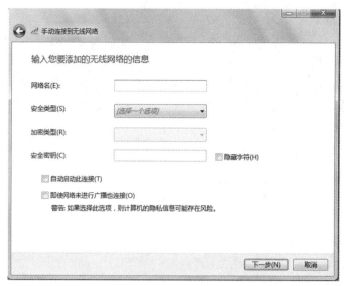

图 8-12　输入无线网络连接信息对话框

8.3　Internet 的应用

8.3.1　WWW 的基本概念

WWW 简称 3W，有时也叫 Web，中文译名为万维网。WWW 由欧洲核物理研究中心（CERN）研制，其目的是为全球范围的科学家利用 Internet 进行方便地通信、信息交流和信息查询。WWW 是建立在客户机/服务器模型之上的。WWW 是以超文本标注语言与超文本传输协议为基础，能够提供面向 Internet 服务的、一致的用户界面的信息浏览系统。其中 WWW 服务器采用超文本链路来链接信息页，这些信息页既可放置在同一主机上，也可放置在不同地理位置的主机上，由统一资源定位器维持，WWW 客户端软件负责信息显示与向服务器发送请求。

8.3.2　Internet Explorer 浏览器的使用

目前常用的浏览器有 Internet Explorer、360 安全浏览器等，下面介绍 Internet Explorer 8 的使用，其他浏览器的使用大同小异。如图 8-13 所示为 IE 8 启动后的界面，下面来了解 IE 最常用的功能。

（1）地址栏：在此处输入要访问的网站的 URL 地址，按 Enter 键即可访问该网站的网页页面。

（2）"停止"按钮：单击此按钮后会终止当前的访问操作。

（3）"刷新"按钮：单击此按钮后会重新访问当前访问的网址。

（4）"收藏夹"按钮：单击此按钮会将当前浏览器显示的页面的网址保存到收藏夹中，以后可以直接在收藏夹中选择某一个收藏的页面地址来直接访问而不需要在浏览器的地址栏中输入网址来进行访问，同时在收藏夹中可以按照各种分类建立文件夹结构，更加方便浏览和管理。

图 8-13　Internet Explorer 8 启动后的界面

8.3.3　电子邮件服务的使用

电子邮件是目前 Internet 上常用的网络服务，通过它不仅可以发送和接收文本内容，还可以以附件的形式发送和接收图片等类型的大文件。

电子邮件地址的格式是：用户名@邮件服务器名称。其中用户名是由用户申请时设置的，邮件服务器名称是由网络服务商提供的，例如：jsjggjc_5@126.com。

下面介绍电子邮件的相关操作。

（1）首先要注册一个电子邮箱账号，如图 8-14 所示。

图 8-14　网易 126 免费邮箱登录界面

（2）登录邮箱后单击"收信"后的页面，如图 8-15 所示，在这里可以阅读邮件内容。

图 8-15   收件箱界面

（3）新建邮件，如图 8-16 所示。

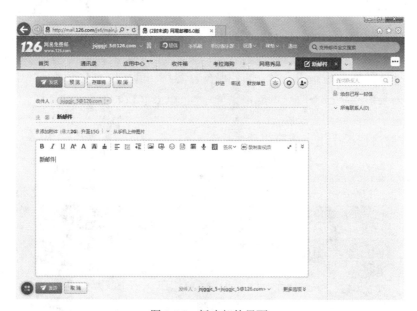

图 8-16   新建邮件界面

8.3.4   远程桌面服务

说起远程控制，其实许多人都已经使用过 QQ 的远程协助，也有很多人试过 PCAnyWhere、RealVNC 等远程控制软件。然而，许多人却忽略了 Windows 7 本身就附带的一个功能"远程桌面连接"，如图 8-17 所示，其实它的功能、性能等一点都不弱，而且觉得它比很多第三方的远程控制工具好用得多。

图 8-17　Windows 7 的远程桌面连接界面

具体操作步骤如下。

（1）首先要设置好被远程控制的电脑的用户名密码，打开"控制面板"，单击"用户账户和家庭安全"按钮，如图 8-18 所示。

图 8-18　调整计算机的设置界面

（2）单击"为您的账户创建密码"按钮，弹出如图 8-19 所示的界面，输入密码，单击"创建密码"按钮从而完成操作。

图 8-19　创建密码界面

（3）接着打开计算机属性，选择"远程设置"，勾选"允许远程协助连接这台计算机"，选中下面的"允许运行任意版本远程桌面的计算机连接（较不安全）"，至此，被远程控制的计算机已经设置好了。

（4）打开操作电脑的远程程序，填写能远程控制的 IP 地址，例如：10.112.11.150，然后单击"连接"按钮，连接上以后，若提示输入密码，则输入密码后就可以远程控制桌面了。

8.3.5 文件下载与即时通信

1. 文件下载

通过迅雷 7 完成文件的传输。

（1）软件安装。

软件下载到本地后，打开软件安装包，出现安装向导后即可开始安装。

用户可以单击"浏览"按钮将迅雷 7 装入想要安装的目录便于查找和管理。下面为默认勾选项，用户可以有选择地勾选，一般为默认勾选。之后单击"下一步"按钮继续安装。

迅雷 7 安装完成，如果不想将"迅雷看看"设为首页，也不想查看迅雷 7 新版本的特性，那么请去掉此两项前面的勾选（默认为勾选），然后单击"完成"按钮即可完成软件安装，并运行迅雷 7。

（2）迅雷 7 的运行。

软件运行后请先设置"设置向导"，可以单击"一键设置"按钮，也可以单击"下一步"按钮按照自己喜欢的方式一步一步设置。

设置好后，软件运行界面如图 8-20 所示。

图 8-20　迅雷的主操作界面

（3）用迅雷 7 下载文件。

● 右键下载。

首先打开如图 8-21 所示的下载页面，在下载地址栏右击任一下载点，在弹出的右键菜单中选择"使用迅雷下载"命令。

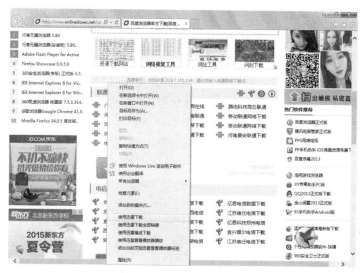

图 8-21　右击鼠标选择迅雷下载

这时迅雷 7 会弹出"新建任务"对话框，如图 8-22 所示。

图 8-22　"新建任务"对话框

此为默认下载目录，用户可自行更改文件下载目录。目录设置好后单击"立即下载"按钮，接下来就会弹出迅雷的下载操作页面，如图 8-23 所示。

图 8-23　迅雷下载文件界面

下载完成后的文件会显示在左侧"已完成"的目录内，用户可自行管理。到此步骤为止，一个软件就下载好了。

● 直接下载。

如果你知道一个文件的绝对下载地址，例如 http://dlsw.baidu.com/Baidusd_Setup.exe，那么可以先复制此下载地址，复制之后迅雷 7 会自动感应弹出"新建任务下载"对话框。

也可以单击迅雷 7 主界面上的"新建"按钮，将刚才复制的下载地址粘贴在新建任务栏上即可。

2. 即时通信

即时通信是指能够即时发送和接收互联网消息等的业务。

近几年迅速发展，即时通信的功能日益丰富，逐渐集成了电子邮件、博客、音乐、电视、游戏和搜索等多种功能。即时通信不再是一个单纯的聊天工具，它已经发展成集交流、资讯、娱乐、搜索、电子商务、办公协作和企业客户服务等为一体的综合化信息平台。

国内的即时通信工具有 UcSTAR、E 话通、QQ、UC、商务通、网易泡泡、盛大圈圈、淘宝旺旺、网络飞鸽等。

习题 8

一、选择题

1. 计算机网络是（　　）相结合的产物。
   A. 计算机技术与通信技术　　　　　B. 计算机技术与信息技术
   C. 计算机技术与电子技术　　　　　D. 信息技术与通信技术

2. （　　）被认为是 Internet 的前身。
   A. 万维网　　　　B. ARPANET　　　C. HTTP　　　　D. APPLE

3. 当前普遍使用的 Internet IP 版本是（　　）。
   A. IPv6　　　　　B. IPv3　　　　　C. IPv4　　　　　D. IPv5

4. 一个学校内部网络一般属于（　　）。
   A. 城域网　　　　B. 局域网　　　　C. 广域网　　　　D. 互联网

5. 将计算机网络划分为局域网、城域网、广域网是按（　　）划分。
   A. 用途　　　　　B. 连接方式　　　C. 覆盖范围　　　D. 以上都不是

6. 属于不同城市的用户的计算机互相通信，它们组成的网络属于（　　）。
   A. 局域网　　　　B. 城域网　　　　C. 广域网　　　　D. 互联网

7. Internet 属于一种（　　）。
   A. 校园网　　　　B. 局域网　　　　C. 广域网　　　　D. Windows 2003 网络

8. 以下哪个不是网络拓扑结构？（　　）
   A. 总线型　　　　B. 星型　　　　　C. 开放型　　　　D. 环型

9. 通过一根传输线路将网络中所有结点（即计算机）连接起来，这种拓扑结构是（　　）。
   A. 总线型拓扑结构　　　　　　　　　B. 星型拓扑结构
   C. 环型拓扑结构　　　　　　　　　　D. 以上都不是

10. 网络的有线传输媒体有双绞线、同轴电缆和（　　）。

　　A. 铜电线　　　　B. 信号线　　　　C. 光缆　　　　　D. 微波

11. 计算机之间的相互通信需要遵守共同的规则（或约定），这些规则叫做（　　）

　　A. 准则　　　　　B. 协议　　　　　C. 规范　　　　　D. 以上都不是

12. 网络通信是通过（　　）实现的，它们是通信双方必须遵守的约定。

　　A. 网卡　　　　　B. 双绞线　　　　C. 通信协议　　　D. 调制解调器

13. TCP/IP 协议是 Internet 中计算机之间通信所必须共同遵循的一种（　　）。

　　A. 信息资源　　　B. 通信规定　　　C. 软件　　　　　D. 硬件

14. 关于 Internet，下列说法不正确的是（　　）。

　　A. Internet 是全球性的国际网络

　　B. Internet 起源于美国

　　C. 通过 Internet 可以实现资源共享

　　D. Internet 不存在网络安全问题

15. 目前世界上规模最大、用户最多的计算机网络是 Internet，下面关于 Internet 的叙述中，错误的叙述是（　　）。

　　A. Internet 由主干网、地区网和校园网（企业或部门网）等多级网络组成

　　B. WWW（World Wide Web）是 Internet 上最广泛的应用之一

　　C. Internet 使用 TCP/IP 协议把异构的计算机网络进行互连

　　D. Internet 的数据传输速率最高达 10Mb/s

16. 下列有关 Internet 的概念中错误的是（　　）。

　　A. Internet 即国际互联网络

　　B. Internet 具有子网和资源共享的特点

　　C. 在中国称为因特网

　　D. Internet 是一种局域网的一种

17. 下列关于 IP 地址的说法中错误的是（　　）。

　　A. 一个 IP 地址只能标识网络中的唯一的一台计算机

　　B. IP 地址一般用点分十进制表示

　　C. 地址 206.105.256.33 是一个合法的 IP 地址

　　D. 同一个网络中不能有两台计算机的 IP 地址相同

18. IPv4 地址由（　　）位二进制数组成。

　　A. 16　　　　　　B. 32　　　　　　C. 64　　　　　　D. 128

19. 能唯一标识 Internet 中每一台主机的是（　　）。

　　A. 用户名　　　　　　　　　　　B. IP 地址

　　C. 用户密码　　　　　　　　　　D. 使用权限

20. 在 Internet 中，主机的 IP 地址与域名的关系是（　　）。

　　A. IP 地址是域名中部分信息的表示

　　B. 域名是 IP 地址中部分信息的表示

　　C. IP 地址和域名是等价的

　　D. IP 地址和域名分别表达不同含义

21. 用于解析域名的协议是（　　）。
    A. HTTP　　　　　B. DNS　　　　　C. FTP　　　　　D. SMTP

22. 下列不属于 Internet 信息服务的是（　　）。
    A. 远程桌面　　　B. 文件传输　　　C. 实时监测控制　　D. 电子邮件

23. 下列对 Internet 叙述正确的是（　　）。
    A. Internet 就是 WWW
    B. Internet 就是信息高速公路
    C. Internet 是众多自治子网和终端用户机的互联
    D. Internet 就是局域网互联

24. 下列不属于一般互联网交流形式的是（　　）。
    A. QQ　　　　　　B. BBS　　　　　C. 博客　　　　　D. Word

25. 网上软件下载是利用了 Internet 提供的（　　）功能。
    A. 网上聊天　　　B. 文件传输　　　C. 电子邮件　　　D. 电子商务

26. 缩写 WWW 表示的是（　　），它是 Internet 提供的一项服务。
    A. 局域网　　　　B. 广域网　　　　C. 万维网　　　　D. 网上论坛

二、操作题

1. 通过 IE 浏览器浏览网易网站首页，并收藏这一页面，同时将这一页面设置为 IE 浏览器默认页面。

2. 用迅雷软件在网上下载 QQ 软件。

3. 在网易网站上注册一个邮箱，登录并进行电子邮件的收发。

三、简答题

1. 简述局域网的概念和特点。

2. 计算机网络的拓扑结构有哪几种？

3. 常用的传输媒体有哪几种？各有何特点？

4. 网络层有哪些功能？

5. IP 地址分为几类？各如何表示？IP 地址的主要特点是什么？

6. 简述网络协议的概念。

7. 简述 ISDN 的连接方式。

8. 简述 WWW 的含义。

9. 计算机网络都有哪些类别？各种类别的网络都有哪些特点？

10. 简述 Internet 和 Intranet 的含义。

11. 简要说明 ISO/OSI 的网络协议体系结构。

12. 什么是 IP 地址？子网掩码有何用途？

第9章 信息安全与网络安全基础

引言

网络信息安全是一个关系国家安全和主权、社会稳定、民族文化继承和发扬的重要问题。其重要性，正随着全球信息化步伐的加快越来越重要。网络信息安全是一门涉及计算机科学、网络技术、通信技术、密码技术、信息安全技术、应用数学、数论、信息论等多种学科的综合性学科。它主要是指网络系统的硬件、软件及其系统中的数据受到保护，不受偶然的或者恶意的原因而遭到破坏、更改、泄露，系统连续可靠正常地运行，网络服务不中断。

内容结构图

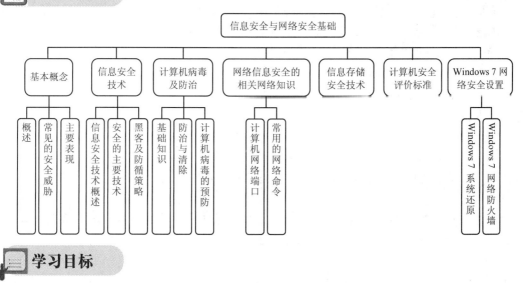

学习目标

通过对本章的学习，我们能够做到：

- 了解：信息与网络安全的基本知识。
- 理解：计算机病毒的有关知识。
- 应用：网络常用的命令和使用方法，Windows 7中网络安全的相关设置操作。

9.1 信息安全与网络安全的基本概念

信息网络面临的威胁主要来自电磁泄露、雷击等环境安全构成的威胁，软硬件故障和工作人员误操作等人为或偶然事故构成的威胁，利用计算机实施盗窃、诈骗等违法犯罪活动的威胁，网络攻击和计算机病毒构成的威胁，以及信息战的威胁等。

国家间的电子信息对抗或者说"信息战"。正因为信息安全具有如此重要的战略地位，各国都给以极大的关注与投入。

信息网络自身的脆弱性主要包括：在信息输入、处理、传输、存储、输出过程中存在的信息容易被篡改、伪造、破坏、窃取、泄漏等不安全因素；在信息网络自身在操作系统、数据库以及通信协议等存在安全漏洞和隐蔽信道等不安全因素；在其他方面如磁盘高密度存储受到损坏造成大量信息的丢失，存储介质中的残留信息泄密，计算机设备工作时产生的辐射电磁波造成的信息泄密。

9.1.1　信息安全与网络安全概述

信息安全是一门涉及计算机科学、网络技术、通信技术、密码技术、信息安全技术、应用数学、数论、信息论等多种学科的综合性学科。

信息安全主要包括五方面的内容，即需保证信息的保密性、真实性、完整性、未授权复制和所寄生系统的安全性。信息安全本身包括的范围很大，其中包括如何防范商业企业机密泄露、防范青少年对不良信息的浏览、个人信息的泄露等。网络环境下的信息安全体系是保证信息安全的关键，包括计算机安全操作系统、各种安全协议、安全机制，直至安全系统，只要存在安全漏洞便可以威胁全局安全。信息安全是指信息系统受到保护，不受偶然的或者恶意的原因而遭到破坏、更改、泄露，系统连续可靠正常地运行，信息服务不中断，最终实现业务连续性。

1. 信息安全的基本概念

信息安全主要指防止信息被故意的或偶然的非授权泄露、更改、破坏或使信息被非法的系统辨识、控制，避免攻击者利用系统的安全漏洞进行窃听、冒充、诈骗等有损于合法用户的行为，主要内容如下。

（1）完整性。

指信息在传输、交换、存储和处理过程保持非修改、非破坏和非丢失的特性，即保持信息原样性，使信息能正确生成、存储、传输，这是最基本的安全特征。

（2）保密性。

指信息按给定要求不泄漏给非授权的个人、实体或过程，或提供其利用的特性，即杜绝有用信息泄漏给非授权个人或实体，强调有用信息只被授权对象使用的特征。

（3）可用性。

指网络信息可被授权实体正确访问，并按要求能正常使用或在非正常情况下能恢复使用的特征，即在系统运行时能正确存取所需信息，当系统遭受攻击或破坏时，能迅速恢复并能投入使用。可用性是衡量网络信息系统面向用户的一种安全性能。

（4）不可否认性。

指通信双方在信息交互过程中，确信参与者本身，以及参与者所提供的信息的真实同一性，即所有参与者都不可能否认或抵赖本人的真实身份，以及提供信息的原样性和完成的操作与承诺。

（5）可控性。

指对流通在网络系统中的信息传播及具体内容能够实现有效控制的特性，即网络系统中的任何信息要在一定传输范围和存放空间内可控。除了采用常规的传播站点和传播内容监控这种形式外，最典型的如密码的托管政策，当加密算法交由第三方管理时，必须严格按规定可控执行。

2.　网络安全的基本概念

网络安全是指网络系统的硬件、软件及数据受到保护，不遭受偶然或恶意的破坏、更改、泄露，系统连续可靠正常地运行，网络服务不中断，且在不同环境和应用中有不同的解释。

网络安全从其本质来讲就是网络上信息安全，它涉及的领域相当广泛，这是因为目前的公用通信网络中存在着各式各样的安全漏洞和威胁。广义上讲，凡是涉及网络上信息的保密性、完整性、可用性和可控性的相关技术和理论，都是网络安全的研究领域。

目前面对因特网上众多的网络服务，在日常使用方便的同时，对安全也提出了更高的要求。网络的安全属性主要有以下几个方面。

（1）保密性。指信息不泄露给非授权的用户、实体或进程。

（2）可用性。指可被授权实体访问并按需求使用的特性。

（3）可控性。指对信息的传播路径、范围及其内容所具有的控制能力。

（4）完整性。指信息在存储或传输过程中保持不被修改、不被破坏和丢失的特性。

（5）真实性。指在信息交互过程中，确保参与者的真实同一性，所有参与者都不能否认和抵赖曾经完成的操作和承诺，也称认证性、不可抵赖性。

3.　网络与信息安全的重要性

信息作为一种资源，它的普遍性、共享性、增值性、可处理性和多效用性，使其对于人类具有特别重要的意义。信息安全的实质就是要保护信息系统或信息网络中的信息资源免受各种类型的威胁、干扰和破坏，即保证信息的安全性。根据国际标准化组织的定义，信息安全性的含义主要是指信息的完整性、可用性、保密性和可靠性。信息安全是任何国家、政府、部门、行业都必须十分重视的问题。

4.　网络信息安全的现状

近年来随着 Internet 的飞速发展，计算机网络的资源共享进一步加强，随之而来的信息安全问题日益突出。据美国 FBI 统计，美国每年网络安全问题所造成的经济损失高达 75 亿美元。而全球平均每 20 秒钟就发生一起 Internet 计算机侵入事件。在 Internet/Intranet 的大量应用中，Internet/Intranet 安全面临着重大的挑战，事实上，资源共享和安全历来是一对矛盾。在一个开放的网络环境中，大量信息在网上流动，这为不法分子提供了攻击目标。而且计算机网络组成形式多样性、终端分布广和网络的开放性、互联性等特征更为他们提供便利。他们利用不同的攻击手段，获得访问或修改在网中流动的敏感信息，闯入用户或政府部门的计算机系统，进行窥视、窃取、篡改数据。不受时间、地点、条件限制的网络诈骗，其"低成本和高收益"又在一定程度上刺激了犯罪的增长，使得针对计算机信息系统的犯罪活动日益增多。

9.1.2　常见的安全威胁

信息与网络安全面临的威胁来自很多方面，并且随着时间的变化而变化。常见的计算机网络安全威胁的表现形式主要有：窃听、重传、伪造、篡改、拒绝服务攻击、行为否认、电子欺骗、非授权访问、传播病毒。

窃听：攻击者通过监视网络数据的手段获得重要的信息，从而导致网络信息的泄密。

重传：攻击者事先获得部分或全部信息，以后将此信息发送给接收者。

篡改：攻击者对合法用户之间的通信信息进行修改、删除、插入，再将伪造的信息发送给接收者，这就是纯粹的信息破坏，这样的网络侵犯者被称为积极侵犯者。

拒绝服务攻击：攻击者通过某种方法使系统响应减慢甚至瘫痪，阻止合法用户获得服务。

行为否认：通信实体否认已经发生的行为。

电子欺骗：通过假冒合法用户的身份来进行网络攻击，从而达到掩盖攻击者真实身份，嫁祸他人的目的。

非授权访问：没有预先经过同意，就使用网络或计算机资源被看作非授权访问。

传播病毒：通过网络传播计算机病毒，其破坏性非常高，而且用户很难防范。

9.1.3 信息安全与网络安全的主要表现

1. 物理安全

网络的物理安全是整个网络系统安全的前提。在网络建设工程中，由于网络系统属于弱电工程，耐压值很低。因此，在网络工程的设计和施工中，必须优先考虑布线系统与照明电线、动力电线、通信线路、暖气管道及冷热空气管道之间的距离；考虑保护人和网络设备不受电、火灾和雷击的侵害；考虑布线系统和绝缘线、裸体线以及接地与焊接的安全；必须建设防雷系统，防雷系统不仅考虑建筑物防雷。

2. 网络结构

网络结构的安全性也直接受到网络拓扑结构设计的直接影响。在外部和内部网络进行通信时，内部网络的机器安全就会受到威胁，同时也影响在同一网络上的许多其他系统。透过网络传播，还会影响到连上 Internet/Intranet 的其他网络。因此，要将内网服务器在设计时和外网及内部其他业务网络进行必要的隔离，避免网络结构信息外泄。

3. 系统的安全

整个网络操作系统和网络硬件平台是否可靠且值得信任称为系统的安全。可能没有绝对安全的操作系统可以选择。不同的用户应从不同的方面对其网络作详尽的分析，选择安全性尽可能高的操作系统。

4. 应用系统

应用系统的安全跟具体的应用有关，它涉及面广。应用系统的安全是动态的、不断变化的。

5. 管理风险

网络中安全最重要的部分是管理。责权不明、安全管理制度不健全及缺乏可操作性等都可能引起管理安全的风险。

9.2 信息安全技术

9.2.1 信息安全技术概述

1. 信息安全技术的定义

信息安全技术就是维护信息安全的技术。其包括信息安全概述、信息保密技术、信息隐藏技术、消息认证技术、密钥管理技术、数字签名技术、物理安全、操作系统安全、网络安全协议、应用层安全技术、网络攻击技术、网络防御技术、计算机病毒、信息安全法律与法规、信息安全解决方案等。

2. 信息安全技术的分类

信息安全技术主要有以下几种安全技术类型：防火墙、入侵检测系统、安全路由器、虚拟专用网（VPN）、安全服务器、电子签证机构、用户认证产品、安全管理中心、安全数据库、安全操作系统等。

（1）防火墙。

指的是一个由软件和硬件设备组合而成、在内部网和外部网之间、专用网与公共网之间的界面上构造的保护屏障，是一种获取安全性方法的形象说法，它是一种计算机硬件和软件的结合，使 Internet 与 Intranet 之间建立起一个安全网关，从而保护内部网免受非法用户的侵入，防火墙主要由服务访问规则、验证工具、包过滤和应用网关 4 个部分组成，防火墙就是一个位于计算机和它所连接的网络之间的软件或硬件。

（2）安全路由器。

它通常是指集常规路由与网络安全防范功能于一身的网络安全设备，有部分安全路由器产品甚至完全是通过在现有常规路由平台之上加装安全加密卡，或相应的软件安全系统而来的。

（3）虚拟专用网。

指的是在公用网络上建立专用网络的技术。其之所以称为虚拟网，主要是因为整个 VPN 网络的任意两个结点之间的连接并没有传统专网所需的端到端的物理链路，而是架构在公用网络服务商所提供的网络平台，如 Internet、ATM（异步传输模式）、Frame Relay（帧中继）等之上的逻辑网络，用户数据在逻辑链路中传输。

（4）安全服务器主要针对一个局域网内部的信息存储、传输的安全保密问题，其实现功能包括对局域网资源的管理和控制，对局域网内用户的管理，以及局域网中所有安全相关事件的审计和跟踪。

（5）电子商务认证授权机构（CA），也称为电子商务认证中心，是负责发放和管理数字证书的权威机构，并作为电子商务交易中受信任的第三方，承担公钥体系中公钥的合法性检验的责任。

（6）用户认证产品：由于 IC 卡技术的日益成熟和完善，IC 卡被更为广泛地用于用户认证产品中，用来存储用户的个人私钥，并与其他技术，如动态口令相结合，对用户身份进行有效的识别。同时，还可利用 IC 卡上的个人私钥与数字签名技术结合，实现数字签名机制。随着模式识别技术的发展，诸如指纹、视网膜、脸部特征等高级的身份识别技术也将投入应用，并与数字签名等现有技术结合，必将使得对用户身份的认证和识别更趋完善。

（7）安全管理中心：由于网上的安全产品较多，且分布在不同的位置，这就需要建立一套集中管理的机制和设备，即安全管理中心。它用来给各网络安全设备分发密钥，监控网络安全设备的运行状态，负责收集网络安全设备的审计信息等。

（8）入侵检测系统（IDS）是一种对网络传输进行即时监视，在发现可疑传输时发出警报或者采取主动反应措施的网络安全设备。它与其他网络安全设备的不同之处便在于，IDS 是一种积极主动的安全防护技术。IDS 最早出现在 1980 年 4 月。1980 年代中期，IDS 逐渐发展成为入侵检测专家系统（IDES）。1990 年，IDS 分化为基于网络的 IDS 和基于主机的 IDS。后又出现分布式 IDS。目前，IDS 发展迅速，已有人宣称 IDS 可以完全取代防火墙。

（9）安全数据库通常是指在具有关系型数据库一般功能的基础上，提高数据库安全性，达到美国 TCSEC 和 TDI 的 B1（安全标记保护）级标准，或中国国家标准《计算机信息系统安全保护等级划分准则》的第三级（安全标记保护级）以上安全标准的数据库管理系统。

（10）安全操作系统是指计算机信息系统在自主访问控制、强制访问控制、标记、身份鉴别、客体重用、审计、数据完整性、隐蔽信道分析、可信路径、可信恢复等十个方面满足相应的安全技术要求。

3．信息安全技术的发展趋势

国际互联网允许自主接入，从而构成一个规模庞大的、复杂的巨系统，在如此复杂的环境下，孤立的技术发挥的作用有限，必须从整体的和体系的角度，综合运用系统论、控制论和信息论等理论，融合各种技术手段，加强自主创新和顶层设计，协同解决网络安全问题。

保证网络安全还需严格的手段，未来网络安全领域可能发生三件事，其一是向更高级别的认证转移；其二目前存储在用户计算机上的复杂数据将"向上移动"，由与银行相似的机构确保它们的安全；其三是在全世界的国家和地区建立与驾照相似的制度，它们在计算机销售时限制计算机的运算能力，或要求用户演示在自己的计算机受到攻击时抵御攻击的能力。

4．网络信息安全的五层体系

（1）网络层的安全性。

网络层的安全性问题核心在于网络是否得到控制，即是不是任何一个 IP 地址来源的用户都能够进入网络。如果将整个网络比作一幢办公大楼的话，对于网络层的安全考虑就如同为大楼设置守门人一样。守门人会仔细察看每一位来访者，一旦发现危险的来访者，便会将其拒之门外。

通过网络通道对网络系统进行访问的时候，每一个用户都会拥有一个独立的 IP 地址，这一 IP 地址能够大致表明用户的来源所在地和来源系统。目标网站通过对来源 IP 进行分析，便能够初步判断来自这一 IP 的数据是否安全，是否会对本网络系统造成危害，以及来自这一 IP 的用户是否有权使用本网络的数据。一旦发现某些数据来自于不可信任的 IP 地址，系统便会自动将这些数据阻挡在系统之外。

用于解决网络层安全性问题的产品主要有防火墙产品和 VPN。防火墙的主要目的在于判断来源 IP，将危险或未经授权的 IP 数据拒之于系统之外，而只让安全的 IP 数据通过。一般来说，公司的内部网络若要与公众 Internet 相连，则应该在二者之间配置防火墙产品，以防止公司内部数据的外泄。VPN 主要解决的是数据传输的安全问题，如果公司各部在地域上跨度较大，使用专网、专线过于昂贵，则可以考虑使用 VPN。其目的在于保证公司内部的敏感关键数据能够安全地借助公共网络进行频繁地交换。

（2）系统的安全性。

在系统安全性问题中，主要考虑的问题有两个：一是病毒对于网络的威胁；二是黑客对于网络的破坏和侵入。

病毒的主要传播途径已由过去的软盘、光盘等存储介质变成了网络，多数病毒不仅能够直接感染网络上的计算机，也能够将自身在网络上进行复制。同时，电子邮件、文件传输（FTP）以及网络页面中的恶意 Java 小程序和 ActiveX 控件，甚至文档文件都能够携带对网络和系统有破坏作用的病毒。这些病毒在网络上进行传播和破坏的多种途径和手段，使得网络环境中的防病毒工作变得更加复杂，网络防病毒工具必须能够针对网络中各个可能的病毒入口来进行防护。

对于网络黑客而言，他们的主要目的在于窃取数据和非法修改系统，其手段之一是窃取合法用户的口令，在合法身份的掩护下进行非法操作；其手段之二便是利用网络操作系统的某些合法但不为系统管理员和合法用户所熟知的操作指令。

（3）用户的安全性。

对于用户的安全性问题，所要考虑的问题是：是否只有那些真正被授权的用户才能够使用系统中的资源和数据。

首先要做的是应该对用户进行分组管理，并且这种分组管理应该是针对安全性问题而考虑的分组。也就是说，应该根据不同的安全级别将用户分为若干等级，每一等级的用户只能访问与其等级相对应的系统资源和数据。

其次应该考虑的是强有力的身份认证，其目的是确保用户的密码不会被他人所猜测到。

在大型的应用系统之中，有时会存在多重的登录体系，用户如需进入最高层的应用，往往需要多次输入多个不同的密码，如果管理不严，多重密码的存在也会造成安全问题上的漏洞。所以在某些先进的登录系统中，用户只需要输入一个密码，系统就能够自动识别用户的安全级别，从而使用户进入不同的应用层次。这种单一登录体系要比多重登录体系能够提供更大的系统安全性。

（4）应用程序的安全性。

在这一层的主要问题是：是否只有合法的用户才能够对特定的数据进行合法的操作。这其中涉及两个方面的问题：一是应用程序对数据的合法权限；二是应用程序对用户的合法权限。

（5）数据的安全性。

在数据的保存过程中，机密的数据即使处于安全的空间，也要对其进行加密处理，以保证万一数据失窃，偷盗者也读不懂其中的内容。这是一种比较被动的安全手段，但往往能够收到最好的效果。

9.2.2　信息安全的主要技术

1. 加密与解密技术

信息的保密性是信息安全性的一个重要方面。保密的目的是防止敌人破译机密信息。加密是实现信息的保密性的一个重要手段。所谓加密，就是使用数学方法来重新组织数据，使除了合法的接收者之外，任何其他人都不能恢复原先的"消息"或读懂变化后的"消息"。加密前的信息称为"明文"，加密后的信息称为"密文"。将密文变为明文的过程称为解密。

加密技术可使一些主要数据存储在一台不安全的计算机上，或可以在一个不安全的信道上传送。只有持有合法密钥的一方才能获得"明文"。

加密技术分为两类，即对称加密和非对称加密。

（1）对称加密。

所谓对称，就是采用这种加密方法的双方使用同样的密钥进行加密和解密。密钥是控制加密及解密过程的指令。算法是一组规则，规定如何进行加密和解密。

需要对加密和解密使用相同密钥的加密算法。由于其速度快，对称性加密通常在消息发送方需要加密大量数据时使用。对称性加密也称为密钥加密。

（2）非对称加密。

与对称加密算法不同，非对称加密算法需要两个密钥：公开密钥和私有密钥。公开密钥与私有密钥是一对，如果用公开密钥对数据进行加密，只有用对应的私有密钥才能解密；如果用私有密钥对数据进行加密，那么只有用对应的公开密钥才能解密。因为加密和解密使用的是两个不同的密钥，所以这种算法叫作非对称加密算法。

2．认证技术

认证就是指用户必须提供其是谁的证明，如他是某个雇员、某个组织的代理、某个软件过程。认证的标准方法就是弄清楚他是谁，他具有什么特征，他知道什么可用于识别身份的东西。比如说，系统中存储了他的指纹，他接入网络时，就必须在连接到网络的电子指纹机上提供他的指纹，只有指纹相符才允许他访问系统。为了解决安全问题，一些公司和机构正千方百计地解决用户身份认证的问题，主要有以下几种认证方法。

（1）数字签名。

数字签名是一种类似写在纸上的普通的物理签名，但是使用了公钥加密领域的技术实现，用于鉴别数字信息的方法。一套数字签名通常定义两种互补的运算，一个用于签名，另一个用于验证。

数字签名，就是只有信息的发送者才能产生的别人无法伪造的一段数字串，这段数字串同时也是对信息的发送者发送信息真实性的一个有效证明。

数字签名是非对称密钥加密技术与数字摘要技术的应用。

数字签名技术是将摘要信息用发送者的私钥加密，与原文一起传送给接收者。接收者只有用发送者的公钥才能解密被加密的摘要信息，然后用 HASH 函数对收到的原文产生一个摘要信息，与解密的摘要信息对比。如果相同，则说明收到的信息是完整的，在传输过程中没有被修改，否则说明信息被修改过，因此数字签名能够验证信息的完整性。

（2）数字水印。

数字水印技术是将一些标识信息直接嵌入数字载体当中或是间接表示，且不影响原载体的使用价值，也不容易被探知和再次修改。但可以被生产方识别和辨认。通过这些隐藏在载体中的信息，可以达到确认内容创建者、购买者、传送隐秘信息或者判断载体是否被篡改等目的。数字水印是保护信息安全、实现防伪溯源、版权保护的有效办法，是信息隐藏技术研究领域的重要分支和研究方向。

数字水印技术基本上具有下面几个方面的特点。

- 安全性：数字水印的信息应是安全的，难以篡改或伪造，同时，应当有较低的误检测率，当原内容发生变化时，数字水印应当发生变化，从而可以检测原始数据的变更；当然数字水印同样对重复添加有很强的抵抗性。
- 隐蔽性：数字水印应是不可知觉的，而且应不影响被保护数据的正常使用；不会降质。

（3）数字证书。

数字证书就是互联网通信中标志通信各方身份信息的一串数字，提供了一种在 Internet 上验证通信实体身份的方式，数字证书不是数字身份证，而是身份认证机构盖在数字身份证上的一个章或印。它是由权威机构 CA 机构，又称为证书授权中心发行的，人们可以在网上用它来识别对方的身份。

它以数字证书为核心的加密技术可以对网络上传输的信息进行加密和解密、数字签名和签名验证，确保网上传递信息的机密性、完整性及交易的不可抵赖性。使用了数字证书，即使发送的信息在网上被他人截获，甚至丢失了个人的账户、密码等信息，仍可以保证账户、资金安全。

（4）双重认证。

如波士顿的 Beth Isreal Hospital 公司和意大利一家居领导地位的电信公司正采用"双重认

证"办法来保证用户的身份证明。也就是说他们不是采用一种方法，而是采用两种形式的证明方法，这些证明方法包括令牌、智能卡和仿生装置，如视网膜或指纹扫描器。

3. 访问控制技术

（1）访问控制技术概述。

防止对任何资源进行未授权的访问，从而使计算机系统在合法的范围内使用。意指用户身份及其所归属的某项定义组来限制用户对某些信息项的访问，或限制对某些控制功能的使用的一种技术。

访问控制指系统对用户身份及其所属的预先定义的策略组限制其使用数据资源能力的手段。通常用于系统管理员控制用户对服务器、目录、文件等网络资源的访问。

访问控制的主要功能包括：保证合法用户访问受权保护的网络资源，防止非法的主体进入受保护的网络资源，或防止合法用户对受保护的网络资源进行非授权的访问。访问控制首先需要对用户身份的合法性进行验证，同时利用控制策略进行选用和管理工作。当用户身份和访问权限验证之后，还需要对越权操作进行监控。

访问控制的内容包括认证、控制策略实现和安全审计，其功能主要有：

- 认证：包括主体对客体的识别及客体对主体的检验确认。
- 控制策略：通过合理地设定控制规则集合，确保用户对信息资源在授权范围内的合法使用。既要确保授权用户的合理使用，又要防止非法用户侵权进入系统，使重要信息资源泄露。同时对合法用户，也不能越权行使权限以外的功能及访问范围。
- 安全审计：系统可以自动根据用户的访问权限，对计算机网络环境下的有关活动或行为进行系统的、独立的检查验证，并做出相应评价与审计。

（2）访问控制技术级别。

- 入网访问控制。

入网访问控制是网络访问的第一层访问控制。对用户可规定所能登录到的服务器及获取的网络资源，控制准许用户入网的时间和登入入网的工作站点。用户的入网访问控制分为用户名和口令的识别与验证、用户账号的默认限制检查。该用户若有任何一个环节检查未通过，就无法登入网络进行访问。

- 网络的权限控制。

网络的权限控制是防止网络非法操作而采取的一种安全保护措施。用户对网络资源的访问权限通常用一个访问控制列表来描述。

- 目录级安全控制。

目录级安全控制是针对用户设置的访问控制，具体为控制目录、文件、设备的访问。用户在目录一级指定的权限对所有文件和子目录有效，用户还可进一步指定对目录下的子目录和文件的权限。

- 属性安全控制。

属性安全控制可将特定的属性与网络服务器的文件及目录网络设备相关联。在权限安全的基础上，对属性安全提供更进一步的安全控制。网络上的资源都应先标示其安全属性，将用户对应网络资源的访问权限存入访问控制列表中，记录用户对网络资源的访问能力，以便进行访问控制。

属性配置的权限包括：向某个文件写数据、复制一个文件、删除目录或文件、查看目录和文件、执行文件、隐含文件、共享、系统属性等。安全属性可以保护重要的目录和文件，防止用户越权对目录和文件的查看、删除和修改等。

- 网络服务器安全控制。

网络服务器安全控制允许通过服务器控制台执行的安全控制操作包括：用户利用控制台装载和卸载操作模块、安装和删除软件等。操作网络服务器的安全控制还包括设置口令锁定服务器控制台，主要防止非法用户修改、删除重要信息。另外，系统管理员还可通过设定服务器的登入时间限制、非法访问者检测，以及关闭的时间间隔等措施，对网络服务器进行多方位地安全控制。

（3）访问控制技术分类。

主要的访问控制类型有三种模式：自主访问控制（DAC）、强制访问控制（MAC）和基于角色访问控制（RBAC）。

- 自主访问控制。

自主访问控制是一种接入控制服务，通过执行基于系统实体身份及其到系统资源的接入授权。包括在文件、文件夹和共享资源中设置许可。用户有权对自身所创建的文件、数据表等访问对象进行访问，并可将其访问权授予其他用户或收回其访问权限。允许访问对象的属主制定针对该对象访问的控制策略，通常可通过访问控制列表来限定针对客体可执行的操作。

- 强制访问控制。

每个主体都有既定的安全属性，每个客体也都有既定的安全属性，主体对客体是否能执行特定的操作取决于两者安全属性之间的关系。通常所说的 MAC 主要是指 TESEC 中的 MAC，它主要用来描述美国军用计算机系统环境下的多级安全策略。安全属性用二元组（安全级、类别集合）表示，安全级表示机密程度，类别集合表示部门或组织的集合。

- 基于角色的访问控制。

基于角色的访问控制是通过对角色的访问所进行的控制。使权限与角色相关联，用户通过成为适当角色的成员而得到其角色的权限。可极大地简化权限管理。为了完成某项工作创建角色，用户可依其责任和资格分派相应的角色，角色可依新需求和系统合并赋予新权限，而权限也可根据需要从某角色中收回。减小了授权管理的复杂性，降低管理开销，提高企业安全策略的灵活性。

4. 防火墙

网络防火墙技术是一种用来加强网络之间访问控制，防止外部网络用户以非法手段通过外部网络进入内部网络，访问内部网络资源，保护内部网络操作环境的特殊网络互联设备。它对两个或多个网络之间传输的数据包（如链接方式）按照一定的安全策略来实施检查，以决定网络之间的通信是否被允许，并监视网络运行状态。

目前的防火墙产品主要有堡垒主机、包过滤路由器、应用层网关（代理服务器）以及电路层网关、屏蔽主机防火墙、双宿主机等类型。

防火墙处于 5 层网络安全体系中的最底层，属于网络层安全技术范畴。负责网络间的安全认证与传输，但随着网络安全技术的整体发展和网络应用的不断变化，现代防火墙技术已经逐步走向网络层之外的其他安全层次，不仅要完成传统防火墙的过滤任务，同时还能为各种网络应用提供相应的安全服务。另外还有多种防火墙产品正向着数据安全与用户认证、防止病毒与黑客侵入等方向发展。

根据防火墙所采用的技术不同，可以将它分为四种基本类型：包过滤型、网络地址转换（NAT）、代理型和监测型。具体如下。

（1）包过滤型。

包过滤型产品是防火墙的初级产品，其技术依据是网络中的分包传输技术。网络上的数据都是以"包"为单位进行传输的，数据被分割成为一定大小的数据包，每一个数据包中都会包含一些特定信息，如数据的源地址、目标地址、TCP/UDP 源端口和目标端口等。防火墙通过读取数据包中的地址信息来判断这些"包"是否来自可信任的安全站点，一旦发现来自危险站点的数据包，防火墙便会将这些数据拒之门外。系统管理员也可以根据实际情况灵活制订判断规则。

包过滤技术的优点是简单实用，实现成本较低，在应用环境比较简单的情况下，能够以较小的代价在一定程度上保证系统的安全。

但包过滤技术的缺陷也是明显的。包过滤技术是一种完全基于网络层的安全技术，只能根据数据包的来源、目标和端口等网络信息进行判断，无法识别基于应用层的恶意侵入，如恶意的 Java 小程序以及电子邮件中附带的病毒。有经验的黑客很容易伪造 IP 地址，骗过包过滤型防火墙。

（2）网络地址转换。

网络地址转换是一种用于把 IP 地址转换成临时的、外部的、注册的 IP 地址标准。它允许具有私有 IP 地址的内部网络访问因特网。它还意味着用户不需要为其网络中每一台机器取得注册的 IP 地址。

NAT 的工作过程是：在内部网络通过安全网卡访问外部网络时，将产生一个映射记录。系统将外出的源地址和源端口映射为一个伪装的地址和端口，让这个伪装的地址和端口通过非安全网卡与外部网络连接，这样对外就隐藏了真实的内部网络地址。在外部网络通过非安全网卡访问内部网络时，它并不知道内部网络的连接情况，而只是通过一个开放的 IP 地址和端口来请求访问。OLM 防火墙根据预先定义好的映射规则来判断这个访问是否安全。当符合规则时，防火墙认为访问是安全的，可以接受访问请求，也可以将连接请求映射到不同的内部计算机中。当不符合规则时，防火墙认为该访问是不安全的，不能被接受，防火墙将屏蔽外部的连接请求。网络地址转换的过程对于用户来说是透明的，不需要用户进行设置，用户只要进行常规操作即可。

（3）代理型。

代理型防火墙也可以被称为代理服务器，它的安全性要高于包过滤型产品，并已经开始向应用层发展。代理服务器位于客户机与服务器之间，完全阻挡了二者间的数据交流。从客户机来看，代理服务器相当于一台真正的服务器；而从服务器来看，代理服务器又是一台真正的客户机。当客户机需要使用服务器上的数据时，首先将数据请求发给代理服务器，代理服务器再根据这一请求向服务器索取数据，然后再由代理服务器将数据传输给客户机。由于外部系统与内部服务器之间没有直接的数据通道，外部的恶意侵害也就很难伤害到企业内部网络系统。

代理型防火墙的优点是安全性较高，可以针对应用层进行侦测和扫描，对付基于应用层的侵入和病毒都十分有效。其缺点是对系统的整体性能有较大的影响，而且代理服务器必须针对客户机可能产生的所有应用类型逐一进行设置，大大增加了系统管理的复杂性。

（4）监测型。

监测型防火墙是新一代的产品，这一技术实际已经超越了最初的防火墙定义。监测型防火墙能够对各层的数据进行主动的、实时的监测，在对这些数据加以分析的基础上，监测型防火墙能够有效地判断出各层中的非法侵入。同时，这种检测型防火墙产品一般还带有分布式探测器，这些探测器安置在各种应用服务器和其他网络的结点之中，不仅能够检测来自网络外部的攻击，同时对来自内部的恶意破坏也有极强的防范作用。据权威机构统计，在针对网络系统的攻击中，有相当比例的攻击来自网络内部。因此，监测型防火墙不仅超越了传统防火墙的定义，而且在安全性上也超越了前两代产品。

虽然监测型防火墙安全性上已超越了包过滤型和代理服务器型防火墙，但由于监测型防火墙技术的实现成本较高，也不易管理，所以目前在实用中的防火墙产品仍然以第二代代理型产品为主，但在某些方面也已经开始使用监测型防火墙。基于对系统成本与安全技术成本的综合考虑，用户可以选择性地使用某些监测型技术。这样既能够保证网络系统的安全性需求，同时也能有效地控制安全系统的总拥有成本。

虽然防火墙是目前保护网络免遭黑客袭击的有效手段，但也有明显不足：无法防范通过防火墙以外的其他途径的攻击，不能防止来自内部变节者和不经心的用户们带来的威胁，也不能完全防止传送已感染病毒的软件或文件，以及无法防范数据驱动型的攻击。

5. 入侵检测技术

（1）入侵检测的概述。

入侵检测技术是指通过从计算机网络或计算机系统中的若干关键点收集信息并对其进行分析，从中发现网络或系统中是否有违反安全策略的行为和遭到袭击的迹象的一种安全技术。

入侵检测系统（IDS）是一种对网络传输进行即时监视，在发现可疑传输时发出警报或者采取主动反应措施的网络安全设备。它与其他网络安全设备的不同之处在于，IDS 是一种积极主动的安全防护技术。

1980 年，美国人詹姆斯·安德森的《计算机安全威胁监控与监视》第一次详细阐述了入侵检测的概念。1986 年，乔治敦大学研究出了第一个实时入侵检测专家系统。1990 年，加州大学开发出了网络安全监控系统，该系统第一次直接将网络流作为审计数据来源，因而可以在不将审计数据转换成统一格式的情况下监控异种主机。从此，入侵检测系统发展史翻开了新的一页，两大阵营正式形成：基于网络的 IDS 和基于主机的 IDS。1988 年之后，美国开展对分布式入侵检测系统的研究，将基于主机和基于网络的检测方法集成到一起。从 20 世纪 90 年代到现在，入侵检测系统的研发呈现出百家争鸣的繁荣局面，并在智能化和分布式两个方向取得了长足的进展。按照分析方法或检测原理可以分为基于统计分析原理的异常入侵检测与基于模板匹配原理的误用入侵检测。按照体系结构可分为集中式入侵检测和分布式入侵检测。按照工作方式可分为离线入侵检测和在线入侵检测。

（2）常用的入侵检测手段。

入侵检测系统常用的入侵检测方法有特征检测、统计检测与专家系统。而国内的入侵检测产品中 95%是属于使用入侵模板进行模式匹配的特征检测产品，其他 5%是采用概率统计的统计检测产品与基于日志的专家知识库系产品。

● 特征检测。

特征检测对已知的攻击或入侵的方式作出确定性的描述，形成相应的事件模式。当被审计的事件与已知的入侵事件模式相匹配时，即报警。原理上与专家系统相仿。其检测方法上与计算机病毒的检测方式类似。目前基于对包特征描述的模式匹配应用较为广泛。该方法预报检测的准确率较高，但对于无经验知识的入侵与攻击行为无能为力。

● 统计检测。

统计模型常用异常检测，在统计模型中常用的测量参数包括审计事件的数量、间隔时间、资源消耗情况等。常用的入侵检测的 5 种统计模型为操作模型、方差、多元模型、马尔柯夫过程模型、时间序列分析。

统计方法的最大优点是它可以"学习"用户的使用习惯，从而具有较高检出率与可用性。但是它的"学习"能力也给入侵者以机会通过逐步"训练"使入侵事件符合正常操作的统计规律，从而透过入侵检测系统。

● 专家系统。

用专家系统这种入侵检测方法，经常是针对有特征入侵规则。所谓的规则，即是知识，不同的系统与设置具有不同的规则，且规则之间往往无通用性。专家系统的建立依赖于知识库的完备性，知识库的完备性又取决于审计记录的完备性与实时性。入侵的特征抽取与表达，是入侵检测专家系统的关键。在系统实现中，将有关入侵的知识转化为 if-then 结构，条件部分为入侵特征，then 部分是系统防范措施。运用专家系统防范有特征入侵行为的有效性完全取决于专家系统知识库的完备性。

● 文件完整性检查。

这种入侵检测方法是系统检查计算机中自上次检查后文件变化情况。文件完整性检查系统保存有每个文件的数字文摘数据库，每次检查时，它重新计算文件的数字文摘并将它与数据库中的值相比较，如不同，则文件已被修改，若相同，文件则未发生变化。

9.2.3　黑客及防御策略

黑客是一个中文词语，源自英文 hacker 一词，最初曾指热心于计算机技术、水平高超的电脑专家，尤其是程序设计人员。

"黑客"也可以指以下人员。

（1）在信息安全里，"黑客"指研究智取计算机安全系统的人员。利用公共通信网路，如互联网和电话系统，在未经许可的情况下，载入对方系统的被称为黑帽黑客（英文 black hat，另称 cracker）；调试和分析计算机安全系统的白帽黑客（英语 white hat）。"黑客"一词最早用来称呼研究盗用电话系统的人士。

（2）在业余计算机方面，"黑客"指研究修改计算机产品的业余爱好者。20 世纪 70 年代，很多的这些群落聚焦在硬件研究，20 世纪 80 年代和 90 年代，很多的群落聚焦在软件更改（如编写游戏模组、攻克软件版权限制）。

（3）"黑客"是"一种热衷于研究系统和计算机（特别是网络）内部运作的人"。

1. 黑客常用攻击方法

（1）获取口令。

获取口令有三种方法：一是通过网络监听非法得到用户口令，这类方法有一定的局限性，但危害性极大，监听者往往能够获得其所在网段的所有用户账号和口令，对局域网安全威胁巨大；二是在知道用户的账号后利用一些专门软件强行破解用户口令，这种方法不受网段限制，但黑客要有足够的耐心和时间；三是在获得一个服务器上的用户口令文件后，用暴力破解程序破解用户口令，该方法的使用前提是黑客获得口令的 Shadow 文件。此方法在所有方法中危害最大，因为它不需要像第二种方法那样一遍又一遍地尝试登录服务器，而是在本地将加密后的口令与 Shadow 文件中的口令相比较就能非常容易地破获用户密码，尤其对那些安全性认识不强的用户更是在短短的一两分钟内，甚至几十秒内就可以将其破解。

（2）放置特洛伊木马程序。

特洛伊木马程序可以直接侵入用户的电脑并进行破坏，它常被伪装成工具程序或者游戏等诱使用户打开带有特洛伊木马程序的邮件附件或从网上直接下载，一旦用户打开了这些邮件的附件或者执行了这些程序之后，它们就会像古特洛伊人在敌人城外留下的藏满士兵的木马一样留在自己的电脑中，并在自己的计算机系统中隐藏一个可以在 Windows 启动时悄悄执行的程序。当用户连接到因特网上时，这个程序就会通知黑客，来报告用户的 IP 地址以及预先设定的端口。黑客在收到这些信息后，再利用这个潜伏在其中的程序，就可以任意地修改用户的计算机的参数设定、复制文件、窥视你整个硬盘中的内容等，从而达到控制你的计算机的目的。

（3）WWW 的欺骗技术。

在网上用户可以利用 IE 等浏览器进行各种各样的 Web 站点的访问，如阅读新闻组、咨询产品价格、订阅报纸、电子商务等。然而一般的用户恐怕不会想到有这些问题存在：正在访问的网页已经被黑客篡改过，网页上的信息是虚假的。例如黑客将用户要浏览的网页的 URL 改写为指向黑客自己的服务器，当用户浏览目标网页的时候，实际上是向黑客服务器发出请求，那么黑客就可以达到欺骗的目的了。

（4）电子邮件攻击。

电子邮件攻击主要表现为两种方式：一是电子邮件轰炸和电子邮件"滚雪球"，也就是通常所说的邮件炸弹，指的是用伪造的 IP 地址和电子邮件地址向同一信箱发送数以千计、万计，甚至无穷多次的内容相同的垃圾邮件，致使受害人邮箱被"炸"，严重者可能会给电子邮件服务器操作系统带来危险，甚至瘫痪；二是电子邮件欺骗，攻击者佯称自己为系统管理员，给用户发送邮件要求用户修改口令或在貌似正常的附件中加载病毒或其他木马程序，这类欺骗只要用户提高警惕，一般危害性不是太大。

（5）通过一个结点来攻击其他结点。

黑客在突破一台主机后，往往以此主机作为根据地，攻击其他主机。他们可以使用网络监听方法，尝试攻破同一网络内的其他主机；也可以通过 IP 欺骗和主机信任关系，攻击其他主机。这类攻击很狡猾，但由于某些技术很难掌握，如 IP 欺骗，因此较少被黑客使用。

（6）网络监听。

网络监听是主机的一种工作模式，在这种模式下，主机可以接受到本网段在同一条物理通道上传输的所有信息，而不管这些信息的发送方和接受方是谁。此时，如果两台主机进行通信的信息没有加密，只要使用某些网络监听工具就可以轻而易举地截取包括口令和账号在内的信息资料。虽然网络监听获得的用户账号和口令具有一定的局限性，但监听者往往能够获得其所在网段的所有用户账号及口令。

（7）寻找系统漏洞。

许多系统都有这样那样的安全漏洞（Bugs），其中某些是操作系统或应用软件本身具有的，这些漏洞在补丁未被开发出来之前一般很难防御黑客的破坏，除非你将网线拔掉；还有一些漏洞是由于系统管理员配置错误引起的，如在网络文件系统中，将目录和文件以可写的方式调出，将未加 Shadow 的用户密码文件以明码方式存放在某一目录下，这都会给黑客带来可乘之机，应及时加以修正。

（8）利用账号进行攻击。

有的黑客会利用操作系统提供的缺省账户和密码进行攻击，这类攻击只要系统管理员提高警惕，将系统提供的缺省账户关掉或提醒无口令用户增加口令一般都能克服。

（9）偷取特权。

利用各种特洛伊木马程序、后门程序和黑客自己编写的导致缓冲区溢出的程序进行攻击，前者可使黑客非法获得对用户机器的完全控制权，后者可使黑客获得超级用户的权限，从而拥有对整个网络的绝对控制权。这种攻击手段一旦奏效危害性极大。

2．网络安全防御

不同的网络攻击应采取不同的防御方法，主要应从网络安全技术的加强和采取必要防范措施两个方面考虑。网络安全技术包括入侵检测、访问控制、网络加密技术、网络地址转换技术、身份认证技术等。

（1）入侵检测。

入侵检测系统（IDS）可以被定义为对计算机和网络资源的恶意使用行为进行识别和相应处理的系统。包括系统外部的入侵和内部用户的非授权行为，是为保证计算机系统的安全而设计与配置的一种能够及时发现并报告系统中未授权或异常现象的技术，是一种用于检测计算机网络中违反安全策略行为的技术。

（2）访问控制。

访问控制主要有两种类型：网络访问控制和系统访问控制。网络访问控制限制外部对主机网络服务的访问和系统内部用户对外部的访问，通常由防火墙实现。系统访问控制为不同用户赋予不同的主机资源访问权限，操作系统提供一定的功能实现系统访问控制。

（3）网络加密技术。

利用技术手段把重要的数据变为乱码（加密）传送，到达目的地后再用相同或不同的手段还原（解密）。加密技术包括两个元素：算法和密钥。算法是将普通的文本（或者可以理解的信息）与一串数字（密钥）的结合，产生不可理解的密文的步骤，密钥是用来对数据进行编码和解码的一种算法。在安全保密中，可通过适当的密钥加密技术和管理机制来保证网络的信息通信安全。

（4）网络地址转换技术。

网络地址转换（NAT）属于接入广域网（WAN）技术，是一种将私有地址转化为合法 IP 地址的转换技术，它被广泛应用于各种类型 Internet 接入方式和各种类型的网络中。原因很简单，NAT 不仅完美地解决了 IP 地址不足的问题，而且还能够有效地避免来自网络外部的攻击，隐藏并保护网络内部的计算机。

（5）身份认证技术。

身份认证技术是在计算机网络中确认操作者身份的过程而产生的有效解决方法。计算机网络世界中一切信息包括用户的身份信息都是用一组特定的数据来表示的，计算机只能识别用户的数字身份，所有对用户的授权也是针对用户数字身份的授权。

网络安全防范主要通过防火墙、系统补丁、IP 地址确认和数据加密等技术来实现。

9.3 计算机病毒及防治

9.3.1 计算机病毒的基础知识

1. 计算机病毒的特征

计算机病毒是编制者在计算机程序中插入的破坏计算机功能或者数据的代码，能影响计算机使用，能自我复制的一组计算机指令或者程序代码。

计算机病毒具有如下主要特征。

（1）寄生性。

计算机病毒寄生在其他程序之中，当执行这个程序时，病毒就起破坏作用，而在未启动这个程序之前，它是不易被人发觉的。

（2）传染性。

计算机病毒不但本身具有破坏性，更有害的是具有传染性，一旦病毒被复制或产生变种，其速度之快令人难以预防。

（3）潜伏性。

有些病毒像定时炸弹一样，让它什么时间发作是预先设计好的。比如黑色星期五病毒，不到预定时间一点都觉察不出来，等到条件具备的时候一下子就爆炸开来，对系统进行破坏。

（4）隐蔽性。

计算机病毒具有很强的隐蔽性，有的可以通过病毒软件检查出来，有的根本就查不出来，有的时隐时现、变化无常，这类病毒处理起来通常很困难。

（5）破坏性。

计算机中毒后，可能会导致正常的程序无法运行，把计算机内的文件删除或受到不同程度的损坏

2. 计算机病毒的分类

（1）引导区电脑病毒。

20 世纪 90 年代中期，最为流行的电脑病毒是引导区病毒，主要通过软盘在 16 位元磁盘操作系统（DOS）环境下传播。引导区病毒会感染软盘内的引导区及硬盘，而且也能够感染用户硬盘内的主引导区（MBR）。一但电脑中毒，每一个经受感染电脑读取过的软盘都会受到感染。

引导区电脑病毒是如此传播：隐藏在磁盘内，在系统文件启动以前电脑病毒已驻留在内存内。这样一来，电脑病毒就可完全控制 DOS 中断功能，以便进行病毒传播和破坏活动。那些设计在 DOS 或 Windows 3.1 上执行的引导区病毒是不能够在新的电脑操作系统上传播的，所以这类的电脑病毒已经比较罕见了。

【典型例子】Michelangelo 是一种引导区病毒。它会感染引导区内的磁盘及硬盘内的 MBR。当此电脑病毒常驻内存时，便会感染所有读取中及没有写入保护的磁盘。除此以外，Michelangelo 会于 3 月 6 日当天删除受感染电脑内的所有文件。

（2）文件型电脑病毒。

文件型电脑病毒，又称寄生病毒，通常感染执行文件（.exe），但是也有些会感染其他可

执行文件，如 DLL、SCR 等，每次执行受感染的文件时，电脑病毒便会发作，电脑病毒会将自己复制到其他可执行文件，并且继续执行原有的程序，以免被用户所察觉。

【典型例子】CIH 会感染 Windows 的.exe 文件，并在每月的 26 号发作日进行严重破坏。于每月的 26 号当日，此电脑病毒会试图把一些随机资料覆写在系统的硬盘，令该硬盘无法读取原有资料。此外，这病毒又会试图破坏 FlashBIOS 内的资料。

（3）复合型电脑病毒。

复合型电脑病毒具有引导区病毒和文件型病毒的双重特点。

（4）宏病毒。

与其他电脑病毒类型不同的是，宏病毒是攻击数据文件而不是程序文件。

宏病毒专门针对特定的应用软件，可感染依附于某些应用软件内的宏指令，它可以很容易透过电子邮件附件、软盘、文件下载和群组软件等多种方式进行传播，如 Microsoft Word 和 Excel。宏病毒采用程序语言撰写，例如 Visual Basic 或 CorelDRAW，而这些又是易于掌握的程序语言。宏病毒最先在 1995 年被发现，在不久后已成为最普遍的电脑病毒。

3. 计算机病毒的表现形式

计算机受到病毒感染后，会表现出不同的症状，下面把一些经常碰到的现象列出来，供读者参考。

（1）机器不能正常启动。

加电后机器根本不能启动，或者可以启动，但所需要的时间比原来的启动时间变长了。有时会突然出现黑屏现象。

（2）运行速度降低。

如果发现在运行某个程序时，读取数据的时间比原来长，存文件或调文件的时间都增加了，那就可能是由于病毒造成的。

（3）磁盘空间迅速变小。

由于病毒程序要进驻内存，而且又能繁殖，因此使内存空间变小甚至变为"0"，用户什么信息也进不去。

（4）文件内容和长度有所改变。

一个文件存入磁盘后，本来它的长度和其内容都不会改变，可是由于病毒的干扰，文件长度可能改变，文件内容也可能出现乱码。有时文件内容无法显示或显示后又消失了。

（5）经常出现"死机"现象。

正常的操作是不会造成死机现象的，即使是初学者，命令输入不对也不会死机。如果机器经常死机，那可能是由于系统被病毒感染了。

（6）外部设备工作异常。

因为外部设备受系统的控制，如果机器中有病毒，外部设备在工作时可能会出现一些异常情况，出现一些用理论或经验说不清道不明的现象。以上仅列出一些比较常见的病毒表现形式，肯定还会遇到一些其他的特殊现象，这就需要由用户自己判断了。

9.3.2 计算机病毒的防治与清除

1. 计算机病毒的防治

要采用预防为主，管理为主，清杀为辅的防治策略。

（1）不使用来历不明的移动存储设备，不浏览一些格调不高的网站、不阅读来历不明的邮件。

（2）系统备份。要经常备份系统，防止万一被病毒侵害后导致系统崩溃。

（3）安装防病毒软件。

（4）经常查毒、杀毒。

2. 计算机病毒的清除

主要通过安装杀毒软件来实现，如国外的有 Norton 系列等，国内的有 360 杀毒、金山毒霸等。

杀毒软件一般由查毒、杀毒及病毒防火墙三部分组成。

（1）查毒过程。反病毒软件对计算机中的所有存储介质进行扫描，若遇某文件中某一部分代码与查毒软件中的某个病毒特征值相同时，就向用户报告发现了某病毒。

由于新的病毒还在不断出现，为保证反病毒程序能不断认识这些新的病毒程序，反病毒软件供应商会及时收集世界上出现的各种病毒，并建立新的病毒特征库向用户发布，用户下载这种病毒特征库才有可能抵御网络上层出不穷的病毒的侵袭。

（2）杀毒过程。在设计杀毒软件时，按病毒感染文件的相反顺序写一个程序，以清除感染病毒，恢复文件原样。

（3）病毒防火墙。当外部进程企图访问防火墙所防护的计算机时，或者直接阻止这样的操作，或者询问用户并等待用户命令。

杀毒软件具有被动性，一般需要先有病毒及其样品才能研制查杀该病毒的程序，不能查杀未知病毒，有些软件声称可以查杀新的病毒，其实也只能查杀一些已知病毒的变种，而不能查杀一种全新的病毒。迄今为止还没有哪种反病毒软件能查杀现存的所有病毒，更不要说新的病毒了。

9.3.3 计算机病毒的预防

在实际使用计算机的过程中应遵循以下原则，防患于未然。

（1）建立正确的防毒观念，学习有关病毒与反病毒知识。

（2）不是随便下载网上的软件。尤其是不要下载那些来自无名网站的免费软件，因为这些软件无法保证没有被病毒感染。

（3）不要使用盗版软件。

（4）不要随便使用别人的软盘或光盘。尽量做到专机专盘专用。

（5）使用新设备和新软件之前要检查。

（6）使用反病毒软件。及时升级反病毒软件的病毒库，开启病毒实时监控。

（7）有规律地制作备份。要养成备份重要文件的习惯。

（8）制作一张无毒的系统软盘。制作一张无毒的系统盘，将其写保护，妥善保管，以便应急。

（9）制作应急盘/急救盘/恢复盘。按照反病毒软件的要求制作应急盘/急救盘/恢复盘，以便恢复系统急用。在应急盘/急救盘/恢复盘上存储有关系统的重要信息数据，如硬盘主引导区信息、引导区信息、CMOS 的设备信息等以及 DOS 系统的 COMMAND.COM 和两个隐含文件。

（10）一般不要用软盘启动。如果计算机能从硬盘启动，就不要用软盘启动，因为这是造成硬盘引导区感染病毒的主要原因。

（11）注意计算机有没有异常症状。

（12）发现可疑情况及时通报以获取帮助。

（13）重建硬盘分区，减少损失。若硬盘资料已经遭到破坏，不必急着格式化，因病毒不可能在短时间内将全部硬盘资料破坏，故可利用"灾后重建"程序加以分析和重建。

9.4　网络信息安全的相关网络知识

9.4.1　计算机网络端口

1. 端口概述

在 Internet 上，各主机间通过 TCP/TP 协议发送和接收数据报，各个数据报根据其目的主机的 IP 地址来进行互联网络中的路由选择。可见，把数据报顺利的传送到目的主机是没有问题的。我们知道大多数操作系统都支持多程序（进程）同时运行，那么目的主机应该把接收到的数据报传送给众多同时运行的进程中的哪一个呢？显然这个问题有待解决，端口机制便由此被引入进来。

我们知道，一台拥有 IP 地址的主机可以提供许多服务，比如 Web 服务、FTP 服务、SMTP 服务等，这些服务完全可以通过一个 IP 地址来实现。那么，主机是怎样区分不同的网络服务呢？显然不能只靠 IP 地址，因为 IP 地址与网络服务的关系是一对多的关系，实际上是通过"IP地址+端口号"来区分不同的服务的。

需要注意的是，端口并不是一一对应的。比如你的电脑作为客户机访问一台 WWW 服务器时，WWW 服务器使用"80"端口与你的电脑通信，但你的电脑则可能使用"3656"这样的端口。

2. 计算机网络中常用的端口号

下面列出了计算机网络中常用的端口号和对应的网络服务。

21/tcp FTP 文件传输协议

22/tcp SSH 安全登录、文件传送（SCP）和端口重定向

23/tcp Telnet 不安全的文本传送

25/tcp SMTP Simple Mail Transfer Protocol（E-mail）

69/udp TFTP Trivial File Transfer Protocol

79/tcp finger Finger 协议

80/tcp HTTP 超文本传送协议（WWW）

88/tcp Kerberos Authenticating agent

110/tcp POP3 Post Office Protocol（E-mail）

113/tcp ident old identification server system

119/tcp NNTP used for usenet newsgroups

220/tcp IMAP3

443/tcp HTTPS used for securely transferring web pages

3. 计算机网络端口号与网络安全的联系

端口在入侵中的作用是：有人曾经把服务器比作房子，而把端口比作通向不同房间的门，如果不考虑细节的话，这是一个不错的比喻。入侵者要占领这间房子，势必要破门而入，那么对于入侵者来说，了解房子开了几扇门，都是什么样的门，门后面有什么东西就显得至关重要。

入侵者通常会用扫描器对目标主机的端口进行扫描，以确定哪些端口是开放的，从开放的端口，入侵者可以知道目标主机大致提供了哪些服务，进而猜测可能存在的漏洞，因此对端口的扫描可以帮助我们更好地了解目标主机，而对于管理员，扫描本机的开放端口也是做好安全防范的第一步。

4. 如何关闭计算机网络中的端口

每一项服务都对应相应的端口，比如众所周知的 WWW 服务的端口是 80，SMTP 是 25，FTP 是 21，Windows 安装中默认的都是这些服务开启的。对于个人用户来说确实没有必要，关掉端口也就是关闭无用的服务。这可以使用"控制面板"的"管理工具"中的"服务"来配置。

（1）关闭 7、9 等端口：关闭 Simple TCP/IP Service，支持的 TCP/IP 服务有 Character Generator、Daytime、Discard、Echo，以及 Quote of the Day。

（2）关闭 80 端口：关掉 WWW 服务。在"服务"中显示名称为"World Wide Web Publishing Service"，通过 Internet 信息服务的管理单元提供 Web 连接和管理来操作。

（3）关掉 25 端口：关闭 Simple Mail Transport Protocol（SMTP）服务，它提供的功能是跨网传送电子邮件。

（4）关掉 21 端口：关闭 FTP Publishing Service，它提供的服务是通过 Internet 信息服务的管理单元提供 FTP 连接和管理。

（5）关掉 23 端口：关闭 Telnet 服务，它允许远程用户登录到系统并且使用命令行运行控制台程序。

（6）还有一个很重要的就是关闭 Server 服务，此服务提供 RPC 支持、文件、打印以及命名管道共享。关掉它就关掉了 Windows 的默认共享，比如 ipc$、c$、admin$等。

（7）还有一个就是 139 端口，139 端口是 NetBIOS Session 端口，用来文件和打印共享，需要注意的是运行 Samba 的 UNIX 机器也开放了 139 端口，功能一样。关闭 139 端口的方法是在"本地连接属性"对话框中单击"Internet 协议版本 4（TCP/IP）"，在打开的对话框中单击"高级"按钮，进入"高级 TCP/IP 设置"对话框，打开"WINS"选项卡，勾选"禁用 TCP/IP 上的 NetBIOS"，就关闭了 139 端口。对于个人用户来说，可以在各项服务属性设置中设为"禁用"，以免下次重启服务也重新启动，端口也开放了。

9.4.2　Windows 中常用的网络命令

在使用 Windows 操作系统的计算机中可以通过一些常用的网络命令来测试和了解自己计算机的网络的一些连接和计算机网络端口的各种情况，这些信息有利于操作者对所操作的计算机的网络安全情况提供一些信息帮助。运行这些网络命令的方法是：单击"开始"，选择"所有程序"，选择"附件"，运行"命令提示符"即可，下面列出了一些与计算机网络安全维护相关的网络命令。

1. netstat

netstat 用于显示与 IP、TCP、UDP 和 ICMP 协议相关的统计数据，一般用于检验本机各端口的网络连接情况。

netstat 的一些常用选项如下。

netstat -s：本选项能够按照各个协议分别显示其统计数据。如果你的应用程序（如 Web 浏览器）运行速度比较慢，或者不能显示 Web 页之类的数据，那么你就可以用本选项来查看一下所显示的信息。你需要仔细查看统计数据的各行，找到出错的关键字，进而确定问题所在。

netstat -e：本选项用于显示关于以太网的统计数据。它列出的项目包括传送的数据报的总字节数、错误数、删除数、数据报的数量和广播的数量。这些统计数据既有发送的数据报数量，也有接收的数据报数量。这个选项可以用来统计一些基本的网络流量。

netstat -r：本选项可以显示关于路由表的信息，类似于后面所讲使用 route print 命令时看到的信息。除了显示有效路由外，还显示当前有效的连接。

netstat -a：本选项显示一个所有的有效连接信息列表，包括已建立的连接（ESTABLISHED），也包括监听连接请求（LISTENING）的那些连接。

netstat -n：显示所有已建立的有效连接。

2．ipconfig

ipconfig：可用于显示当前的 TCP/IP 配置的设置值。这些信息一般用来检验人工配置的 TCP/IP 设置是否正确。但是，如果你的计算机和所在的局域网使用了动态主机配置协议，这个程序所显示的信息也许更加实用。ipconfig 可以让你了解你的计算机是否成功地获得了一个 IP 地址，如果获得则可以了解它目前分配到的是什么地址。了解计算机当前的 IP 地址、子网掩码和默认网关实际上是进行测试和故障分析的必要项目。

最常用的选项如下。

ipconfig：当使用 ipconfig 时不带任何参数选项，那么它为每个已经配置了的接口显示 IP 地址、子网掩码和默认网关值

ipconfig/all：当使用 all 选项时，ipconfig 能为 DNS 和 WINS 服务器显示它已配置且所要使用的附加信息（如 IP 地址等），并且显示内置于本地网卡中的物理地址（MAC）。如果 IP 地址是从 DHCP 服务器租用的，ipconfig 将显示 DHCP 服务器的 IP 地址和租用地址预计失效的日期。

ipconfig/release 和 ipconfig/renew：这是两个附加选项，只能在向 DHCP 服务器租用其 IP 地址的计算机上起作用。如果你输入 ipconfig/release，那么所有接口的租用 IP 地址便重新交付给 DHCP 服务器。如果你输入 ipconfig/renew，那么本地计算机便设法与 DHCP 服务器取得联系，并租用一个 IP 地址。请注意，大多数情况下网卡将被重新赋予和以前所赋予的相同的 IP 地址。

3．ARP

ARP 是一个重要的 TCP/IP 协议，并且用于确定对应 IP 地址的网卡物理地址。使用 arp 命令，能够查看本地计算机或另一台计算机的 ARP 高速缓存中的当前内容。此外，使用 arp 命令，也可以用人工方式输入静态的网卡物理/IP 地址对，你可能会使用这种方式为默认网关和本地服务器等常用主机进行这项操作，有助于减少网络上的信息量。

按照默认设置，ARP 高速缓存中的项目是动态的，每当发送一个指定地点的数据报且高速缓存中不存在当前项目时，ARP 便会自动添加该项目。一旦高速缓存的项目被输入，它们就已经开始走向失效状态。因此，如果 ARP 高速缓存中项目很少或根本没有时，请不要奇怪，

通过另一台计算机或路由器的 ping 命令即可添加。所以，需要通过 arp 命令查看高速缓存中的内容时，请最好先 ping 此台计算机。

常用命令选项如下。

arp -a 或 arp -g：用于查看高速缓存中的所有项目。-a 和 -g 参数的结果是一样的，多年来 -g 一直是 UNIX 平台上用来显示 ARP 高速缓存中所有项目的选项，而 Windows 用的是 arp -a，但它也可以接受比较传统的 -g 选项。

arp -a IP：如果有多个网卡，那么使用 arp -a 加上接口的 IP 地址，就可以只显示与该接口相关的 ARP 缓存项目。

arp -s IP：物理地址可以向 ARP 高速缓存中人工输入一个静态项目，该项目在计算机引导过程中将保持有效状态，或者在出现错误时，人工配置的物理地址将自动更新该项目。

arp -d IP：使用本命令能够人工删除一个静态项目。

4. tracert

当数据报从你的计算机经过多个网关传送到目的地时，tracert 命令可以用来跟踪数据报使用的路由。该实用程序跟踪的路径是源计算机到目的地的一条路径，不能保证或认为数据报总遵循这个路径。如果你的配置使用 DNS，那么你常常会从所产生的应答中得到城市、地址和常见通信公司的名字。tracert 是一个运行得比较慢的命令，每个路由器大约需要给它 15 秒钟。

tracert 的使用很简单，只需要在 tracert 后面跟一个 IP 地址或 URL，tracert 会进行相应的域名转换的。tracert 一般用来检测故障的位置，可以用 tracert IP 检测在哪个环节上出了问题，虽然还是没有确定是什么问题，但它已经告诉了问题所在的地方。

5. route

大多数主机一般都是驻留在只连接一台路由器的网段上。由于只有一台路由器，因此不存在使用哪一台路由器将数据报发表到远程计算机上去的问题，该路由器的 IP 地址可作为该网段上所有计算机的默认网关来输入。

但是，当网络上拥有两个或多个路由器时，你就不一定想只依赖默认网关了。实际上你可能想让你的某些远程 IP 地址通过某个特定的路由器来传递，而其他的远程 IP 则通过另一个路由器来传递。

在这种情况下，需要相应的路由信息，这些信息存储在路由表中，每个主机和每个路由器都配有自己唯一的路由表。大多数路由器使用专门的路由协议来交换和动态更新路由器之间的路由表。但在有些情况下，必须人工将项目添加到路由器和主机上的路由表中。Route 就是用来显示、人工添加和修改路由表项目的。

一般使用选项如下。

route print：本命令用于显示路由表中的当前项目，在单路由器网段上的输出结果。

route add：使用本命令，可以将新路由项目添加给路由表。

route delete：使用本命令可以从路由表中删除路由。

6. nbtstat

nbtstat 实用程序用于提供关于 NetBIOS 的统计数据。运用 NetBIOS 可以查看本地计算机或远程计算机上的 NetBIOS 名字表格。

常用选项如下。

nbtstat -n：显示寄存在本地的名字和服务程序。

nbtstat -c：本命令用于显示 NetBIOS 名字高速缓存的内容。NetBIOS 名字高速缓存用于存放与本计算机最近进行通信的其他计算机的 NetBIOS 名字和 IP 地址对。

nbtstat -r：本命令用于清除和重新加载 NetBIOS 名字高速缓存。

nbtstat -a IP：通过 IP 显示另一台计算机的物理地址和名字列表，显示的内容就像对方计算机自己运行 nbtstat -n 一样。

nbtstat -s IP：显示使用其 IP 地址的另一台计算机的 NetBIOS 连接表。

7．net

net 命令有很多函数用于使用和核查计算机之间的 NetBIOS 连接。下面介绍最常用的两个：net view 和 net use。

net view UNC：运用此命令可以查看目标服务器上的共享点名字。任何局域网里的人都可以发出此命令，而且不需要提供用户 ID 或口令。UNC 名字总是以\\开头，后面跟随目标计算机的名字。

net use：本命令用于建立或取消到达特定共享点的映像驱动器的连接。

9.5　信息存储安全技术

在信息存储安全技术中主要介绍目前在网络数据磁盘储存上采用较多的磁盘阵列（RAID）技术。

RAID 中文简称为独立冗余磁盘阵列。简单地说，RAID 是一种把多块独立的硬盘（物理硬盘）按不同的方式组合起来形成一个硬盘组（逻辑硬盘），从而提供比单个硬盘更高的存储性能和提供数据备份技术。组成磁盘阵列的不同方式成为 RAID 级别。数据备份的功能是在用户数据一旦发生损坏后，利用备份信息可以使损坏数据得以恢复，从而保障了用户数据的安全性。

RAID 技术主要包含 RAID0～RAID7 等规范，它们的侧重点各不相同，常见的规范有如下几种。

1．RAID0

RAID0 是连续以位或字节为单位分割数据，并行读/写于多个磁盘上，因此具有很高的数据传输率，但它没有数据冗余，因此并不能算是真正的 RAID 结构。RAID0 只是单纯地提高性能，并没有为数据的可靠性提供保证，而且其中的一个磁盘失效将影响到所有数据。因此，RAID0 不能应用于数据安全性要求高的场合。

2．RAID1

它是通过磁盘数据镜像实现数据冗余，在成对的独立磁盘上产生互为备份的数据。当原始数据繁忙时，可直接从镜像拷贝中读取数据，因此 RAID1 可以提高读取性能。RAID1 是磁盘阵列中单位成本最高的，但提供了很高的数据安全性和可用性。当一个磁盘失效时，系统可以自动切换到镜像磁盘上读写，而不需要重组失效的数据。

3．RAID0+1

也被称为 RAID10 标准，实际是将 RAID0 和 RAID1 标准结合的产物，在连续地以位或字节为单位分割数据并且并行读/写多个磁盘的同时，为每一块磁盘作磁盘镜像进行冗余。它的优点是同时拥有 RAID0 的超凡速度和 RAID1 的数据高可靠性，但是 CPU 占用率同样也更高，而且磁盘的利用率比较低。

4. RAID2

将数据条块化地分布于不同的硬盘上，条块单位为位或字节，并使用称为"加重平均纠错码"的编码技术来提供错误检查及恢复。这种编码技术需要多个磁盘存放检查及恢复信息，使得 RAID2 技术实施更复杂，因此在商业环境中很少使用。

5. RAID3

它同 RAID2 非常类似，都是将数据条块化分布于不同的硬盘上，区别在于 RAID3 使用简单的奇偶校验，并用单块磁盘存放奇偶校验信息。如果一块磁盘失效，奇偶盘及其他数据盘可以重新产生数据；如果奇偶盘失效则不影响数据使用。RAID3 对于大量的连续数据可提供很好的传输率，但对于随机数据来说，奇偶盘会成为写操作的瓶颈。

6. RAID4

RAID4 同样也将数据条块化并分布于不同的磁盘上，但条块单位为块或记录。RAID4 使用一块磁盘作为奇偶校验盘，每次写操作都需要访问奇偶盘，这时奇偶校验盘会成为写操作的瓶颈，因此 RAID4 在商业环境中也很少使用。

7. RAID5

RAID5 不单独指定奇偶盘，而是在所有磁盘上交叉地存取数据及奇偶校验信息。在 RAID5 上，读/写指针可同时对阵列设备进行操作，提供了更高的数据流量。RAID5 更适合于小数据块和随机读写的数据。

RAID3 与 RAID5 相比，最主要的区别在于 RAID3 每进行一次数据传输就需涉及所有的阵列盘；而对于 RAID5 来说，大部分数据传输只对一块磁盘操作，并可进行并行操作。在 RAID5 中有"写损失"，即每一次写操作将产生四个实际的读/写操作，其中两次读旧的数据及奇偶信息，两次写新的数据及奇偶信息。

RAID6 与 RAID5 相比，RAID6 增加了第二个独立的奇偶校验信息块。两个独立的奇偶系统使用不同的算法，数据的可靠性非常高，即使两块磁盘同时失效也不会影响数据的使用。但 RAID6 需要分配给奇偶校验信息更大的磁盘空间，相对于 RAID5 有更大的"写损失"，因此"写性能"非常差。较差的性能和复杂的实施方式使得 RAID6 很少得到实际应用。

8. RAID7

这是一种新的 RAID 标准，其自身带有智能化实时操作系统和用于存储管理的软件工具，可完全独立于主机运行，不占用主机 CPU 资源。RAID7 可以看作是一种存储计算机，它与其他 RAID 标准有明显区别。除了以上的各种标准，我们可以像 RAID0+1 那样结合多种 RAID 规范来构筑所需的 RAID 阵列，例如 RAID5+3（RAID53）就是一种应用较为广泛的阵列形式。用户一般可以通过灵活配置磁盘阵列来获得更加符合其要求的磁盘存储系统。

9.6　计算机安全评价标准

我国在网络信息安全方面是比较严格的，具有严格的评价标准，具体如下。

1999 年 10 月经过国家质量技术监督局批准发布的《计算机信息系统安全保护等级划分准则》将计算机安全保护划分为以下 5 个级别。

第 1 级为用户自主保护级（GB1 安全级）：它的安全保护机制使用户具备自主安全保护的能力，保护用户的信息免受非法的读写破坏。

第 2 级为系统审计保护级（GB2 安全级）：除具备第一级所有的安全保护功能外，要求创建和维护访问的审计跟踪记录，使所有的用户对自己的行为的合法性负责。

第 3 级为安全标记保护级（GB3 安全级）：除继承前一个级别的安全功能外，还要求以访问对象标记的安全级别限制访问者的访问权限，实现对访问对象的强制保护。

第 4 级为结构化保护级（GB4 安全级）：在继承前面安全级别安全功能的基础上，将安全保护机制划分为关键部分和非关键部分，对关键部分直接控制访问者对访问对象的存取，从而加强系统的抗渗透能力。

第 5 级为访问验证保护级（GB5 安全级）：这一个级别特别增设了访问验证功能，负责仲裁访问者对访问对象的所有访问活动。

我国是国际标准化组织的成员国，信息安全标准化工作在各方面的努力下正在积极开展之中。从 20 世纪 80 年代中期开始，自主制定和采用了一批相应的信息安全标准。但是，应该承认，标准的制定需要较为广泛的应用经验和较为深入的研究背景。这两方面的差距，使我国的信息安全标准化工作与国际已有的工作相比，覆盖的范围还不够大，宏观和微观的指导作用也有待进一步提高。

9.7　Windows 7 网络安全设置

9.7.1　Windows 7 系统还原

Windows 7 系统用的时间长了以后，经常会出现一些问题。这是有些人会选择重做系统，但这种做法太麻烦，影响工作效率。因此可以使用 Windows 7 自带系统还原功能，出现问题后就可以快速地还原了。

具体的操作步骤如下。

（1）右击"计算机"图标，选择"属性"后进入"系统属性"对话框。

（2）打开"系统保护"选项卡，如图 9-1 所示。

图 9-1　"系统属性"对话框

（3）单击"创建"按钮，在弹出的"系统保护"对话框中填写还原点的名称以及描述，系统会自动添加当前日期和时间，如图9-2所示。

图9-2　"系统保护"对话框

（4）在"系统保护"对话框中单击"创建"按钮，就可以等待还原点创建成功了。

（5）如果需要还原系统的话，只要单击"系统还原"按钮，选择要还原的时间点就可以了。

9.7.2　Windows 7 网络防火墙的设置

Windows 7 自带的网络防火墙可以实现简单的数据过滤筛选和对应用程序进行网络数据传输的阻止与允许的功能。

具体操作如下。

（1）打开"控制面板"，单击"Windows 防火墙"项，就可看到如图9-3的界面。

图9-3　Windows 7 防火墙设置界面

（2）单击左侧边栏的"打开或关闭 Windows 防火墙"链接，可以打开和关闭 Windows 7 的防火墙功能。

（3）单击左侧边栏的"允许程序或功能通过 Windows 防火墙"链接，将打开如图9-4所示的界面，在这一界面中就可以设定允许通过 Windows 7 防火墙进行网络访问的应用程序了。

图 9-4　Windows 7 防火墙允许应用程序访问网络的设置界面

（4）如果所要允许访问的应用程序不在这一界面中，还可以单击"允许运行另一程序"按钮来选择计算机中其他的应用程序，如图 9-5 所示。

图 9-5　添加允许通过 Windows 7 防火墙的应用程序界面

习题 9

一、选择题

1．目前，针对计算机信息系统及网络的恶意程序正逐年成倍增长，其中最为严重的是（　　）。

　　A．木马病毒　　　B．系统漏洞　　　C．僵尸网络　　　D．蠕虫病毒

2．信息安全的基本属性是（　　）。

　　A．机密性　　　　B．可用性　　　　C．完整性　　　　D．上面 3 项都是

3．网络安全是在分布网络环境中对（　　）提供安全保护。

    A．信息载体　　　　　　　　　　　　B．信息的处理、传输

    C．信息的存储、访问　　　　　　　　D．上面三项都是

4．用于实现身份鉴别的安全机制是（　　）。

    A．加密机制和数字签名机制

    B．加密机制和访问控制机制

    C．数字签名机制和路由控制机制

    D．访问控制机制和路由控制机制

5．ISO 安全体系结构中的对象认证服务，使用（　　）完成。

    A．加密机制　　　　　　　　　　　　B．数字签名机制

    C．访问控制机制　　　　　　　　　　D．数据完整性机制

6．一般而言，Internet 防火墙建立在一个网络的（　　）。

    A．内部子网之间传送信息的中枢

    B．每个子网的内部

    C．内部网络与外部网络的交叉点

    D．部分内部网络与外部网络的结合处

7．包过滤型防火墙原理上是基于（　　）进行分析的技术。

    A．物理层　　　　　　　　　　　　　B．数据链路层

    C．网络层　　　　　　　　　　　　　D．应用层

8．对动态网络地址交换（NAT），不正确的说法是（　　）。

    A．将很多内部地址映射到单个真实地址

    B．外部网络地址和内部地址一对一的映射

    C．最多可有 64000 个同时的动态 NAT 连接

    D．每个连接使用一个端口

9．计算机病毒是计算机系统中一类隐藏在（　　）上蓄意破坏的捣乱程序。

    A．内存　　　　　　B．软盘　　　　　　C．存储介质　　　　　　D．网络

10．以下哪一项不属于入侵检测系统的功能？（　　）

    A．监视网络上的通信数据流　　　　B．捕捉可疑的网络活动

    C．提供安全审计报告　　　　　　　D．过滤非法的数据包

11．以下关于计算机病毒的特征说法正确的是（　　）。

    A．计算机病毒只具有破坏性，没有其他特征

    B．计算机病毒具有破坏性，不具有传染性

    C．破坏性和传染性是计算机病毒的两大主要特征

    D．计算机病毒只具有传染性，不具有破坏性

12．以下关于宏病毒说法正确的是（　　）。

    A．宏病毒主要感染可执行文件

    B．宏病毒仅向办公自动化程序编制的文档进行传染

    C．宏病毒主要感染软盘、硬盘的引导扇区或主引导扇区

    D．CIH 病毒属于宏病毒

13. 包过滤技术与代理服务技术相比较（　　）。

　　A．包过滤技术安全性较弱，但会对网络性能产生明显影响

　　B．包过滤技术对应用和用户是绝对透明的

　　C．代理服务技术安全性较高，但不会对网络性能产生明显影响

　　D．代理服务技术安全性高，对应用和用户透明度也很高

14. 黑客利用 IP 地址进行攻击的方法有（　　）。

　　A．IP 欺骗　　　　　　　　　　B．解密

　　C．窃取口令　　　　　　　　　　D．发送病毒

15. 为了预防计算机病毒，应采取的正确措施是（　　）。

　　A．每天都对计算机硬盘和软件进行格式化

　　B．不用盗版软件和来历不明的软盘

　　C．不同任何人交流

　　D．不玩任何计算机游戏

16. 当用户收到了一封可疑的电子邮件，要求用户提供银行账户及密码，这是属于何种攻击手段？（　　）

　　A．缓存溢出攻击　　　　　　　　B．钓鱼攻击

　　C．暗门攻击　　　　　　　　　　D．DDOS 攻击

17. 文件型病毒传染的对象主要是（　　）类文件。

　　A．EXE 和 WPS　　　　　　　　B．COM 和 EXE

　　C．WPS　　　　　　　　　　　　D．DBF

18. 入侵检测的基本方法是（　　）。

　　A．基于用户行为概率统计模型的方法

　　B．基于神经网络的方法

　　C．基于专家系统的方法

　　D．以上都正确

19. 在网络攻击的多种类型中，攻击者窃取到系统的访问权并盗用资源的攻击形式属于（　　）。

　　A．拒绝服务　　　　　　　　　　B．侵入攻击

　　C．信息盗窃　　　　　　　　　　D．信息篡改

20. 利用某些特殊的电子邮件软件在短时间内不断重复地将电子邮件寄给同一个收件人，这种破坏方式叫做（　　）。

　　A．邮件病毒　　B．邮件炸弹　　C．特洛伊木马　　D．逻辑炸弹

21. 网络攻击的有效载体是（　　）。

　　A．黑客　　　　B．网络　　　　C．病毒　　　　　D．蠕虫

22. 以下关于 CA 认证中心说法正确的是（　　）。

　　A．CA 认证是使用对称密钥机制的认证方法

　　B．CA 认证中心只负责签名，不负责证书的产生

　　C．CA 认证中心负责证书的颁发和管理，并依靠证书证明一个用户的身份

　　D．CA 认证中心不用保持中立，可以随便找一个用户来做为 CA 认证中心

23．以下关于对称密钥加密说法正确的是（　　）。

    A．加密方和解密方可以使用不同的算法

    B．加密密钥和解密密钥可以是不同的

    C．加密密钥和解密密钥必须是相同的

    D．密钥的管理非常简单

二、简答题

1．什么是防火墙？为什么需要有防火墙？

2．什么是 IDS？它有哪些基本功能？

3．简述计算机病毒的特点。

4．有哪几种访问控制策略？

5．网络安全主要有哪些关键技术？

6．包过滤防火墙的基本思想是什么？

7．数字签名有什么作用？

8．访问控制有几种常用的实现方法？它们各有什么特点？

9．简述计算机网络端口及其在计算机网络安全方面的影响。

10．计算机病毒的主要表现形式有哪些？

11．我国的网络信息安全评价标准有哪些？

第 10 章 物联网与云计算

引言

云计算和物联网都是新兴事物，不过现在已经有了很多的应用。"物联网概念"是在"互联网概念"的基础上，将其用户端延伸和扩展到任何物品与物品之间，进行信息交换和通信的一种网络概念。云计算是实现物联网的核心，运用云计算模式使物联网中以兆计算的各类物品的实时动态管理和智能分析变得可能。

内容结构图

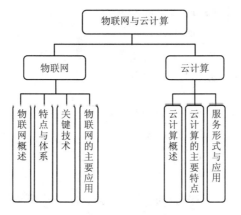

学习目标

通过对本章的学习，我们能够做到：
- 了解：物联网的相关知识。
- 理解：云计算的基本概念。
- 应用：物联网的应用领域。

10.1 物联网

10.1.1 物联网概述

1. 物联网的发展背景

物联网是新一代信息技术的重要组成部分，也是"信息化"时代的重要发展阶段。

1990 年物联网的实践最早可以追溯到 1990 年施乐公司的网络可乐贩售机——Networked

Coke Machine。

1991 年美国麻省理工学院（MIT）的 Kevin Ash-ton 教授首次提出物联网的概念。

1995 年比尔·盖茨在《未来之路》一书中也曾提及物联网，但未引起广泛重视。

1999 年美国麻省理工学院建立了"自动识别中心（Auto-ID）"，提出"万物皆可通过网络互联"，阐明了物联网的基本含义。早期的物联网是依托射频识别（RFID）技术的物流网络，随着技术和应用的发展，物联网的内涵已经发生了较大变化。

2003 年美国《技术评论》提出传感网络技术将是未来改变人们生活的十大技术之首。

2004 年日本总务省（MIC）提出 u-Japan 计划，该战略力求实现人与人、物与物、人与物之间的连接，希望将日本建设成一个随时、随地，任何物体、任何人均可连接的泛在网络社会。

2005 年 11 月 17 日，在突尼斯举行的信息社会世界峰会（WSIS）上，国际电信联盟（ITU）发布《ITU 互联网报告 2005：物联网》，引用了"物联网"的概念。物联网的定义和范围已经发生了变化，覆盖范围有了较大的拓展，不再只是指基于 RFID 技术的物联网。

2006 年韩国确立了 u-Korea 计划，该计划旨在建立无所不在的社会，在民众的生活环境里建设智能型网络和各种新型应用，让民众可以随时随地享有科技智慧服务。2009 年韩国通信委员会出台了《物联网基础设施构建基本规划》，将物联网确定为新增长动力，提出到 2012 年实现"通过构建世界最先进的物联网基础实施，打造未来广播通信融合领域超一流信息通信技术强国"的目标。

2008 年后，为了促进科技发展，寻找经济新的增长点，各国政府开始重视下一代的技术规划，将目光放在了物联网上。在中国，同年 11 月在北京大学举行的第二届中国移动政务研讨会"知识社会与创新 2.0"提出移动技术、物联网技术的发展代表着新一代信息技术的形成，并带动了经济社会形态、创新形态的变革，推动了面向知识社会的以用户体验为核心的下一代创新形态的形成，创新与发展更加关注用户、注重以人为本。而创新 2.0 形态的形成又进一步推动新一代信息技术的健康发展。

2009 年欧盟执委会发表了欧洲物联网行动计划，描绘了物联网技术的应用前景，提出欧盟政府要加强对物联网的管理，促进物联网的发展。

2009 年 1 月 28 日，奥巴马就任美国总统后，与美国工商业领袖举行了一次"圆桌会议"，作为仅有的两名代表之一，IBM 首席执行官彭明盛首次提出"智慧地球"这一概念，建议新政府投资新一代的智慧型基础设施。当年，美国将新能源和物联网列为振兴经济的两大重点。

2009 年 2 月 24 日，2009 IBM 论坛上，IBM 大中华区首席执行官钱大群公布了名为"智慧的地球"的最新策略。此概念一经提出，即得到美国各界的高度关注，甚至有分析认为 IBM 公司的这一构想极有可能上升至美国的国家战略，并在世界范围内引起轰动。

今天，"智慧地球"战略被美国人认为与当年的"信息高速公路"有许多相似之处，同样被他们认为是振兴经济，确立竞争优势的关键战略。该战略能否掀起如当年互联网革命一样的科技和经济浪潮，不仅为美国关注，更为世界所关注。

2. 物联网的概念

所谓物联网是指利用局部网络或互联网等通信技术把传感器、控制器、机器、人员和物等通过新的方式连在一起，形成人与物、物与物相连，实现信息化、远程管理控制和智能化的网络。物联网是互联网的延伸，它包括互联网及互联网上所有的资源，兼容互联网所有的应用，但物联网中所有的元素都是个性化和私有化。

"物联网概念"是在"互联网概念"的基础上，将其用户端延伸和扩展到任何物品与物品之间，进行信息交换和通信的一种网络概念。

物联网（Internet of Things），国内外普遍公认的是 MIT Auto-ID 中心 Ashton 教授 1999 年在研究 RFID 时最早提出来的。在 2005 年国际电信联盟（ITU）发布的同名报告中，物联网的定义和范围已经发生了变化，覆盖范围有了较大的拓展，不再只是指基于 RFID 技术的物联网。

自 2009 年 8 月温家宝总理提出"感知中国"以来，物联网被正式列为国家五大新兴战略性产业之一，写入"政府工作报告"，物联网在中国受到了全社会极大的关注，其受关注程度是在美国、欧盟以及其他各国不可比拟的。

物联网的概念与其说是一个外来概念，不如说它已经是一个"中国制造"的概念，它的覆盖范围与时俱进，已经超越了 1999 年 Ashton 教授和 2005 年 ITU 报告所指的范围，物联网已被贴上"中国式"标签。

10.1.2 物联网的特点与体系

物联网是新一代信息技术的重要组成部分。"物联网就是物物相连的互联网"。这有两层意思：第一物联网的核心和基础仍然是互联网，是在互联网基础上的延伸和扩展的网络；第二其用户端延伸和扩展到了任何物品与物品之间，进行信息交换和通信。和传统的互联网相比，物联网有其鲜明的特征。

首先，它是各种感知技术的广泛应用。物联网上部署了海量的多种类型传感器，每个传感器都是一个信息源，不同类别的传感器所捕获的信息内容和信息格式不同。传感器获得的数据具有实时性，按一定的频率周期性的采集环境信息，不断更新数据。

其次，它是一种建立在互联网上的泛在网络。物联网技术的重要基础和核心仍旧是互联网，通过各种有线和无线网络与互联网融合，将物体的信息实时准确地传递出去。在物联网上的传感器定时采集的信息需要通过网络传输，由于其数量极其庞大，形成了海量信息，在传输过程中，为了保障数据的正确性和及时性，必须适应各种异构网络和协议。

再次，物联网不仅仅提供了传感器的连接，其本身也具有智能处理的能力，能够对物体实施智能控制。物联网将传感器和智能处理相结合，利用云计算、模式识别等各种智能技术，扩充其应用领域。从传感器获得的海量信息中分析、加工和处理出有意义的数据，以适应不同用户的不同需求，发现新的应用领域和应用模式。

物联网的体系结构大致被公认有 3 个层次，底层是用来感知数据的感知层，第二层是用于传输数据的网络层，最上面则是与行业需求相结合的应用层。如图 10-1 所示。

感知层是让物品说话的先决条件，主要用于采集物理世界中发生的物理事件和数据，包括各类物理量、身份标识、位置信息、音频、视频数据等。物联网的数据采集涉及传感器、RFID、多媒体信息采集、二维码和实时定位等技术。感知层又分为数据采集与执行、短距离无线通信 2 个部分。数据采集与执行主要是运用智能传感器技术、身份识别以及其他信息采集技术，对物品进行基础信息采集，同时接收上层网络送来的控制信息，完成相应执行动作。这相当于给物品赋予了嘴巴、耳朵和手，既能向网络表达自己的各种信息，又能接收网络的控制命令，完成相应动作。短距离无线通信能完成小范围内的多个物品的信息集中与互通功能，相当于物品的脚。

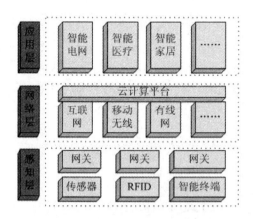

图 10-1　物联网的体系结构图

网络层完成大范围的信息沟通，主要借助于已有的广域网通信系统，把感知层感知到的信息快速、可靠、安全地传送到地球的各个地方，使物品能够进行远距离、大范围的通信，以实现在地球范围内的通信。这相当于人借助火车、飞机等公众交通系统在地球范围内的交流。当然，现有的公众网络是针对人的应用而设计的，当物联网大规模发展之后，能否完全满足物联网数据通信的要求还有待验证。即便如此，在物联网的初期，借助已有公众网络进行广域网通信也是必然的选择，如同 20 世纪 90 年代中期在 ADSL 与小区宽带发展起来之前，用电话线进行拨号上网一样，它也发挥了巨大的作用，完成了其应有的阶段性历史任务。

应用层完成物品信息的汇总、协同、共享、互通、分析、决策等功能，相当于物联网的控制层、决策层。物联网的根本还是为人服务，应用层完成物品与人的最终交互，前面两层将物品的信息大范围地收集起来，汇总在应用层进行统一分析、决策，用于支持跨行业、跨应用、跨系统之间的信息协同、共享、互通，提高信息的综合利用度，最大程度地为人类服务。其具体的应用服务又回归到前面提到的各个行业应用，如智能交通、智能医疗、智能家居、智能物流、智能电力等。

10.1.3　物联网的关键技术

物联网关键技术主要涉及信息感知与处理、短距离无线通信、广域网通信系统、云计算、数据融合与挖掘、安全、标准、新型网络模型以及如何降低成本等技术。

- 信息感知与处理。要想让物品会说话，人要听懂物品的话，看懂物品的动作，传感器是关键。这里有三点，第一点物品的种类繁多，各种各样，千差万别，传感器也就种类繁多；第二点物品的数量大，进行统一编址工作量大；第三点是成本问题，物联网终端由于数量巨大，其成本有更加苛刻的要求。
- 短距离无线通信。短距离无线通信也是感知层中非常重要的一个环节，由于感知信息的种类繁多，各类信息的传输对所需无线频段、通信带宽、通信距离、成本等都存在很大的差别。
- 广域网通信系统。在物联网中，其信息特征不同，对网络的模型要求也不同，物联网中的广域网通信系统如何改进是需要在物联网的发展中研究的。
- 数据融合与挖掘。物联网中的信息种类、数量都成倍增加，需要分析的数据量也在增加，还涉及多个系统之间各种信息数据的融合问题，这都给数据计算带来了巨大挑战。

- 安全问题。它不仅包含信息的保密安全，还新增了信息真伪鉴别方面的安全。
- 标准。统一标准是任何网络技术的关键，物联网涉及的环节多，终端种类多，其标准也更多。

10.1.4 物联网应用的领域

物联网应用非常广泛，主要有城市管理、环境保护、医疗领域、公共安全、数字家庭、定位导航、物流管理、食品安全控制、花卉栽培、水系监测等许多领域。因此，"物联网"被称为是继计算机和互联网之后的第三次信息技术革命。信息时代，物联网无处不在。

1. 城市管理

（1）智能交通物联网技术可以自动检测并报告公路、桥梁的运行情况，还可以避免过载的车辆经过桥梁，也能够根据光线强度对路灯进行自动开关控制。

（2）智能建筑。通过感应技术，建筑物内照明灯能自动调节光亮度，实现节能环保，建筑物的运作状况也能通过物联网及时发送给管理者。

（3）数字图书馆。使用 RFID 设备的图书馆/档案馆，从文献的采访、分编、加工到流通、读者证卡，RFD 标签和阅读器已经完全取代了原有的条码、磁条等传统设备。将 RFID 技术与图书馆数字化系统相结合，实现架位标识、文献定位导航、智能分拣等。

2. 数字家庭

有了物联网，就可以在办公室指挥家庭电器的操作运行，在下班回家的途中，家里的饭菜已经煮熟，洗澡的热水已经烧好，家庭设施能够自动报修。

3. 定位导航

物联网与卫星定位技术、GSM/GPRS/CDMA 移动通信技术、GIS 地理信息系统相结合，能够在互联网和移动通信网络覆盖范围内使用 GPS 技术，使用和维护成本大大降低，并能实现端到端的多向互动。

4. 物流管理

通过在物流商品中植入传感芯片，供应链上的购买、生产制造、包装/装卸、堆栈、运输、配送/分销、出售、服务每一个环节都能无误地被感知和掌握。

5. 数字医疗

以 RFID 为代表的自动识别技术可以帮助医院实现对病人不间断地监控、会诊和共享医疗记录，以及对医疗器械的追踪等。

10.2 云计算

10.2.1 云计算概述

1. 云计算的发展

云计算是继个人计算机变革和互联网变革之后的第三次 IT 浪潮，也是中国战略性新兴产业的重要组成部分。通过整合网络计算、存储、软件内容等资源，云计算可以实现随时获取、按需使用、随时扩展、按使用付费等功能。

云计算的应用正在迅猛发展。Google、IBM、亚马逊、微软、雅虎、英特尔等 IT 业巨头已经全力投入到云计算争夺战之中，将云计算作为战略制高点。云安全、云杀毒、云存储、内部云、外部云、公共云、混合云、私有云等概念先后形成出现。美国"互联网和美国人生活研究项目"的一项研究成果显示，约有 70%以上的互联网网络用户在使用云计算服务。从 2011 年到 2015 年，云计算仍处于起步或初级阶段，但会是一个快速的发展阶段，到 2020 年才可能实现标准化、规范化、社会化，进入趋于成熟的阶段。

2．云计算的概念

对云计算的定义有多种说法。对于到底什么是云计算，至少可以找到 100 种解释。现阶段广为接受的是美国国家标准与技术研究院（NIST）定义：云计算是一种按使用量付费的模式，这种模式提供可用的、便捷的、按需的网络访问，进入可配置的计算资源共享池，这些资源能够被快速提供，只需投入很少的管理工作，或与服务供应商进行很少的交互。

云计算是一种商业计算模型，它将计算任务分布在大量计算机构成的资源池上，使用户能够按需获取计算力、存储空间和信息服务。

这种资源池称为"云"。"云"是一些可以自我维护和管理的虚拟计算资源，通常是一些大型服务器集群，包括计算服务器、存储服务器和宽带资源等。云计算将计算资源集中起来，并通过专门软件实现自动管理，无需人为参与。用户可以动态申请部分资源，支持各种应用程序的运转，无需为烦琐的细节而烦恼，能够更加专注于自己的业务，有利于提高效率，降低成本和技术创新。云计算的核心理念是资源池，这与早在 2002 年就提出的网格计算池的概念非常相似。网格计算池将计算和存储资源虚拟成为一个可以任意组合分配的集合，池的规模可以动态扩展，分配给用户的处理能力可以动态回收重用。这种模式能够大大提高资源的利用率，提升平台的服务质量。

之所以称为"云"，是因为它在某些方面具有现实中云的特征：云一般都较大；云的规模可以动态伸缩，它的边界是模糊的；云在空中飘忽不定，无法也无需确定它的具体位置，但它确实存在于某处。之所以称为"云"，还因为 Amazon 公司将大家曾经称为网格计算的东西，取了一个新名称"弹性计算云"，并取得了商业上的成功。

有人将这种模式比喻为从单台发电机供电模式转向了电厂集中供电的模式。它意味着计算能力也可以作为一种商品进行流通，就像煤气、水和电一样，取用方便，费用低廉。最大的不同在于，它是通过互联网进行传输的。

云计算是并行计算、分布式计算和网格计算的发展，或者说是这些计算科学概念的商业实现。云计算是虚拟化、效用计算，将基础设施作为服务 IaaS，将平台作为服务 PaaS 和将软件作为服务 SaaS 等概念混合演进并跃升的结果。

虽然云计算的概念至今未有较为统一和权威的定义，但云计算的内涵已基本得到普遍认可。狭义来讲，云计算是信息化基础设施的交付和使用模式，是通过网络以按需要、易扩展的方式获取所需资源，提供资源的网络就被成为"云"，对于使用者来说，"云"可以按需使用，随时扩展，按使用付费。广义来讲，云计算是指服务的交付和使用模式，是通过网络以按需要、易扩展的方式获取所需信息化、软件或互联网等相关服务或其他服务。

3．云计算的部署形式

云计算的部署形式一般认为可以分为以下四种。

（1）公有云。

在此种模式下，应用程序、资源、存储和其他服务，都由云服务供应商来提供给用户，这些服务多半都是免费的，也有部分按需按使用量来付费，这种模式只能使用互联网来访问和使用。同时，这种模式在私人信息和数据保护方面也比较有保证。这种部署模型通常都可以提供可扩展的云服务并能高效设置。

（2）私有云。

这种云基础设施专门为某一个企业服务，不管是自己管理还是第三方管理，自己负责还是第三方托管，都没有关系。只要使用的方式没有问题，就能为企业带来很显着的帮助。不过这种模式所要面临的是，纠正、检查等安全问题则需企业自己负责，否则除了问题也只能自己承担后果，此外，整套系统也需要自己出钱购买、建设和管理。这种云计算模式可非常广泛的产生正面效益，从模式的名称也可看出，它可以为所有者提供具备充分优势和功能的服务。

（3）社区云。

这种模式是建立在一个特定的小组里多个目标相似的公司之间的，他们共享一套基础设施，企业也像是共同前进。所产生的成本由他们共同承担，因此，所能实现的成本节约效果也并不很大。社区云的成员都可以登入云中获取信息和使用应用程序。

（4）混合云。

混合云是两种或两种以上的云计算模式的混合体，如公共云和私有云混合。它们相互独立，但在云的内部又相互结合，可以发挥出所混合的多种云计算模型各自的优势。

以上四种云计算模式中，公有云在前期的应用部署、成本投入、技术成熟程度、资源利用效率及环保节能等方面更具优势；私有云在服务质量、可控性、安全性及兼容性等方面的优势相对比较明显；而混合云则兼有几者的优点。

10.2.2　云计算的主要特点

1. 超大规模

"云"具有相当的规模，Google 云计算已经拥有 100 多万台服务器，Amazon、IBM、微软和 Yahoo 等公司的"云"均拥有几十万台服务器。"云"能赋予用户前所未有的计算能力。

2. 以用户为中心的界面

云计算的界面不需要用户改变它们的工作习惯和工作环境；需要在企业用户本地安装的云计算客户端是轻量级的，用户只需使用客户端软件，通过网络调用使用云计算资源；云计算界面与实际的地理位置无关，可以通过 Web 服务框架和互联网浏览器等界面进行访问。

3. 虚拟化

云计算支持用户在任意位置，使用各种终端获取服务。所请求的资源来自"云"，而不是固定的有形的实体。应用在"云"中某处运行，但实际上用户无需了解应用运行的具体位置，只需要一台笔记本或一个 PDA，就可以通过网络服务来获取各种能力超强的服务。

4. 通用性

云计算不针对特定的应用，在"云"的支撑下可以构造出千变万化的应用，同一片"云"可以同时支撑不同的应用运行。

5. 按需服务

"云"是一个庞大的资源池，用户按需购买，像自来水、电和煤气那样计费。

6. 高可靠性

"云"使用了数据多副本容错、计算结点同构可互换等措施来保障服务的高可靠性，使用云计算比使用本地计算机更加可靠。

7. 高可伸缩性

"云"的规模可以动态伸缩，满足应用和用户规模增长的需要。

8. 廉价性

"云"的特殊容错措施使得可以采用极其廉价的结点来构成云；"云"的公用性和通用性使资源的利用率大幅提升；"云"的自动化管理使数据中心管理成本大幅降低；"云"设施可以建在电力资源丰富的地区，从而大幅降低能源成本。因此"云"具有前所未有的性能价格比。因此，用户可以充分享受"云"的低成本优势，需要时，花费几百美元，一天时间就能完成以前需要数万美元、数月时间才能完成的数据处理任务。

10.2.3 云计算的服务形式与应用

1. 云计算的服务形式

目前，云计算的主要服务形式有：软件即服务（SaaS）、平台即服务（PaaS）和基础设施即服务（IaaS）。

（1）软件即服务。

提供给消费者的功能是使用在云基础设施上运行的，由提供者提供的应用程序。这些应用程序可以被各种不同的客户端设备访问，通过像 Web 浏览器这样的瘦客户端界面访问。消费者不直接管理或控制底层云基础设施，包括网络、服务器、操作系统、存储，甚至单个应用的功能，但有限的特定用户的应用程序配置的设置则可能是个例外。

（2）平台即服务。

提供给消费者的功能是将消费者创建或获取的应用程序，利用提供者指定的编程语言和工具部署到云的基础设施上。消费者虽然不直接管理或控制包括网络、服务器、运行系统、存储，甚至单个应用的功能在内的底层云基础设施，但可以控制部署的应用程序，也有可能配置应用的托管环境。

（3）基础设施即服务。

提供给消费者的功能是，消费者不仅可以租用处理、存储、网络和其他基本的计算资源，还能够在上面部署和运行任意软件，包括操作系统和应用程序。消费者虽然不管理或控制底层的云计算基础设施，但可以控制操作系统、存储、部署的应用，也有可能选择网络组件。

2. 云计算的应用

云计算的理念目前迅速推广普及，云计算必将成为未来中国重要行业领域的主流信息产业应用模式。

（1）医药医疗领域。

医药企业与医疗单位一直是国内信息化水平较高的行业用户，在"新医改"政策推动下，医药企业与医疗单位将对自身信息化体系进行优化升级，以适应医改业务调整要求，在此影响下，以"云信息平台"为核心的信息化集中应用模式将孕育而生，逐步取代各系统分散为主体的应用模式，进而提高医药企业的内部信息共享能力与医疗信息公共平台的整体服务能力。

（2）电子政务领域。

未来，云计算将助力中国各级政府机构"公共服务平台"建设，各级政府机构正在积极开展"公共服务平台"的建设，努力打造"公共服务型政府"的形象，在此期间，需要通过云计算技术来构建高效运营的技术平台，其中包括：利用虚拟化技术建立公共平台服务器集群，利用 PaaS 技术构建公共服务系统等方面，进而实现公共服务平台内部可靠、稳定的运行，提高平台不间断服务能力。

（3）电信领域。

在国外，Orange、O2 等大型电信企业除了向社会公众提供 ISP 网络服务外，同时也作为"云计算"服务商，向不同行业用户提供 IDC 设备租赁、SaaS 产品应用服务，通过这些电信企业创新性的产品增值服务，也强力地推动了国外公有云的快速发展、增长。

（4）制造领域。

随着"后金融危机时代"的到来，制造企业的竞争将日趋激烈，企业在不断进行产品创新、管理改进的同时，也在大力开展内部供应链优化与外部供应链整合工作，进而降低运营成本，缩短产品研发生产周期，未来云计算将在制造企业供应链信息化建设方面得到广泛应用，特别是通过对各类业务系统的有机整合，形成企业云供应链信息平台，进而提升制造企业竞争实力。

（5）金融与能源领域。

金融、能源企业一直是国内信息化建设的"排头兵"行业用户，未来云计算模式将成为金融、能源等大型企业信息化整合的主要方向。

（6）教育科研领域。

云计算将为高校与科研单位提供实效化的研发平台，将在我国高校与科研领域得到广泛的应用普及，各大高校将根据自身研究领域与技术需求建立云计算平台，并对原来各下属研究所的服务器与存储资源加以有机整合，提供高效可复用的云计算平台，为科研与教学工作提供强大的计算机资源，进而大大提高研发工作效率。

习题 10

一、选择题

1. 物联网的英文名称是（　　）。
   A. Internet of Matters
   B. Internet of Things
   C. Internet of Therys
   D. Internet of Clouds

2. 物联网的概念，最早是由美国的麻省理工学院在（　　）年提出来的。
   A. 1998　　　　　B. 1999　　　　　C. 2000　　　　　D. 2002

3. 物联网分为感知、网络和（　　）三个层次，在每个层面上，都将有多种选择去开拓市场。
   A. 应用　　　　　B. 推广　　　　　C. 传输　　　　　D. 运营

4. 2009 年 10 月（　　）提出了"智慧地球"。
   A. IBM　　　　　B. 微软　　　　　C. 三星　　　　　D. 国际电信联盟

5. 三层结构类型的物联网不包括（　　）。
   A. 感知层　　　　B. 网络层　　　　C. 应用层　　　　D. 会话层

6.（　　）模式将是物联网发展的最高阶段。

    A．MaaS　　　　　　B．TaaS　　　　　　C．DaaS　　　　　　D．SaaS

7.在云计算平台中，（　　）是基础设施即服务。

    A．IaaS　　　　　　B．PaaS　　　　　　C．SaaS　　　　　　D．QaaS

8.下列哪一项不属于物联网应用范畴？（　　）

    A．智能电网　　　　B．医疗健康　　　　C．智能通信　　　　D．金融与服务业

9.云计算是对（　　）技术的发展与运用。

    A．并行计算　　　　B．网格计算　　　　C．分布式计算　　　D．三个选项都是

10.第三次信息技术革命指的是（　　）。

    A．互联网　　　　　B．物联网　　　　　C．智慧地球　　　　D．感知中国

11."智慧地球"是由（　　）公司提出的，并得到奥巴马总统的支持。

    A．Intel　　　　　　B．IBM　　　　　　C．TI　　　　　　　D．Google

12.将平台作为服务的云计算服务类型是（　　）。

    A．IaaS　　　　　　B．PaaS　　　　　　C．SaaS　　　　　　D．三个选项都不是

13.智慧城市是与（　　）相结合的产物。

    A．数字乡村物联网　　　　　　　　　B．数字城市互联网

    C．数字城市物联网　　　　　　　　　D．数字乡村局域网

14.可以分析处理空间数据变化的系统是（　　）。

    A．全球定位系统　　　　　　　　　　B．GIS

    C．RS　　　　　　　　　　　　　　　D．3G

15.下列存储方式哪一项不是物联网数据的存储方式？（　　）

    A．集中式存储　　　　　　　　　　　B．异地存储

    C．本地存储　　　　　　　　　　　　D．分布式存储

16.下列不属于物联网关键技术的是（　　）。

    A．全球定位系统　　　　　　　　　　B．视频车辆监测

    C．移动电话技术　　　　　　　　　　D．有线网络

二、简答题

1.简述物联网的体系架构及各层次的功能。

2.简述物联网技术在物流管理中的应用。

3.简述物联网的主要应用领域及应用前景。

4.简述物联网与互联网的异同。

5.简述云计算的概念及特征。

6.简述物联网的主要应用领域。

7.简述云计算的应用领域。

参考文献

[1] 卢天喆. 从零开始：Windows 7 中文版基础培训教程. 北京：人民邮电出版社，2013.

[2] 杨继萍，吴军希，孙岩. Visio 2010 图形设计从新手到高手. 北京：清华大学出版社，2011.

[3] 杨继萍，吴华. Visio 2010 图形设计标准教程. 北京：清华大学出版社，2012.

[4] 高巍巍. 大学计算机基础（第二版）. 北京：中国水利水电出版社，2011.

[5] 贾宗福. 新编大学计算机基础实践教程（第二版）. 北京：中国铁道出版社，2009.

[6] 高万萍. 计算机应用基础教程（Windows 7，Office 2010）. 北京：清华大学出版社，2013.

[7] 张金秋. 大学计算机基础教程（Windows 7+Office 2010 版）. 上海：上海大学出版社，2012.

[8] 于冬梅. 中文版 PowerPoint 2010 幻灯片制作实用教程. 北京：清华大学出版社，2014.

[9] 吴华，兰星. Office 2010 办公软件应用标准教程. 北京：清华大学出版社，2012.

[10] 王作鹏，殷慧文. Word/Excel/PPT 2010 办公应用从入门到精通. 北京：人民邮电出版社，2013.